LA SONRISA DE PITÁGORAS

(Matemáticas para diletantes)

(Edición corregida y ampliada)

Lamberto García del Cid

ÍNDICE

El matemático vive mucho y vive joven;
las alas del alma no se le desprenden
tan pronto, ni sus poros se obstruyen
con las partículas de polvo que se levantan
en los polvorientos caminos de la vida vulgar.

(J. J. Sylsvester)

I - INTRODUCCIÓN

Las matemáticas son la música de la razón.
(James J. Sylvester)

El común de los mortales se espanta y aparta
cuando ve una fórmula matemática.
(Pedro Voltes)

Las matemáticas son una materia, disciplina o asignatura que la mayoría de la gente mira con recelo, con miedo, incluso con terror, como bien expresa Pedro Voltes en la frase de encabezamiento. Y es que uno no puede sino recordar las matemáticas de la época escolar y los sinsabores que maestros sin vocación y textos arduos imprimían en el alma infantil o juvenil. Las matemáticas eran esa asignatura árida que nos exigía el máximo esfuerzo y proporcionaba la mínima satisfacción. Y eso que la geometría y ciertas demostraciones fáciles aún tenían su gracia. Pero a medida que uno crecía y progresaba en los estudios, las matemáticas se complicaban: aparecía el cálculo superior, con sus derivadas, integrales... En fin, una materia, repito, ardua y a la que, salvo para comprobar la cuenta del colmado (hoy hipermercado), pocos veían utilidad práctica. Sin embargo, para los seres distinguidos con don matemático, esta disciplina es poco menos que prodigiosa, y sus demostraciones y teoremas componen un universo lleno de indescriptible belleza. Así, Sylvester, insigne matemático británico, dejó escrito ese *motto* que abre la página: "Las matemáticas son la música de la razón". Y J. W. N. Sullivan, en un maravilloso texto de 1925 citado por George Steiner, afirma: "El significado de las matemáticas reside precisamente en el hecho de que son un arte; al informarnos de la naturaleza de nuestra propia mente, nos informan de cuánto la realidad depende de ésta. No nos permiten explorar ninguna región remota de lo que existe desde la eternidad; contribuyen a mostrarnos cuánto depende lo que existe de la forma en que nosotros existimos. Somos los legisladores del universo; es posible que incluso no podamos experimentar más que lo que hemos creado, y la mayor de nuestras creaciones matemáticas es el universo material mismo".

Si un ángel nos hablara de su filosofía, creo que la mayoría de sus afirmaciones sonarían como "2 x 2 = 13"
(George C. Lichtenberg)

Ambas visiones de las matemáticas, la de Silvestre/Sullivan y la de Voltes, son las dos caras de una misma disciplina, caras que levantan pasión o terror, la bella y la bestia. En la presente obra he tratado de dejar encerrada a la bestia de las matemáticas y sacar a pasear a la bella. Es por ello, lector, que no debes asustarte. También deseo tranquilizarte, lego lector, informándote que mis conocimientos matemáticos no son superiores a los tuyos. Mi titulación universitaria es en Ciencias Económicas, rama empresa, y mi preparación matemática está a la altura del ciudadano medio. En este libro no encontraréis esa asignatura ardua y difícil que recordáis de vuestros años mozos. He intentado extraer, de toda esta intrincada materia, aquellas porciones que he encontrado divertidas, curiosas, entretenidas y que, por supuesto, no necesitan de cálculos complicados ni de cuartillas y lápiz para comprenderlas. Y mucho menos de exámenes. Lo más complicado que hallaréis en este libro son unas cuantas demostraciones que pueden seguirse de cabeza... o saltarse. El resto son anécdotas, curiosidades numéricas, acertijos, historietas, alguna demostración sencilla…

A manera de entremés, ¿quién no ha oído hablar nunca del problema de las casillas del tablero de ajedrez? Este problema, si bien revestido con tintes de leyenda oriental, es un problema matemático, en concreto un problema de crecimiento exponencial. Este cuento, ampliamente divulgado, tiene como objeto un tablero de ajedrez y granos de cereales que se duplican en cada casilla. Es una historia que, si bien archiconocida, no deja nunca de sorprendernos. La expondremos al final de esta introducción. Pero antes, como aperitivo, ofreceré su versión reducida, desvestida de orientalismos, totalmente occidentalizada, muy de andar por casa. Espero que sirva para despertar vuestro apetito:

El dinero de la paga

Eduardito discutía con su padre sobre la paga. El padre quería darle 3 Euros a la semana y Eduardito pedía 5. Al final, Eduardito, que pese a tener sólo doce años era muy espabilado en aritmética, le hizo la siguiente proposición a su padre:

-Papá, ¿qué te parece si para zanjar la cuestión de mis futuras pagas, durante este mes de abril tú me das el primer día un céntimo de Euro, el segundo día dos céntimos, el tercer día cuatro céntimos y así cada día duplicando la cantidad del día anterior?

-¿Y sólo durante este mes de abril?

-Sí, sólo durante este mes; después te olvidas de mi paga para siempre.

-Vale, acepto.

Cuál sería la cara del padre al realizar el cálculo (♣) y ver que debía desembolsar a su vástago la nada desdeñable cantidad de 10.737.418,23 Euros (para los anclados en viejas concepciones monetarias, más de 1.700 millones de las extintas pesetas). Claro que su hijo, apiadándose, perdonó tamaña deuda a su progenitor a cambio de la desdeñable cantidad de 10 Euros semanales.

¿Les ha parecido ardua esta introducción? Pues el resto es igual de difícil... y entretenido. Disfrútenlo.

♣ El cálculo

Para aquellos que en "*El dinero de la paga*" se hayan quedado extrañados del enorme importe resultante de duplicar un céntimo de euro a lo largo de los días de un simple mes, les adjunto el cálculo pormenorizado.

Día	Euros
1	0,01
2	0,02
3	0,04
4	0,08
5	0,16
6	0,32
7	0,64
8	1,28
9	2,56
10	5,12
11	10,24
12	20,48
13	40,96
14	81,92
15	163,84
16	327,68
17	655,36
18	1.310,72
19	2.621,44
20	5.242,88
21	10.485,76
22	20.971,52

23	41.943,04		
24	83.886,08		
25	167.772,16		
26	335.544,32		
27	671.088,64		
28	1.342.177,28		
29	2.684.354,56		
30	5.368.709,12		
Suma	10.737.418,23	166,386	1.786.556.070

La leyenda de Sessa

En los tiempos antiguos, con el fin de demostrar que un monarca, por poderoso que fuese, no era nada sin sus vasallos, un brahmán hindú llamado Sessa inventó el juego del ajedrez. Presentó el juego al gran Rajá de las Indias, quien quedó tan prendado del invento que mandó llamar al brahmán para ofrecerle una recompensa apropiada.

"Desearía remunerarte por tu relevante descubrimiento"-le expresó el gran Rajá-. "Elige tú mismo la retribución y la recibirás enseguida. Soy suficientemente rico y poderoso para satisfacer el más extravagante de tus deseos". El brahmán le pidió al gran Rajá un poco de tiempo para meditarlo. Al día siguiente sorprendió a todo el mundo por la aparente modestia de su petición.

"Mi buen soberano —se dirigió Sessa al gran Rajá-, he meditado sobre la remuneración que desearía pediros. Solicito como pago todos los granos de trigo que pudieran caber en las 64 casillas de mi ajedrez, siguiendo este sencillo proceso: un grano para la primera casilla, dos para la segunda, cuatro para la tercera, ocho para la cuarta, dieciséis para la quinta y así sucesivamente. En resumen, querría que, comenzando por un simple grano, correspondiera a la siguiente casilla dos veces más granos de trigo que los de la anterior".

"¿Acaso pretendes hacer burla de mi magnanimidad y mi fortuna?" -exclamó sorprendido el gran Rajá-. "Harto modesta paréceme tu petición, pero, si ése es tu deseo, así sea. Llevarán el saco de trigo a tus aposentos antes de que caiga la noche".

El brahmán esbozó una sonrisa y abandonó el palacio. Por la noche, el soberano recordó su promesa y preguntó a su consejero si el chiflado de Sessa había ya tomado posesión de su modesta recompensa. "Majestad -contestó el consejero-, están ejecutando tus órdenes. Los matemáticos de tu augusta corte están determinando el número de granos que corresponden a la petición del brahmán".

El gran Rajá se incomodó. No estaba acostumbrado a una ejecución tan lenta de sus órdenes. Antes de acostarse, el gran Rajá insistió una vez más en saber si el brahmán había recibido su saco. "Gran Rajá -explicó el consejero vacilando-, los matemáticos aún no han terminado los cálculos. Trabajan sin descanso y esperan acabar su tarea antes del alba".

El gran Rajá, disgustado, se acostó confiando que el problema fuera resuelto antes que se despertara. Pero al día siguiente los cálculos tampoco habían concluido, lo que motivó que el monarca, enfadado, despidiera a sus calculistas.

Uno de los funcionarios justificó la decisión del Rajá, argumentando los anticuados métodos que utilizaban sus matemáticos. Le habló este funcionario de unos calculistas de la provincia del noroeste del reino, que empleaban desde hacía tiempo un método de cálculo muy superior y más rápido que el tradicional de la corte. Operaciones que requerirían de los matemáticos del Rajá varias jornadas de difícil trabajo, serían apenas asunto de horas para aquellos afamados calculistas.

Siguiendo el consejo, el gran Rajá mandó llamar a uno de estos calculistas. El aritmético llegó a la corte y, después de resolver el problema en un tiempo récord, se presentó ante el rey para comunicarle el resultado. El calculista manifestó con tono grave: "la cantidad de trigo que le ha sido pedida, oh gran Rajá, es enorme". El gran Rajá contestó que por muy grande que fuera esta cantidad, seguramente no se vaciarían sus graneros.

Oyó entonces con estupor las palabras del matemático: "Soberano, a pesar de todo vuestro poderío y vuestra riqueza, no está en vuestra mano suministrar tal cantidad de trigo. Ésta se sitúa mucho más allá del conocimiento y del uso que tenemos de los números. Habrá de saber su majestad que incluso si vaciara todos los graneros de su reino, la cantidad que podría reunir sería insignificante en comparación con la que arrojan los cálculos. Por otra parte, ésta no se encontraría ni siquiera en todos los graneros juntos de todos los reinos de la Tierra. Si su majestad pretendiera seriamente satisfacer esta petición, tendría que empezar por mandar secar los ríos, los lagos, los mares y los océanos, luego derretir las nieves y los hielos que recubren las montañas y ciertas regiones el mundo, y por fin transformarlo todo en campos de trigo. Y después de haber sembrado 73 veces seguidas el conjunto de esta superficie es cuando podría saldar esta inmensa deuda. Pero, para acumular tal cantidad, tendría su majestad que almacenar el trigo en un espacio cuyo volumen ocuparía cerca de doce billones tres mil millones de metros cúbicos, y construir para ello un granero de 5 metros de ancho, 10 metros de largo y de 300.000.000 Km. de altura (es decir, una altura equivalente a dos veces la distancia de la Tierra al Sol).

"En concreto -añadió el sabio-, los granos de trigo que le ha pedido ese brahmán ascienden a 18.446.744.073.709.551.615".

El gran Rajá, impresionado, comprendió entonces la gran importancia del juego que había inventado ese brahmán, juego tan ingenioso como sutil había sido su petición. El gran Rajá le preguntó al calculista: "Dime ahora, hombre sabio, ¿qué tengo que hacer para saldar una deuda tan molesta?"

El aritmético reflexionó un momento y le aconsejó: "Hacer que ese astuto brahmán caiga en su propia trampa. Proponedle que venga él mismo a contar, grano a grano, toda la cantidad de trigo que ha tenido la osadía de pedirte. Aunque trabajara sin descanso, día y noche, a razón de un grano por segundo, sólo recogería un metro cúbico en seis meses, unos veinte metros cúbicos durante diez años y una parte muy insignificante durante lo que le resta de vida".

El gran Rajá siguió su consejo. El brahmán Sessa, al verse así atrapado, perdonó la deuda al gran Rajá, del que finalmente se hizo amigo.

Curiosidad:

¿Sabéis cuántas partidas distintas de ajedrez se pueden jugar? Eliminando aquellas partidas en que los jugadores se ponen de

acuerdo para prolongar el encuentro hasta el máximo de 5899 movimientos, la cifra de partidas distintas posibles es astronómica: 10^{120}, esto es, un uno seguido de ciento veinte ceros. Por supuesto, se incluyen las partidas más tontas que uno pueda imaginar.

II – UN POCO DE HISTORIA

2.1 Los albores

Las matemáticas comienzan para nosotros, pertinaces occidentales, con los griegos. Los primeros nombres de matemáticos que aprendemos en la escuela son los de Tales, Pitágoras, Arquímedes, Euclides, etc. El más notable de ellos fue sin duda Pitágoras, quien estableció una escuela célebre que, al parecer, dio en una secta esotérica muy influyente en la antigüedad. Repasemos brevemente lo más sobresaliente de las aportaciones, junto con alguna anécdota de su vida, de estos matemáticos que poblaron nuestros primeros libros de "mates".

Tales de Mileto
(c. 625 – c. 547 a.n.e.) [1]

Tales es considerado el primer científico y filósofo occidental. Su fama como matemático reposa en el descubrimiento de siete proposiciones geométricas, entre ellas la de que los ángulos de la base de un triángulo isósceles son iguales o que un ángulo inscrito en un semicírculo es un ángulo rectángulo. Algunos matemáticos prefieren destacar, sin embargo, el uso que hizo del método

---

[1] c. es la abreviatura de "circa", que quiere decir aproximadamente; a.n.e. son las iniciales de "antes de nuestra era".

deductivo. También se le atribuye la predicción de un eclipse solar en el año 585 a.n.e. Todo indica que Tales adquirió sus conocimientos matemáticos en Egipto.

Tales y la cosecha de aceitunas

Los conciudadanos de Tales de Mileto le reprocharon, al verlo tan pobre, que la filosofía no servía para nada. Entonces Tales, tras adivinar, por medio del estudio de los astros, que se aproximaba una buena cosecha de aceitunas, reunió un pequeño capital y durante el invierno se hizo con el alquiler a bajo precio de todos los molinos de Mileto y Qíos para la siguiente temporada. Cuando llegó la gran cosecha, todo el mundo quería alquilar los molinos y tuvieron que aceptar el precio que Tales marcaba, lo que le proporcionó pingües beneficios. Demostrado con esa operación el valor del conocimiento, Tales informó a sus detractores que, no obstante, ése no era el fin de la filosofía.

Pitágoras

(c. 580 – c. 500 a.n.e.)

Nacido en la Isla de Samos, Pitágoras fue el primero en concebir la idea de que los números eran la causa primera y el origen de todo lo demás. A Pitágoras se le atribuyen los descubrimientos, entre otros, de la tabla de multiplicar, del sistema decimal y del teorema que relaciona los tres lados de un triángulo rectángulo, teorema que lleva su nombre, y que luego veremos que tuvo predecesores.

Los pitagóricos, de hacer caso a Anatolio, quien fuera obispo de Leodicea allá por el año 280, fueron los primeros en utilizar el nombre de "matemáticas", que ellos consideraban "La ciencia", lo que es comprensible si se piensa que las matemáticas era para ellos el conocimiento de los números y de las figuras geométricas, aspectos considerados a su vez como la esencia de la realidad.

Pitágoras descubrió también la relación existente entre la distancia de una cuerda estirada y el sonido que produce al tañerla. Notó que si una cuerda dada se acortaba a ½ de su distancia original, el tono producido era una octava mayor que el preliminar. De ahí que las cuerdas que mantienen la proporción de 1:2 produzcan sonidos que conservan la armonía. Fue precisamente este descubrimiento de los intervalos musicales (la octava de ratio 2:1, la quinta de ratio 3:2 y la cuarta de ratio 4:3) lo que llevó a los pitagóricos a considerar sagrado el número 10, pues diez era la suma de todos los números que formaban estos ratios primordiales:

$$1 + 2 + 3 + 4 = 10$$

En cuanto a la atribución a Pitágoras del teorema que relaciona los tres lados de un triángulo rectángulo ("la suma de los cuadrados de los catetos es igual al cuadrado de la hipotenusa"), teorema que lleva su nombre, parece ser que se lo apropió de los babilonios, quienes ya lo aplicaron a la resolución de problemas.

Los babilonios también conocieron los "tripletes pitagóricos", esas igualdades de la forma:

$$x^2 + y^2 = z^2$$

y que permiten duplicar cuadrados.

Puede que al final sea cierto ese aserto del matemático Félix Klein: "Si un teorema lleva el nombre de un matemático, éste no es su inventor". ([1])

También los egipcios, antes de Pitágoras, conocieron el triángulo rectángulo y sus propiedades. En concreto, el triángulo rectángulo de lados 3, 4, 5, que constituyó la base conceptual de la cuerda de doce nudos, usada por ellos como escuadra:

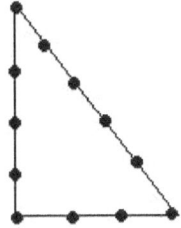

Ésta consistía en una cuerda con los extremos unidos entre sí y dividida en partes iguales mediante 12 nudos equidistantes. Bastaba estirar esta cuerda por los nudos apropiados para formar el triángulo rectángulo de lados 3, 4, 5 (figura de arriba) y disponer,

---

1 Esta constatación es aplicable, entre otros, al teorema de Pitágoras, el binomio de Newton, el triángulo de Pascal, la paradoja Burali-Forti, y un largo etc.

de esta sencilla manera, de una útil escuadra para dibujar ángulos rectos sobre el terreno.

Para terminar con Pitágoras, expongo a continuación una historia apócrifa que definiría el aspecto sacerdotal y tiránico de este creador de la supuesta secta de los pitagóricos, una especie de religión basada en los números. Cuéntase que cuando uno de sus discípulos descubrió que una medida común, como es la diagonal de un cuadrado por lado la unidad (la raíz cuadrada de 2, ó $\sqrt{2}$) no podía ser representada ni como número entero ni como una fracción, Pitágoras se quedó tan chafado que pidió a sus discípulos que no lo divulgaran. Se cree, y así se ha propagado entre los historiadores de este movimiento, que cuando un discípulo desobedeció este mandato y desveló el secreto, fue ejecutado por orden del propio Pitágoras. A este discípulo se le identifica con Hipasio de Metapontum, y se supone que fue condenado a ahogarse en el mar.

Pero no fueron los números irracionales los que acabaron con Pitágoras sino las alubias. Sí, las alubias. La leyenda más extendida que recoge el episodio de su muerte nos dice que su casa fue incendiada por sus enemigos. Los hermanos de la cofradía pitagórica que se encontraban con él en aquel aciago momento salieron disparados para salvarse. Los asaltantes fueron dándoles muerte uno por uno. Pitágoras podía haber huido si no fuera porque el destino quiso que quedase atrapado frente a un campo de judías. Allí se detuvo. Prefirió morir antes que atravesar un campo de judías, legumbre por la que sentía una aversión irracional. Sus perseguidores lo atraparon allí y le cortaron el cuello.

Primer acertijo matemático del que se tiene noticia
Acertijo matemático del antiguo Egipto, según se recoge en el papiro Rhind: Dividir 7 barras de pan entre 10 hombres.

Solución: 2/3 + 1/30 porciones a cada uno.

Euclides

(c. 300-260 a.n.e.)

Euclides legó a las matemáticas sus famosos enunciados, que hoy nos parecen tan obvios que dudamos que alguna vez pudieran no resultar evidentes. Pero así fue. Éstos son los enunciados:

8 enunciados de Euclides

1) Cosas iguales a una misma cosa, son iguales entre sí.
2) Si a cosas iguales se agregan cosas iguales las sumas resultantes son iguales.
3) Si a cosas iguales se le quitan cosas iguales los restos resultantes son iguales.
4) Si a cosas desiguales se agregan cosas iguales, las sumas resultantes son desiguales.
5) Las cosas dobles de una misma cosa son iguales entre sí.

6) Las mitades de una misma cosa son iguales entre sí.

7) Las cosas que se pueden superponer una a la otra son iguales entre sí.

8) El todo es mayor que la parte.

Son también famosos sus postulados. Además de ser la base de lo que aprendimos en la escuela sobre geometría, el quinto postulado:

"Si existe una línea recta en un plano y hay un punto fuera de esa línea, entonces sólo puede haber una paralela a esa línea que pase por ese punto"

dio paso, al ponerse en duda la validez del mismo, a la geometría no-euclidiana. Si bien esta geometría de más de tres dimensiones se conoce también con el nombre de Riemanniana, en honor del matemático alemán Bernhard Riemann (1826-1866), fueron los matemáticos Bolyai y Lobachebsky quienes formularon primero las geometrías no euclidianas, donde el famoso quinto postulado dejaba de tener validez.

El rey Ptolomeo I le preguntó a Euclides si no tenía un camino más corto para aprender geometría que el de los Elementos, el libro del filósofo. Euclides respondió: "No hay en geometría un camino especial para los reyes".

El sueño de Wordsworth

*Wordsworth, en su poema discursivo **The Prelude**, lucubrado en el verano de 1805, relata la siguiente historia: "una persona está leyendo **Don Quijote** en la playa. Debido al calor, se queda dormido, la vista fija en la arena. Eso provoca que sueñe con el desierto del Sáhara, y transforme a Don Quijote en un árabe con adarga, que se acerca desde la lejanía montado en dromedario. El árabe llega hasta donde el soñador, quien nota en las facciones del jinete la desazón de la angustia. En la mano tiene el árabe dos libros: uno, los "**Elementos de Geometría**", de Euclides; otro, lo que a la vez es un libro y no lo es, porque también semeja una caracola. El árabe le pide que se lo ponga al oído; el soñador obedece, y oye una voz en un lenguaje extraño pero que misteriosamente entiende, y que profetiza la aniquilación inmediata del mundo por obra de un diluvio. Con semblante afectado, el árabe le confirma la ominosa predicción y le confía que su divina misión es la de enterrar esos dos libros: el primero, "que mantiene amistad con las estrellas, ajeno al espacio y al tiempo", y el otro, "que es un dios, muchos dioses".*

> *Borges, de quien recojo la anécdota, interpreta que se trata de preservar de la ruina general de la humanidad la poesía y las matemáticas.*

Arquímedes

(c. 287-212 a.n.e.)

Arquímedes fue un famoso matemático e inventor al que principalmente se le conoce por la anécdota que le hace salir del baño gritando "¡Eureka, lo encontré!" y por la leyenda que le hace participar activamente en la defensa de su ciudad, Siracusa. Esta leyenda le atribuye el invento y construcción, entre otros artilugios, de unos espejos cóncavos que, al concentrar los rayos de sol y proyectarlos sobre un punto lejano (en este caso las velas de los barcos enemigos) provocaba que estos objetivos se incendiasen. También diseñó catapultas y otros útiles bélicos. La historia que le relaciona con la defensa de Siracusa es apócrifa, pero sí parece cierto que su ingenio e inventiva le llevaron a ser reconocido por su pueblo y también por sus enemigos. Sirva de prueba la célebre, y extendida, versión que recoge el episodio de su muerte:

¡Noli turbare circulos meos!

Arquímedes, durante el período de asedio que sufrió la ciudad de Siracusa, en la que residía, inventó ingeniosos artilugios y máquinas de guerra para mantener alejado al enemigo: catapultas, dispositivos con espejos para incendiar las velas de las naves romanas, etc. Inventor distraído, se concentraba tanto en su labor que apenas era consciente de lo que pasaba a su alrededor. Al final, los invasores romanos tomaron la ciudad. Los legionarios incendiaron Siracusa, pero tenían órdenes del cónsul Marcelo de atrapar vivo a Arquímedes. Un soldado fue a buscarlo a su casa. Arquímedes se encontraba en esos momentos en su jardín, dibujando en el suelo figuras geométricas, ajeno a la suerte de la batalla. El legionario romano le ordenó que lo siguiera a la vez que pisaba los dibujos del insigne matemático. Arquímedes le increpó furioso: "¡No desordenes mis círculos!" (Noli turbare circulos meos). El legionario, ante la insolencia del geómetra, le dio muerte en el acto. El cónsul Marcelo sintió mucho su muerte y consideró al soldado que lo mató como un sacrílego. Más tarde honró a los familiares de Arquímedes.

Antes de abandonar a los egregios griegos, recordemos a **Eratóstenes de Cirene** (c. 275 a.n.e. - 194 a.n.e.), matemático del período helenístico a quien se debe la primera medida de la circunferencia terrestre. También es conocido por su conocida "criba" para obtener números primos (ver capítulo III).

Retos matemáticos de la antigüedad

En una obra algebraica del Renacimiento atribuida a un tal Baha Al-Din, se da noticia de 7 problemas que habían permanecido insolubles desde los tiempos antiguos. Estos eran:

1) Dividir el número 10 en dos partes tales que si a cada parte se le agrega su raíz cuadrada, el producto de las sumas es un número determinado. (Hoy se sabe que la solución pasa por resolver ecuaciones de cuarto grado que pueden tener soluciones enteras para determinados valores del producto dado).

2) Buscar un número de cuyo cuadrado sumándole o restándole 10, se obtienen cuadrados. (Imposible).

3) Hallar dos números tales que el primero sea 10 menos la raíz cuadrada del segundo y éste 5 menos la raíz cuadrada del primero. (Hoy se sabe que la solución pasa por resolver ecuaciones de cuarto grado sin raíces adicionales enteras).

4) Descomponer un cubo en la suma de dos cubos. (Imposible).

5) Dividir 10 en dos partes tales que su cociente más el recíproco de éste dé por resultado a uno de los números. (Hoy se sabe que la solución pasa por resolver ecuaciones de tercer grado sin raíces adicionales).

6) Hallar tres cuadrados en progresión geométrica, cuya suma sea un cuadrado. (Imposible).

7) Hallar un número cuyo cuadrado sumándole o restándole ese número más 2, dé siempre un cuadrado. (Éste es el único problema que tiene solución racional, pues el nr. 34/15 más 2, que es 64/15, sumado o restado al cuadrado 1156/225 da como resultado los cuadrados, respectivamente, de 46/15 y 14/15)

Otros problemas que cautivaron a los antiguos fueron:

♣ *La cuadratura del círculo. Imposible con regla y compás en la geometría euclidiana. Este problema sólo posee solución en la geometría no euclidiana de tipo hiperbólico.*

♣ *Problema de la trisección del ángulo con regla y compás. Permaneció sin resolver hasta 1837, cuando Pierre Wantzel dio la prueba algebraica de su imposibilidad.*

2.2 Sistemas de numeración

El contar (esto es, el uso más práctico de los números) se remonta a la prehistoria. La evidencia más antigua que poseemos de este proceder es un fémur de babuino descubierto en las montañas Lebembo de África y que posee 29 muescas. El hueso tiene una antigüedad de 35.000 años. También en la hasta hace poco llamada Checoslovaquia se halló un hueso de lobo (el lobo de Gog) con 55 muescas agrupadas de cinco en cinco, hueso cuya antigüedad se ha estimado en unos 30.000 años. Dichos descubrimientos muestran que el contar precedió en bastantes años al uso de la agricultura (8.000 años a.n.e.), la alfarería (6.500 a.n.e.) o la utilización de vehículos con ruedas (2.700 años a.n.e.). Este conteo por muescas evolucionó, por medio de criterios unificadores de tal proceder, en lo que hoy conocemos como "sistemas de numeración". Estos sistemas de numeración, si bien de forma variada y peculiar, se dan en todos los pueblos de la Tierra. Repasemos brevemente, sin rígidos criterios de precedencia, siempre tan problemática, algunos de los diferentes sistemas de numeración del pasado remoto y no tan remoto.

◉ Hace más de 5.000 años los egipcios utilizaron un sistema decimal que utilizaba dibujos por números. Una marca vertical simple representaba la unidad, mientras que un hueso de talón representaba el 10, una serpiente ondulante el 100, etc. Así, para indicar el número 123 y no tener que hacer 123 marcas verticales, los egipcios utilizaban sólo seis símbolos: una serpiente, dos talones y tres rayas verticales.

◉ Ciertas tribus australianas y los bosquimanos de África meridional se sirven de la numeración diádica y sólo disponen de los símbolos correspondientes al uno y al dos. En su sistema, por ejemplo, $5 = 2 + 2 + 1$. Este sistema binario también lo practicaron los Bororo de Brasil. Su sistema de numeración es "uno", "dos", "dos y uno", "dos y dos", "dos dos y uno", etc. Y es que casi todas las poblaciones, en sus comienzos, han utilizado este sistema en base 2. Este sistema, profundamente anclado en nuestras raíces ancestrales, persiste todavía en nuestros días, y así hablamos a menudo de "pares" o "yuntas".

◉ En el siglo XIX, exploradores de Namibia descubrieron unas tribus hotentotes cuyo sistema de numeración se resumía en contar 1, 2, y 3. Lo que superase esa última cifra, se denominaba: "mucho". Igualmente los indios Siriona de Bolivia y los Yanoama de Brasil no poseían palabras para designar a algo mayor que tres. Para tales casos ambos pueblos utilizaban, al igual que las tribus hotentotes, la palabra "mucho". Se ha detectado el mismo sistema de numeración entre los yancos de la Amazonía y los temiarios de la Melanesia occidental.

◉ Los primeros habitantes de California empleaban una numeración en la que el número máximo era cuatro. Para ellos 7 era $4 + 3$.

◙ Los Arowaks de América del Sur poseían una numeración quinaria, lo cual resulta más normal si tenemos en cuenta que los dedos de las manos, ábaco natural, son cinco.

◙ Este sistema numérico de base cinco se ha detectado también en el Saraveca, un idioma de Sudáfrica. Otros pueblos primitivos africanos disponen de una numeración hexádica, en la que el número máximo es seis.

◙ Entre los sumerios de Mesopotamia, unos 3.500 años antes de nuestra era, se utilizaba el sistema duodecimal, sin duda inspirado en el ciclo lunar. Este sistema tenía (y aún posee) la ventaja de sus grandes posibilidades de divisibilidad (mayor número de divisores que en base 10). Como reminiscencia de este sistema nosotros todavía contamos ciertos productos por "docenas" (¡manda huevos...!). Esta civilización también empleó el sistema sexagesimal, que sirvió para medir el tiempo y los ángulos, sistema que se ha mantenido hasta nuestros días.

◙ Los celtas parece ser que utilizaron un sistema de numeración en base 20, de lo que quedarían vestigios en el idioma francés: "noventa" se dice, literalmente, "cuatro veces veinte más diez".

◙ Los semitas de Babilonia y Caldea, durante los dos últimos milenios antes de nuestra era, combinaron los sistemas decimal y sexagesimal o duodecimal.

◙ No obstante, el más notable de todos los sistemas numéricos primitivos fue el sistema de numeración de los mayas, un pueblo de América Central que habitó principalmente la península de Yucatán. La cultura maya se desarrolla a lo largo de dos mil años, entre los siglos IV a.n.e. y XVI de nuestra era. Aislados totalmente de las civilizaciones del Viejo Mundo, desarrollaron un peculiar sistema de numeración. En él, el número 1 era representado por un punto, el 5 lo representaban por una raya y el cero por un óvalo. Con dichos símbolos podían escribir los números del 1 al 19, como se aprecia en el siguiente recuadro:

⬭ = 0	• = 1	•• = 2	••• = 3	••••= 4
—— = 5	•——= 6	••——= 7	•••——= 8	••••——= 9
══ = 10	•══=11	••══=12	•••══= 13	••••══=14
═══ = 15	•═══= 16	••═══= 17	•••═══=18	••••═══=19

◉ Los griegos utilizaban como sistema de numeración las letras del alfabeto. Ello permitía escribir los números hasta el millar. También fue costumbre antigua de los griegos el uso de conjuntos de guijarros para representar números. Diferentes números de guijarros podían agruparse, según sus formas, en triángulos o cuadrados. Ver sección III, página 88.

◉ Los romanos nos legaron un sistema de numeración por letras que ha perdurado hasta nuestros días. En muchos manuscritos aún se utilizan los números romanos para fecharlos. Recordemos que los números del 1 al 10 eran: I, II, III, IV, V, VI, VII, VIII, IX y X. La C vale cien, la D quinientos y la M mil.

◉ Los fenicios y más tarde los hebreos utilizaron también como cifras letras del alfabeto griego. Eran números especiales como diez, cien, mil, etc.

◉ Un sistema original y poco divulgado fue el de los "Quipos" peruanos, que viene de "kipu", que significa nudo en lengua quechua. Este dispositivo para contar utilizado por los peruanos precolombinos consistía en un sistema de cuerdas de diversos colores con nudos en número y disposición diferentes. Ello les permitió, sin conocer la escritura, registrar multitud de datos de utilidad para el Estado.

◉ Diderot nos recordó que en un libro escrito en China aproximadamente 25 siglos a.n.e., el *I Ching*, se trataba ya de la aritmética binaria, esa aritmética que es la base de nuestra informática.

◉ En cuanto a nuestro sistema en base diez es de claro influjo árabe. Los primeros signos de esta influencia se detectaron en Gerberto de Aurillac, Papa Silvestre II, en el año 999. Por las obras matemáticas que se le atribuyen, fue el primero que divulgó en occidente las cifras árabes sin el cero.

◉ Una de las últimas propuestas de sistema de numeración, de indudable tendencia sexista, fue el "octogesimal", planteado en el siglo XVII por el reverendo Hugh Jones, matemático del Colegio de William & Mary. Aducía este clérigo que el sistema "octogesimal" era más natural para las mujeres que el sistema decimal, porque en las cocinas se utilizaban muchas medidas que eran múltiplos de ocho: 32 onzas en un cuarto, 16 onzas en una libra, etc.

---- 0 ----

En cuanto a las herramientas de cálculo, es fácil presumir que la primera fuera los cinco dedos de la mano, y luego los diez de ambas. Lo que sí sabemos es que en tiempos de los romanos se emplearon las piedras (*calculus*, en latín), de donde deriva el nombre de cálculo. Y que en China, cuna de una civilización prodigiosa, se idearon unos artefactos muy sofisticados que responden al nombre de ábacos. El siguiente paso fue la calculadora mecánica que se utilizó en las oficinas antes de la llegada de la electrónica. Y así hasta la calculadora de bolsillo actual.

Las manos acusan

Las manos no sólo constituyeron nuestra primera herramienta de cálculo, sino que también fueron utilizadas para representar números. En ciertos países árabes, por ejemplo, el número 90 y el 30 eran representados de la siguiente forma:

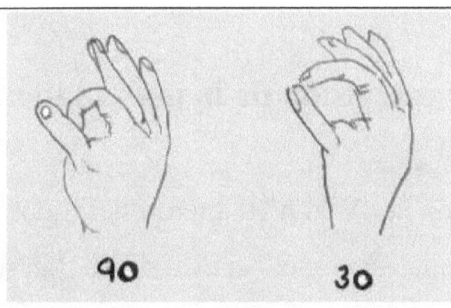

90   30

El 90, no creo que haga falta echarle mucha imaginación, representaba frecuentemente el ano (y por extensión el trasero). Al hilo de este uso de las manos, se cuenta que para que sus alumnos recordaran bien los gestos que corresponden a los números 30 y 90, cierto profesor relataba la siguiente anécdota: "Cierto poeta arremetió sutilmente contra un bello adolescente llamado Khalid, diciendo que éste acostumbraba a salir con una fortuna de 90 dirhams y a volver sólo con la tercera parte". El tal Khalid era, según el poeta, homosexual.

Breve, y curiosa, visión de la matemática india

En la India, los siglos del V al VIII fueron definidos por algunos historiadores occidentales como "época de la poesía", pues la poesía parecía impregnarlo todo, incluso las ciencias, y entre ellas las matemáticas. Veamos como planteaban los indios de aquella época un problema matemático (en verso):

"Hermosa niña de ojos radiantes, dime, si has comprendido el método de inversión: ¿cuál es el número que multiplicado por 3, agregándole los ¾ del producto, dividiendo por siete y disminuyendo en 1/3 el cociente, multiplicando el resultado por sí mismo, disminuyéndolo de 52, extrayendo la raíz cuadrada, sumándole 8 y dividiéndolo por 10, da el número 2?"

El resultado es 28, y se obtiene recorriendo todas las operaciones en orden inverso: 2, 20, 12, 144, 196, 14, 21, 147, 84, 28.

Y este otro, no menos poético pero más fantástico:

"Dos ascetas viven en la cima de una montaña de altura conocida, cuya base está a una distancia conocida de la aldea próxima. Para ir a la aldea uno de ellos desciende y se dirige a ella caminando; el otro, que es mago, prefiere volar; asciende una cierta altura y luego se dirige, siempre en vuelo recto, a la aldea. ¿Cuál debe ser esa altura para que ambos ascetas recorran la misma distancia?"

Como lo importante en estos ejemplos no es la solución, sino el planteamiento, dejo este problema para que el lector, si tuviera paciencia, y ganas, lo solucione.

2.3 Anotaciones y símbolos

Los símbolos matemáticos como el "más" (+) o el "menos" (-), o el "igual" (=), tan comunes hoy en día entre nosotros, no siempre han existido. De hecho su uso es relativamente reciente. G. H. F. Nesselmann, en su libro *El álgebra de los griegos* (*Die Algebra der Griechen*), distinguió tres tipos de álgebra: *álgebra retórica*, *álgebra sincopada* y *álgebra simbólica*. El *álgebra retórica* sería aquella que expresa las relaciones entre las distintas magnitudes por medio exclusivo de palabras, en contraposición al *álgebra simbólica*, que es lo que encontramos en los libros de matemáticas actuales. Un ejemplo de *álgebra retórica* sería esta manera de presentar una de las proposiciones de Euclides:

"Si una primera magnitud fuera múltiplo de una segunda en la misma medida que una tercera lo es de una cuarta, y una quinta fuera múltiplo de la segunda en la misma medida que una sexta lo es de la cuarta, entonces la suma de las primera y la quinta conservará la misma multiplicidad con respecto a la segunda que la suma de la tercera con respecto a la cuarta".

¿No parece más un galimatías que una proposición?

Entre el *álgebra retórica* y el *álgebra simbólica*, como un paso intermedio, apareció el *álgebra sincopada,* que usaba ya abreviaturas para ciertas palabras, pero siendo todavía más discursiva que simbólica. Uno de sus máximos representantes fue Fray Luca Bartolomé Paccioli (1445-1517), para mí, por mi profesión, recordado como el padre de la "partida doble" en contabilidad, pero que también fue un egregio matemático, y un genuino representante del *álgebra sincopada* o pre-simbólica. Veamos los símbolos que utilizaba Paccioli para las operaciones, junto con la notación actual:

Paccioli   *Notación actual*

Paccioli		Notación actual
p	suma (plus)	$+$
m	menos (minus)	$-$
R ó R2	raíz cuadrada	$\sqrt{}$
R3	raíz cúbica	$\sqrt[3]{}$
R4 o RR	raíz cuarta o raíz de raíz	$\sqrt[4]{}$

Por lo tanto, cuando el buen fraile utilizaba la expresión:

3pRV10mR5

Nosotros lo hubiéramos expresado así:

$$3 + \sqrt{10 - \sqrt{5}}$$

Lo que, a todas luces (luces de hoy, naturalmente), nos parece más sencillo y práctico

El *álgebra simbólica*, la que utilizamos hoy nosotros, fue introducida por Françoise Viéte (1540-1603), que propuso usar letras vocales para referirse a las incógnitas, y letras consonantes para referirse a las cantidades conocidas, introduciendo por primera vez el concepto de parámetro. Usó también los signos "+" y "–" en lugar de las palabras *plus* y *minus* o sus abreviaturas *p* y *m*. No obstante, no empleó ningún símbolo especial para las potencias, indicando A *cubus* para A^3 y A *cuadratus* para A^2.

---- 0 ----

Los símbolos de cálculo que hoy conocemos fueron apareciendo poco a poco:

▶ El signo √ (raíz cuadrada), una corrupción de la inicial de la palabra *radix*, aparece por primera vez en una obra de álgebra (la primera en alemán vulgar) escrita por Christoff Rudolff en 1525.

▶ El signo = aparece por primera vez en *The Whetstone of Witte* (El aguzador del ingenio), publicada en 1557 por Robert Recorde, que es el primer tratado inglés de álgebra. Este signo, elegido por el autor por considerar que no podía haber dos cosas más iguales que dos líneas paralelas, se generalizó a finales del siglo XVII.

▶ A Thomas Harriot se le debe la importante innovación de indicar las potencias mediante factores repetidos. A Harriot se le debe también la introducción de los símbolos de mayor y menor. En alguna ocasión, también, utilizó el punto como símbolo de multiplicación.

► El signo *x* para la multiplicación parece ser original de William Oughtred (1575-1660), quien proporcionó unos 150 signos matemáticos, la mayoría hoy olvidados. De todos ellos se han conservado la *x* para la multiplicación y los signos **:** y **::** para la razón y proporción, aunque ya en desuso, así como la abreviatura "log." para los logaritmos. También introdujo las abreviaturas "sen" y "cos" para seno y coseno.

► Los signos más y menos (+ / -), además de su incorporación al álgebra por Françoise Viéte, como ya hemos indicado al comienzo de la sección, parece ser que se usaron primeramente en los almacenes de Alemania en el siglo XV, para señalar contenedores que excedían o no llegaban a su peso estándar.

Diversos métodos de multiplicar

Una de las operaciones matemáticas más comunes que se da en nuestra vida cotidiana es la multiplicación. A nosotros se nos ha enseñado una forma que precisa conocer las tablas de multiplicar del 1 al 9. La mayoría nos las aprendimos y aún las recordamos, y es quizá por ello que nos parezca un método natural y sencillo. Pero no es tan natural ni tan sencillo. En otras épocas y en otras partes del mundo se ha multiplicado, y se multiplica, mediante métodos totalmente diferentes y, todo hay que decirlo, aparentemente más simples. Repasemos algunos de estos métodos.

I - Los campesinos rusos y la multiplicación

Al comienzo de este capítulo hemos dicho que se atribuía a Pitágoras el invento de la tabla de multiplicar. Pero dicha tabla no debió llegar a ciertos campesinos rusos, que tenían una forma peculiar, y autóctona, de multiplicar. Imaginemos que quisieran multiplicar 27 por 35. Pues bien, escribían ambos números en el comienzo de dos columnas. Elegimos una columna, digamos la de la izquierda, y vamos partiendo el número inicial por la mitad, desechando los residuos, hasta alcanzar la unidad. En la otra columna, la derecha, vamos doblando la cantidad equiparando las columnas. Véase:

27	35
13	70
6	~~140~~

3	280
1	<u>560</u>
	975

De la columna derecha, aquella en la que se duplican los números, se tachan las cantidades que coincidan con un número par en la columna izquierda. Se suman los restantes números de esta columna y voilá, ya tenemos el resultado de la multiplicación: 975.

Otro ejemplo: 18 x 46

18	~~46~~
9	92
4	~~184~~
2	~~368~~
1	<u>736</u>
	828

Resultado: 828.

No sé si es prejuicio o qué, pero me parece que este método, que se pierde en la noche de los tiempos, es más sencillo que el que nos enseñaban en la escuela, pues sólo se necesita conocer la tabla del dos. Créese que esta forma de multiplicar se debe a los egipcios, con la que guarda ciertamente similitud, y que examinaremos a continuación.

II - La multiplicación egipcia

En el papiro llamado Rhind (escrito hacia 1650 a. n. e.) se desvela la forma de multiplicar de los egipcios. Para multiplicar, por ejemplo, 21 x 43, escribían la unidad en una columna y en otra columna junto a ella uno de los dos factores, y separaban ambas columnas con un trazo:

1	*21*

A continuación doblaban ambos números sucesivamente, hasta que el número más pequeño, en nuestro caso los de la columna de la unidad, sobrepase al otro factor de la multiplicación (43):

1	*21*
2	42
4	84

8	168
16	336
32	672
64	1344

En la columna de la izquierda, y de abajo arriba, marcaban los números cuyo total sumase primero 43 (en nuestro caso 32+8+2+1). A continuación se suman todos los valores de la columna de la derecha que estén en línea con los números anteriores. En nuestro caso serían: 21 + 42 + 168 + 672 = 903, que, efectivamente, es el resultado de multiplicar 21 x 43.

Este método se basa en el conocimiento de que todos los números enteros pueden obtenerse sumando los sucesivos números de la secuencia 1, 2, 4, 8, 16...

III - La Multiplicación denominada "babilónica"

Este sistema de multiplicar, utilizado por los antiguos pueblos de Mesopotamia, obtiene el producto de dos números restando el cuadrado de la mitad de la diferencia de los dos números del cuadrado de la mitad de la suma de ambos números. Por si lo anterior sonase a galimatías, sirva el siguiente ejemplo:

$$a \times b = \left(\frac{a+b}{2}\right)^2 - \left(\frac{a-b}{2}\right)^2$$

$$43 \times 28 = \left(\frac{43+28}{2}\right)^2 - \left(\frac{43-28}{2}\right)^2 =$$

$$35{,}5^2 - 7{,}5^2 = 1.260{,}25 - 56{,}25 = 1.204$$

Aunque en un principio parezca más complicado que nuestro método habitual, debemos tener en cuenta que los mesopotámicos no conocían nuestras tablas de multiplicar, pero disponían de listas de cuadrados de los números naturales (4, 9, 16, 25, 36...). Para ellos era más fácil, al disponer de tablas de los cuadrados, realizar de esta forma las operaciones. En la actualidad este método se desestima por resultar excesivamente complicado.

IV - La multiplicación árabe

Imaginemos que queremos multiplicar 462 x 27. Para nosotros sería:

$$462$$
$$\underline{x\,27}$$
$$12474$$

Pero los árabes utilizan otro procedimiento. Disponen los números de la siguiente manera:

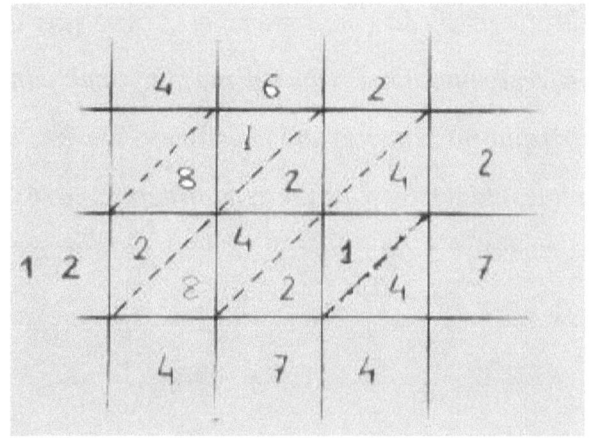

Colocan nuestro "multiplicando" como principio de unas columnas verticales y el "multiplicador" como el principio de unas filas horizontales que comienzan por la derecha (ver figura). A partir de ese posicionamiento se crea una especie de matriz cuyos cuadros a su vez se dividen oblicuamente en dos casillas triangulares. Entonces se procede de la siguiente manera: donde se cruzan dos de los números a multiplicar, por ejemplo el 4 de la primera columna y el 2 de la primera fila, ponemos su resultado, esto es: 8, en la casilla triangular inferior, tal como indica la figura, reservándose la superior para el caso de que el resultado fuera superior a diez, como sucede al multiplicar el número de la segunda columna (6) por el primer número de las filas (2), que da 12, y se pone tal como indica el cuadro. Así, cumplimentando la matriz, se obtienen una serie de números que se suman luego por diagonales. Las unidades del resultado salen de sumar los números metidos en la primera diagonal, que como puede verse en la figura, es 4. *La segunda diagonal da como suma el 7, que nos daría las decenas. Y así sucesivamente. En la última diagonal ponemos el resultado total porque no tenemos más casillas. Una vez obtenida las sumas diagonales, tenemos el número en orden: 12.474. Q.e.d.*

2.4 El número de oro

El número de oro, auténtico Nirvana aritmético en miniatura.
(S. Ortoli & N. Witkowsky)

El número de oro, o proporción divina (representado por la letra griega Φ, es una proporción muy peculiar que se da en un rectángulo con propiedades también singulares y que se conoce como "rectángulo de oro". El rectángulo de oro es aquel que se forma con un cuadrado y un añadido que sale del primero, de tal manera que, siendo B la distancia de la base del cuadrado original y A la distancia de la base del nuevo rectángulo formado, se de la proporción: $A/B = \Phi = 1,6180339...$ Ese ratio o proporción es el número de oro de los pitagóricos. Para mayor comprensión veámoslo gráficamente:

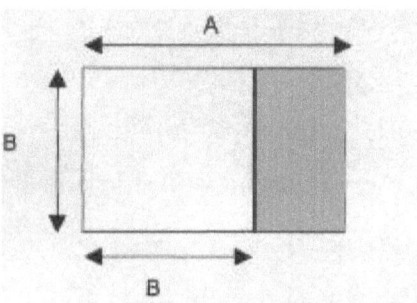

Éste es el famoso rectángulo. La singular propiedad de esta figura geométrica estriba en que si le quitamos el cuadrado que forma B x B, los lados del nuevo rectángulo que queda (sombreado) mantiene la misma proporción que el original. Esta propiedad se da únicamente en los rectángulos de oro.

La leyenda del número de oro

Este número, que como hemos visto representa una proporción, se ha denominado "divino", "áureo", "sagrado", y epítetos semejantes. Ningún número ha despertado tanta curiosidad por parte de los matemáticos de la antigüedad y por los cultos esotéricos de todas las épocas. Este número, lo veremos, aparece por cualquier rincón de las matemáticas, y posee propiedades que le hacen acreedor de los adjetivos admirativos mencionados.

Los egipcios conocían ya esta proporción, que aparece mencionada como "ratio sagrado" en el famoso papiro Rhind (denominado así en honor del anticuario escocés del siglo XIX Alexander H. Rhind). Esta razón áurea formaba parte de los conocimientos secretos de los sacerdotes y parece ser que la aplicaron, entre otros usos, a la construcción de pirámides. Así, el ratio de la altura de la cara de la gran pirámide de Gizeh con respecto a la mitad de la longitud de la base es casi exactamente 1,618. Con relación a otras pirámides el ratio no se acerca tanto al verdadero valor de Φ (ver sección 7.1 – Numeromanía).

Los griegos atribuían el descubrimiento del número de oro a Pitágoras y lo aplicaron en la construcción de edificios, entre ellos el Partenón. Curiosamente, el pentagrama o estrella de cinco puntas, uno de los símbolos sagrados de los pitagóricos, es pródigo en proporciones áureas. Observen la figura:

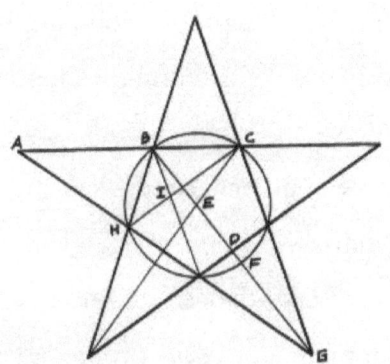

Las siguientes proporciones arrojan el número de oro, o Φ = AB/BC, CH/BC, IC/HI, 2DE/EF, EG/2DE, $\sqrt{(EG/EF)}$. No es de extrañar que Platón llegase a afirmar que el pensamiento humano, al calcular el número áureo, había desentrañado uno de los patrones utilizados por Dios para estructurar el Universo.

En Europa fue Fibonacci quien primeramente enunció el valor de la razón áurea o número de oro: 1,618, y éste es el valor comúnmente aceptado. Sin embargo, el número de oro se divulgó y propagó gracias al libro *De divina proportione* (1509), del matemático italiano Luca Paccioli, ilustrado por Leonardo da Vinci. La difusión de Φ (Phi) durante el Renacimiento como "proporción divina" fue enorme. La razón áurea se convirtió a menudo en la clave del equilibrio de un cuadro o de un edificio. Lo usaron pintores y artistas de la época, entre ellos Tiziano y Miguel Ángel.

En la Edad Media, cofradías, gremios, asociaciones y la francmasonería se transmitían esta proporción para la construcción de catedrales. El pórtico real de la catedral de Chartres, en Francia, es un hermoso ejemplo de su aplicación práctica.

De antiguo se viene achacando al número de oro peculiaridades extraordinarias, cuando no mágicas. Y es que este número, aparte de sus cualidades geométricas de "divina proporción", posee también curiosas propiedades aritméticas, como por ejemplo:

. Si al número de oro: 1,618034... se le resta 1, se obtiene su inverso: 0, 618034..., o lo que es lo mismo: 1/1,618034...

. Elevado al cuadrado, equivale a sumarle 1, puesto que se obtiene: 2,618034...

. También acrecienta su aura mágica esta singular manera de representar Φ, muy vistosa:

$$\Phi = 1 + \cfrac{1}{1 + \cfrac{1}{1 + \cfrac{1}{1 + \cfrac{1}{1 + \cfrac{1}{\ldots\ldots\ldots}}}}}$$

La fórmula con la que los matemáticos representan el número de oro es:

$$\Phi = (\sqrt{5} + 1) / 2$$

En nuestra época se dice que muchos arquitectos, entre ellos Le Corbusier, utilizaron deliberadamente las propiedades del número áureo, y muchos han sido los artistas que lo han aplicado sin necesidad de cálculo alguno, por puro instinto estético. Se creyó en tiempos, y algunos artistas lo sostienen todavía, que la talla de un cuerpo humano de proporciones armoniosas viene dada por la distancia entre el ombligo y el suelo multiplicada por 1,618. Otros estudiosos han identificado el número áureo en el esqueleto humano, incluso en la misma sangre, y han afirmado que nuestro cuerpo fue construido según dicho número, lo que nos remonta a los Pitagóricos y a Platón.

Por último, la proporción divina sirve, también, para dibujar espirales perfectas. Veámoslo. Primero creamos una sucesión de rectángulos de oro (ver principio de la sección) por medio de sustraerles su parte que configura un cuadrado, como se muestra en la figura:

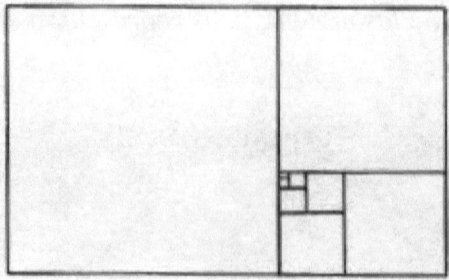

A continuación se traza una línea curva que toque ciertos vértices de los rectángulos, como sigue:

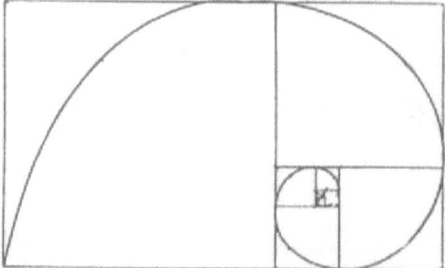

La espiral resultante, arrastrada al límite de la complejidad, que es como actúa la naturaleza en sus obras, nos llevaría a formas conocidas, como la siguiente:

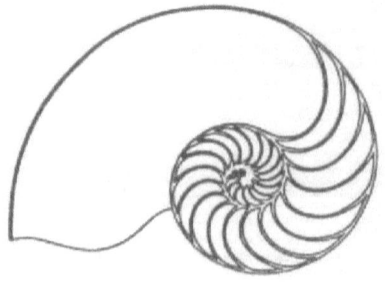

Lo que parece dar la razón a quienes afirman que este número subyace en todas las formas "armoniosas" de la naturaleza.

Cerremos aquí esta breve exposición sobre el "número de oro" o "proporción áurea". Pero no la olvidéis, la seguiremos encontrando en sucesivos capítulos, pues Φ, verdadera liebre matemática, salta donde menos se espera.

Tiempo de historias

La prueba de los tres discos

Tres príncipes que aspiraban a la mano de la princesa Aramín fueron sometidos, para lograr su propósito, a la prueba de los tres discos. El rey Ubal y su corte llenaban el salón principal del palacio. El chambelán se dirigió a los pretendientes:

"Aquí hay cinco discos, dos de ellos negros y tres blancos. Todos son del mismo tamaño y peso y sólo se diferencian en el color. A continuación, un paje os vendará los ojos y os colocará en la espalda, al azar, uno de estos discos. Una vez los discos sujetos a vuestra espalda, seréis preguntados por turno. Aquel que averigüe de qué color es el disco que lleva a su espalda logrará la mano de la princesa Aramín. El primero en ser preguntado podrá ver los discos de los otros dos pretendientes. El segundo en ser cuestionado sólo podrá ver el disco del tercer pretendiente y el tercero, y último, debe contestar sin ver los discos de los otros. La respuesta deberá ser razonada para evitar que se acierte por azar".

A continuación un paje vendó los ojos de los tres príncipes y colocó en la espalda de cada uno un disco.

- Solicito ser el primero -habló el príncipe Jeremías de la Horta, heredero del reino de Horta Umbría.

Un paje le desprendió la venda de los ojos y el príncipe Jeremías observó los discos de sus rivales. A una señal del príncipe, el chambelán llevóselo a un lugar apartado para escuchar su respuesta, que no fue correcta. Declarándose vencido, el príncipe se retiró.

- El príncipe Jeremías de la Horta ha fallado -anunció el rey a los otros dos contendientes.

- Permitidme, oh señor, ser yo el próximo -anunció Vladimiro del Ponte, príncipe de Alta Florentia.

- Se, pues, el siguiente -concedió el rey.

Sus ojos al descubierto, observó Vladimiro el disco del tercer contendiente. Tras reflexionar unos instantes, se acercó al chambelán y le comunicó al oído su respuesta. El chambelán meneó la cabeza. El segundo príncipe también había fallado y fue invitado a retirarse. Sólo quedaba el príncipe Cide Hamete Benengeli, heredero del reino de Barataria.

Cuando supo que el segundo pretendiente también había fallado, el príncipe Cide Hamete Benengeli avanzó unos pasos en dirección al rey y, sin quitarse el vendaje de los ojos, anunció en voz alta que el color del disco situado en su espalda era blanco. Un paje le quitó entonces la venda y Cide Hamete dirigió su mirada hacia la princesa Aramín. Preguntado por el chambelán cómo lo había adivinado, el príncipe Cide Hamete razonó de la siguiente manera:

- El primer príncipe, Jeremías de la Horta, señor de Horta Umbría, vio los dos discos de sus rivales y, sin embargo, no acertó el color del suyo. ¿Por qué falló? Su desacierto se debió a que dudó. Si los dos discos que observara hubieran sido negros, no

hubiera dudado, pues por simple deducción hubiera resuelto que el suyo era blanco. Lo que me lleva a concluir que lo que el príncipe Jeremías tenía ante sus ojos no eran dos discos negros. Sólo quedan, pues, dos posibilidades: o bien los dos discos que vio eran blancos o bien uno era blanco y el otro negro. En el caso de que los dos discos hubieran sido blancos, entonces el mío, que es uno de los que vio, debería ser blanco. Si lo que vio fue un disco blanco y uno negro, yo hubiera podido llevar o bien el negro o bien el blanco. Si yo llevara el negro, el segundo pretendiente, príncipe Vladimiro del Ponte, hubiera razonado de la siguiente manera: veo que el tercer pretendiente lleva un disco negro. Si el mío también fuera negro, el príncipe Jeremías hubiera acertado el color del suyo, luego mi disco es blanco. Como el príncipe Vladimiro también falló en la respuesta, significa que yo no llevo un disco negro, luego ha de ser blanco.

El príncipe Cide Hamete Benengeli acertó y razonó correctamente su respuesta, logrando de esa forma la mano de la princesa Aramín.

III – LOS NÚMEROS

"El buen Dios creó el número natural,
el resto es obra de los hombres".
(Leopold Kronecker)

La *Teoría de Números* es el área de las matemáticas que más adeptos posee y la que, sin duda, prefieren los teóricos y profesionales de esta ciencia. Y es que los números, sin más, dan mucho juego, desde el simple chismorreo numerológico hasta la construcción de formas estéticas con operaciones simples. Y qué decir de las distintas clases de números, bautizadas de forma tan familiar: números primos, números amigos, números perfectos, números nupciales, congruentes, imaginarios, irreales... Hijos predilectos de los matemáticos, veamos el maravilloso mundo que se esconde bajo tan hogareña terminología. Por su relevancia, comenzamos por los números primos:

3.1 Números primos

Números primos son aquellos que sólo son divisibles por sí mismos y por la unidad. Esta propiedad, aparentemente simple, les confiere unas características tan singulares que han hecho de ellos los números más estudiados. También poseen otra particularidad que les hace enormemente peculiares: existen en cualquier sistema de numeración, no sólo en el decimal. Si nuestro sistema de numeración fuese de base 36, ó 12, también existirían los números primos. Sí, algo debe subyacer en la estructura intrínseca de estos números para haber despertado tanto estudio y dedicación. Oliver Sacks, en su libro *The Man who Mistook his Wife for a Hat* (*El hombre que confundió a su mujer con un sombrero*), relata el caso de unos niños autistas cuyo entretenimiento preferido consistía en decir en voz alta una cifra y reírse. Analizados los números que tanta hilaridad les causaba, resultaron éstos ser números primos. Y unos números primos que no eran fáciles de calcular. Ellos los pronunciaban sin esfuerzo; y algo debían percibir en su diseño interno, en su "esencia", que les hacía gracia o les proporcionaba placer. También Ron Graham, en su libro *The Man who Loved only Numbers*, menciona que el atractivo místico que han poseído desde siempre los números primos provocó que un matemático sólo durmiese con su mujer en los días primos. Quizás esa misteriosa estructura interior capaz de causar regocijo a quienes son capaces de percibirla, sea lo que ha llevado a los matemáticos a interesarse tanto por este tipo de números. Comentar, de pasada, que en cierta ocasión, el célebre matemático John von Neumann y un colega se pasaron toda una tarde buscando números primos que estuvieran presentes en sus vidas privadas: números de teléfono, números de sus viviendas, etc.

Una propiedad poco difundida de los números primos consiste en que todos ellos, excepto el 2 y el 3, si se les suma o se les resta 1, el producto será divisible entre 6. Pondré dos ejemplos sencillos: 17 + 1 = 18, perfectamente divisible entre 6; y 19 - 1 = 18. El lector, si gusta, puede comprobarlo con otros números más altos.

La suma de los cuadrados de los primeros siete (7) números primos es igual a 666.

Los números primos en la naturaleza

Algunos insectos como las chicharras (magicicada septemdecim) poseen ciclos reproductivos en años que son números primos. La razón que arguyen los naturalistas es que de esa manera sus enemigos no pueden programar estos ciclos (época en la que se encuentran más indefensos), y así logran un mayor grado de supervivencia. Normalmente los depredadores suelen aparecer cada dos, tres o cuatro años, o incluso son capaces de adaptar sus apariciones para que coincidan con los ciclos de sus presas. Si el ciclo reproductivo es número par, existen muchas probabilidades de que un depredador pueda acompasar sus fases con las de este animal y se les venga encima en uno de los períodos de apareamiento. Pero eligiendo números primos (estos suelen ser de trece años o diecisiete, nunca de quince o dieciséis), es sumamente difícil que sus enemigos creen pautas periódicas para coincidir con tales períodos de indefensión.

3.1.1 Teorema fundamental de la aritmética

Los números primos son los cimientos de todos los demás números, pues todo número puede expresarse mediante un único producto de varios números primos. Ejemplos:

12 = 2 x 2 x 3

363 = 3 x 11 x 11

666 = 2 x 3 x 3 x 37

y así con todos los números (como curiosidad, manifestar que el dos es el único número primo que es par). La propiedad anteriormente expuesta se conoce como:

Teorema fundamental de la aritmética:
Todo número entero puede descomponerse de una sola forma en un producto de primos.

Nota: El número 1, pese a cumplir técnicamente la definición de número primo, no se considera primo, porque de hacerlo así se desmoronaría el teorema fundamental de la aritmética. Por ejemplo, si considerásemos al "1" número primo, entonces podríamos descomponer un determinado número en infinitos factores primos, lo que entra en contradicción con el teorema anteriormente expuesto. Veamos por ejemplo el número 14:

14 = 2 x 7

14 = 1 x 2 x 7

14 = 1 x 1 x 2 x 7

......

Y así indefinidamente.

3.1.2 Chiflados por los primos

La búsqueda de números primos ha sido una ocupación obsesiva para muchos matemáticos, dedicando toda su vida a tal menester. Y es que la labor da de sí, pues ya Euclides probó que no existía un número primo último, que siempre podría encontrarse uno mayor.

Expongo a continuación una breve historia de la persecución maniática de los números primos y sus sucesivas plusmarcas:

• A lo largo de los siglos, fueron encontrándose, y registrándose, multitud de números primos. Tan temprano como en 1792, Gauss fue de los primeros matemáticos es confeccionar tablas de números primos. Para 1796, Johann Heinrich Lambert y Georg von Vega publicaron una lista con todos los números primos hasta el 400.031.

• Pero fue el matemático autodidacta ruso Iván Mikheyevich Pervushin quien, en 1894, primero compuso una tabla con todos los números primos hasta 10.000.000, recopilación que regaló a la Academia de Ciencias Rusa.

- El norteamericano D. H. Lehmer publicó también, pero en 1914, una tabla con los primeros 10.000.000 de dichos números.

- Pero el récord de listas pre-cibernéticas se lo lleva J. P. Kulik, profesor de la Universidad de Praga, quien llevó el descubrimiento de los números primos hasta los 100.000.000 (seis volúmenes conteniendo todos los números primos y sus divisores). Las tablas de Kulik se hallan en la Academia de las Ciencias de Viena.

- Hoy, con la ayuda de potentes ordenadores, se ha llevado la catalogación de números primos hasta límites insólitos.

Pero este afán recolector, ayudado del hodierno glamour de las "marcas" y de la accesibilidad a cada vez más potentes instrumentos de cálculo, ha dado paso a otro afán casi olímpico: lograr descubrir el número primo más grande. Repasemos brevemente la sucesión de plusmarcas:

❋ En 1876, el número primo más grande conocido, identificado por Lucas, era 2^{127}-1, de 39 cifras, y que extendido, sería:

170.141.183.460.469.231.731.687.303.715.884.105.727

Supone el número de granos de trigo que habría que haber entregado al inventor del juego de ajedrez si el tablero hubiera contenido 127 casillas.

Posteriormente, y ya con ayuda de ordenadores, se obtuvieron:

❀ En 1957 el número primo más grande, con 687 cifras, fue el $2^{3.217} - 1$.

❀ En 1963 la plusmarca pasó al número $2^{11.213} - 1$, que tiene 3.376 cifras.

Ese mismo año se logró dar con el número primo $2^{19.937} - 1$, descubierto por el matemático norteamericano Bryan Tuckerman. Tiene nada menos que 6.002 cifras.

❀ En 1978 se hizo con la plusmarca el número $2^{21.701} - 1$, que tiene 6.533 cifras.

❀ Posteriormente, en 1979, se dio con el número $2^{44.497} - 1$, que tiene 13.395 cifras.

❀ En 1983 la plusmarca pasó al número $2^{86.243} - 1$, de 25.962 cifras.

❀ Luego vino el número $2^{216.091} - 1$, descubierto en 1989, y que tiene 65.050 cifras. Fue calculado con un ordenador Cray XMP/24 en Chevron Geosciences Co., Houston, Texas.

❀ En 1992, y utilizando un ordenador Cray-2, se consiguió un nuevo número primo récord, el $2^{756839} - 1$. Este número es un número primo de Mersenne.

❀ En 1994 el mismo equipo dio con el número $2^{859.433} - 1$. Número primo astronómico, consta de 258.716 cifras.

❀ Ese mismo año, David Slowinsky y Paul Gage superaron la marca con el número $2^{1.257.787} - 1$, que se mantuvo en el primer puesto casi dos años.

✿ Su relevo fue tomado por el número $2^{1.398.269} - 1$, que es el 35° número de Mersenne. Este número fue anunciado en 1996 en París por Joel Armengaud. Este último número, escrito con todas sus cifras y mecanografiado sin intervalos, alcanzaría una longitud de 947 m.

✿ A fecha de hoy, meses finales de 2002, el número primo más alto del que tengo noticias es el $2^{3.021.377} - 1$, también un número de Mersenne. Fue descubierto en Enero 1998 gracias al proyecto GIMPS (Great Internet Mersenne Prime Search). Se utilizaron numerosos ordenadores conectados a través de la red. A cada uno de los "buscadores" se le distribuyó un segmento numérico, y la porción donde apareció el referido número correspondió a la de un tal Roland Clarksen, de 19 años.

El consuelo de los números primos

Los números primos y la circunstancia de que no existan diseños de intervalos entre ellos, sirvió para que el periodista Roger Cooper, confinado en una cárcel de Irán en los años 1980, encontrara un consuelo dentro de su penosa situación. Entre interrogatorios, siempre con los ojos vendados y recibiendo golpes cada vez que negaba ser un espía británico, Cooper se entretuvo calculando de memoria números primos. Llegó a calcular cerca de cinco mil, tratando a la vez de visualizar posibles diseños entre sus espacios.

Esos maravillosos chiflados

Un tal Samuel D. Yates, de Florida, coleccionó todos los números primos conocidos con más de mil cifras. Denominó a este tipo de números "Los primos Titanic". Muchos de estos enormes primos poseen curiosas características. Por ejemplo, el 230° número primo más largo, con un total de 6.400 cifras, se compone enteramente de nueves, excepto por un ocho. El que hace el 321° más largo, con 5.114 cifras, se compone exclusivamente de unos y ceros. El 41° primo más largo (11.311 cifras) es palíndromo (ver sección **3.1.4**). El 297° más largo (5.323 cifras) posee un solo cuatro seguido de 5.322 nueves. El 713° primo más largo, por ejemplo, es uno de los más singulares:

$$(10^{1951}).(10^{1975} + 199199199199199199199) +1$$

Y es singular porque este número de 3927 cifras fue descubierto por Harver Dubner en 1991. ¿No es asombrosa la coincidencia?

La lista de los Primos Titanic está ya en Internet y contiene más de 900 números. Dentro de estos existe una nueva categoría, los primos gigantes, que son aquellos que superan las 5.000 cifras.

Ante estas singulares proezas matemáticas uno no puede menos que preguntarse: ¿Qué se pretende mediante esta afanosa búsqueda de números primos cada vez más grandes? Aparte de la utilidad para probar ordenadores (como con los decimales del número π, que veremos más adelante), donde sirve de piedra de toque para el desarrollo de programas y equipos, la verdadera razón es que a los hombres los retos les llaman con una voz irresistible. Si existe una cima inaccesible, se crearán expediciones para doblegarla. Si existe un número primo mayor, tropel de matemáticos irán en su busca por el mero placer de hallarlo. Todo *ad maiorem homine gloriam.*

3.1.3 ¿Cómo se buscan los números primos?

Posiblemente ustedes se hayan preguntado: ¿qué métodos siguen los matemáticos para descubrir números primos? Porque eso de ir uno a uno y tratar de dividirlo por todos los números menores, es un poco lento, arduo... y tedioso.

Hoy los modernos ordenadores permiten establecer métodos fiables con sencillos algoritmos (bueno, quizás no tan sencillos). Pero, ¿y anteriormente? ¿Cómo se lograba dar con un número primo en la era pre-cibernética? Ya Eratóstenes (275–194 a.n.e.) estableció una criba para detectar números primos y que, por su curiosidad, y sencillez, presentamos a continuación.

Criba de Eratóstenes

El matemático griego Eratóstenes elucubró un método un poco pedestre, pero hábil, para detectar todos los números primos desde 2 hasta N. Primero se escriben los números, hasta N, en orden:

$$2\,,\ 3\,,\ 4\,,\ 5\,,\ 6,\ 7,\ 8, 9, 10$$
$$11, 12, 13, 14, 15, 16, 17, 18, 19, 20$$
$$21, 22, 23, 24, 25, 26, 27, 28, 29, 30$$
$$31, 32, 33, 34, 35, 36, 37, 38, 39, 40,$$

....

El primer número primo es 2. Se subraya el 2 y se tachan todos los múltiplos de 2:

$$\underline{2}\,,\ 3\,,\ \mathbf{4}\,,\ 5\,,\ \cancel{6},\ 7,\ \cancel{8}, 9, \cancel{10}$$

11, ~~12~~, 13, ~~14~~, 15, ~~16~~, 17, ~~18~~, 19, ~~20~~

21, ~~22~~, 23, ~~24~~, 25, ~~26~~, 27, ~~28~~, 29, ~~30~~

31, ~~32~~, 33, ~~34~~, 35, ~~36~~, 37, ~~38~~, 39, ~~40~~,

El siguiente número que aparece, el 3, ha de ser número primo. Lo subrayamos a su vez y a continuación tachamos todos los múltiplos de 3:

2̲ , 3̲ , ~~4~~ , 5 , ~~6~~, 7, ~~8~~, ~~9~~, ~~10~~

11, ~~12~~, 13, ~~14~~, ~~15~~, ~~16~~, 17, ~~18~~, 19, ~~20~~

~~21~~, ~~22~~, 23, ~~24~~, 25, ~~26~~, ~~27~~, ~~28~~, 29, ~~30~~

31, ~~32~~, ~~33~~, ~~34~~, 35, ~~36~~, 37, ~~38~~, ~~39~~, ~~40~~,

El siguiente número que aparece, el 5, ha de ser número primo. Lo subrayamos y tachamos todos los múltiplos de 5… Y así sucesivamente. De esta ingeniosa manera, si acaso un poco lenta, iríamos sacando todos los números primos desde el 2 hasta N, en nuestro caso 40.

Fórmulas sencillas

Ya hemos visto que la criba de Eratóstenes es un procedimiento muy rudimentario de búsqueda de números primos. Es por ello que los matemáticos han tratado de lucubrar fórmulas que, por sí solas, nos den estos estimados números. Estas fórmulas no producen primos sucesivos ni predicen cuál será el siguiente primo, pero cada vez que se aplica, voilá, aparece un número primo. Por ejemplo:

$$f(n) = [(1,3064)^3]^n$$

Si, por ejemplo, damos a *n* el valor de 1, obtenemos:

$$f(1) = [(1,3064)^3]^1 = 2,2296 = 2$$

Nótese que, una vez calculado el número, prescindimos de los decimales, quedándonos con el número entero.

Hagámoslo ahora para *n* valor a 3:

$$f(3) = [(1,3064)^3]^3 = (1,3064)^{27} = 1.361,5332 = 1.361$$

Prescindiendo de nuevo de los decimales, obtenemos 1.361, que es un número primo.

Otra fórmula que también produce números primos:

$$g(n) = [(((2)^2)..)\,^2)^{1,92878}]$$

Donde el número de "doses", incluyendo los exponentes, es igual a *n*. Por ejemplo, si hacemos *n* = 1:

$$g(1) = [(2)^{1,92878}] = 3,8073 = 3$$

Prescindiendo, como en el caso de la fórmula anterior, de los decimales, se obtiene 3, que ya sabíamos que es un número primo. Para obtener un número más difícil, hagamos $n = 3$

$$g(3) = [(((2)^2)\ ^2)^{1,92878}] = 2^{13,99975} = 16.381,151 = 16.381$$

Donde 16.381 es un número primo.

3.1.4 Clases especiales de números primos

El número primo más singular es el número 2, pues es el único que es par. No existe ningún otro número primo par. Pero sí existen muchos tipos de números primos, agrupados por familias, siendo normalmente el *pater familias* el descubridor de la peculiaridad.

a) Primos de Mersenne

Son de la forma $M_p = 2^p - 1$, donde p es un número primo. Pero no todos los números de Mersenne resultantes de aplicar la anterior fórmula son primos. De hecho, hasta la fecha sólo se conocen 36 números primos de Mersenne. Normalmente estos números son importantes porque la fórmula que los define ha permitido descubrir los números primos más grandes conocidos (ver sección 3.1.2). En la actualidad el primero, segundo y tercero de los números primo más grandes que se conocen son primos de Mersenne.

La silenciosa prueba de que el número 67 de Mersenne ($2^{67} - 1$), que el famoso matemático aseguró que era primo, no lo era.

La prueba ocurrió en 1903, en Nueva York. Era Octubre. Una reunión de la Sociedad Matemática Americana. Un matemático desconocido, F. N. Cole, había presentado un trabajo bajo el título: "Sobre la factorización de grandes números". Cuando el presidente de la sociedad llamó al ponente Cole a exponer su tema, éste subió al estrado, se colocó frente a la pizarra y, sin decir ni una palabra, procedió a escribir con tiza el proceso de elevar 2 a la potencia 67. Acabada la operación procedió, con sumo cuidado a restarle 1. Todavía sin realizar ningún comentario, se trasladó a un área limpia de la pizarra y multiplicó, a mano alzada, la siguiente cifra:

193.707.721 x 761.838.257.287

Los dos cálculos coincidían. Por primera vez en la Sociedad, que se recuerde, los asistentes aplaudieron fervorosamente el trabajo que se les presentaba. Cole volvió a su asiento sin haber pronunciado una sola palabra. Nadie, tampoco, le pidió explicaciones.

b) Primos de Fermat

Pierre de Fermat conjeturó que todos los números de la forma:

$$Fn = ((2)^2)^n + 1$$

eran siempre primos. Los primeros números de Fermat son:

$F_0 = 3$ Primo

$F_1 = 5$ Primo

$F2 = 17$ Primo

$F_3 = 257$ Primo

$F_4 = 65.537$ Primo

Todo hacía presagiar que Fermat estaba en lo cierto, pero ahora se sabe que no todos los números de Fermat son primos. De hecho, el siguiente número de Fermat, el F_5, puede descomponerse en los factores: 641 x 6700417. Luego no es primo.

Y es que los números de Fermat crecen muy rápidamente, de ahí que fuera difícil comprobar la peculiaridad de "primo" en sus tiempos. Hoy, el número de Fermat más alto que se conoce es el F_{23471}, que posee 10^{7000} cifras.

Un día, el abate francés Mersenne, sabio que calculó la velocidad del sonido y padre de los números mencionados al comienzo de la sección, le preguntó a Fermat si el número 100.895.598.169 era o no primo. Fermat le contestó con bastante rapidez que no lo era porque es el producto de 112.303 por 898.423 (que sí son números primos). Era el 7 de abril de 1643.

c) Primos de Sophie Germain

Se denominan primos de Sophie Germain aquellos que multiplicados por dos y añadiéndoles la unidad, nos dan otro primo. En notación simbólica, p es un número primo de Sophie Germain si **2p+1** es también primo. El número primo de Sophie Germain más pequeño que existe es el 2, pues 2 x 2 + 1 = 5, que es también primo. El siguiente es el 3, ya que 2 x 3 + 1 = 7. El número primo de Sophie Germain más grande conocido durante mucho tiempo fue el **9402702309 x 10^{3000} + 1**. El doble de este número, y sumada posteriormente la unidad, también nos da un número primo. Sin embargo, en enero de 1998 se descubrió el que ostenta la plusmarca dentro de los primos de Sophie Germain:

$$92.305 \text{ x } 2^{16998} + 1$$

Posee 5122 cifras. Y como todo número de Sophie-Germain, si lo duplicamos y le añadimos la unidad, obtenemos otro número primo:

$$92.305 \text{ x } 2^{16999} + 1$$

Se supone, si bien no se ha demostrado, que los números primos de Sophie-Germain son inagotables, como los números primos.

d) Primos de Wilson

Un número primo p es un primo de Wilson si **(p-1)!+1** es divisible entre **p^2**. El número primo de Wilson más pequeño que existe es el 5, pues (5-1)! = 2 x 3 x 4 = 24. Si le sumamos 1, obtenemos 25, divisible por 5^2, ó 25. Sólo se conocen por el momento tres números primos de Wilson: el 5, el 13 y el 563.

e) Primos de Fibonacci

Algunos números de la serie de Fibonacci (ver sección **6.6**) son primos, El más grande que se conoce a la fecha es el FN(2971), esto es, el 2971º de la serie, y fue descubierto por Hugh C. Williams.

f) Números primos palíndromos

El número primo palíndromo (es decir, que se puede leer tanto empezando por delante como por detrás) más grande que se conoce es el número:

$$10^{11.310} + 4.661.664 \times 10^{5652} + 1$$

Fue descubierto por Harvey Dubner en 1991, y es el 41º primo más grande conocido. Designando, para abreviar, 0_{100} como 100 ceros seguidos, el número es:

$$10_{5651}46616640_{5651}1$$

¿Cuántos números primos capicúas hay entre 400 y 500:

g) Números primos gemelos

Los números primos gemelos son aquellos de la forma P y P+2. Todos los números primos gemelos difieren por dos números. No pueden hacerlo por un número, porque el número siguiente a un número primo es siempre par, y por lo tanto divisible. Los números primos gemelos más pequeños son 3 y 5, 5 y 7, y 11 y 13. Un ejemplo de números gemelos más altos son: 55.49 y 55.051. ¿Existe un número infinito de números primos gemelos? No se sabe. No obstante, a medida que los números naturales aumentan, los números primos gemelos decrecen. Los números primos gemelos más grandes que se conocen son: $697053813 \times 2^{16352} + 1$ y $697053813 \times 2^{16352} - 1$. Fueron hallados por unos señores que responden a los nombres de Idlekofer y Ja'rai en 1994.

h) Números primos en orden ascendente

Son números que deben cumplir dos condiciones: estar sus dígitos en orden ascendente y ser primos. Se conocen diecinueve de ellos, a partir del 23 y pasando por el 23.456.789 y el 1.234.567.891 hasta llegar al asombroso número

1.234.567.891.234.567.891.234.567.891. Este primo de 28 dígitos fue descubierto en 1972 por Raphael Finkelstein y Judy Leybourn, ambos de la Universidad de Bowling Green.

i) Números "Omirp"

"Omirp" es "primo" escrito al revés. Jeremiah P. Farrell denominó así a los números primos no palíndromos que también son primos si se invierte el orden de sus dígitos. El último año **omirp** fue 1979. El próximo será el 3011. Desgraciadamente, en los dos números se repite un dígito. Al numerólogo le interesan mucho más los **omirp** sin dígitos repetidos, los que podrían denominarse **"omirp sin-rep"**. Los primeros números de esta serie son: 13, 17, 31, 37, 71, 73, 79, 97, 107... Evidentemente es un conjunto finito, porque cualquier número de más de diez dígitos contiene repeticiones.

Existe un sólo **omirp** de seis cifras que sea cíclico: si se pasa el primer dígito al último lugar y se repite la operación con todos, las permutaciones resultantes son todas **omirp**. Ese número, único en su clase, es el 193.939. Dicho de otra manera, si se escriben esas cifras en círculo, se puede empezar tomando una de ellas y seguir en cualquiera de las dos direcciones y siempre se obtendrá un primo de seis dígitos. No existen **omirp** cíclicos de cuatro, cinco o siete cifras.

h) Hiperprimos de Queneau

El escritor francés Raymond Queneau bautizó un tipo de número primo como hiperprimo. Un hiperprimo derecho es un número primo tal que si se le borra uno o más dígitos comenzando por la derecha (o bien por la izquierda, en cuyo caso estaríamos ante la presencia de un hiperprimo izquierdo) la parte restante sigue siendo un número primo. Este es, según Queneau, el mayor número hiperprimo derecho: 1.979.339.339; el mayor hiperprimo izquierdo conocido es 12.953. No se sabe si los hiperprimos izquierdos necesariamente poseen un número finito de numerales. Por último, existen números hiperprimos que son a la vez izquierdos y derechos, como por ejemplo: 3.137.

3.1.5 Frecuencia de los números primos

Algunos matemáticos han deseado conocer, por ejemplo, si la frecuencia de números primos varía a medida que éstos se hacen más grandes. Este estudio pretende recoger, por segmentos, la frecuencia con que se dan estos singulares números. Denominemos, por convenio, $\pi(x)$ al conjunto de todos los números primos menores o igual a x. La razón de medida que buscamos sería, pues: $\pi(x)/x$. Un rápido vistazo nos indica que $\pi(10)$: 4, porque incluiría los números 2, 3, 5 y 7, es decir, todos los números primos hasta 10. Siguiendo esta regla obtenemos:

$\pi(10)$: 4	Ratio: 40 %
$\pi(100) = 25$	Ratio: 25 %
$\pi(1000) = 168$	Ratio: 16,8 %

$\pi(1.000.000) = 78498$ Ratio: 7,85 %

....

$\pi(10^9) = 50.847.478$ Ratio: 5,08 %

Conclusión: la frecuencia relativa de números primos disminuye a medida que aumenta la magnitud del conjunto de números examinado.

El número de números primos que existen hasta 10^{17} ó $\pi(10^{17})$ es igual a: 2.625.557.157.654.233
Fue calculado por M. Deglise en 1992.

Otro tipo de frecuencia estudiada

Todos los números primos mayores que 2 son o bien de la forma 4n+1 ó 4n+3. ¿Pero, qué forma es la más común? Dentro de los primeros 20 números primos, 11, o sea, una mayoría exigua, son de la forma 4n+3. Esta preponderancia continúa hasta alcanzar el número 26.849, donde se igualan en número ambas formas; pero el mismo 26.849 invierte la balanza y la inclina hacia la forma 4n+1. Mas esto dura poco porque los dos siguientes números primos son de la forma 4n+3. Aunque los primos de la forma 4n+1 parecen encontrarse en minoría, el matemático J. E. Littlewood, célebre colaborador de G. H. Hardy, probó que la balanza se inclinaba hacia uno o hacia otro formato un número infinito de veces.

3.1.6 Redondez de los números compuestos

G. H. Hardy y Ramanujan escribieron un trabajo sobre los denominados "números redondos", a saber, números compuestos que poseían una cantidad de divisores primos anormalmente elevada. La redondez de los números compuestos se mide por el número de veces que cada divisor primo aparece en la factorización de ese número. Así, la redondez de 1 millón, cuya factorización es 2^6 x 5^6, es 12, la suma de los exponentes de sus números primos. Los números compuestos entre 991991 y 1000010, tienen una media de 4 factores primos:

Número	Redondez	Factorización
999.991	3	17 x 59 x 997
999.992	6	2^3 x 7^2 x 2551
999.993	2	3 x 333331
999.994	3	2 x 23 x 21739
999.995	2	5 x 199999
999.996	5	2^2 x 3 x 167 x 499
999.997	2	757 x 1321
999.998	4	2 x 31 x 127^2
999.999	7	3^3 x 7 x 11 x 13 x 37
1.000.000	12	2^6 x 5^6

1.000.001	2	101 x 9901
1.000.002	3	2 x 3 x 166667
1.000.004	5	$2^2 \times 53^2 \times 89$
1.000.005	4	3 x 5 x 163 x 409
1.000.006	3	2 x 7 x 71429
1.000.007	2	29 x 34483
1.000.008	8	$2^3 \times 3^2 \times 17 \times 19 \times 43$
1.000.009	2	293 x 3413
1.000.010	4	2 x 5 x 11 x 9091

G. H. Hardy y Ramanujan elaboraron una fórmula asintótica para la "redondez". Veintidós años más tarde, Paul Erdös, trabajando con Mark Kac, encontró una profunda conexión entre la redondez de los números compuestos y la curva de campana que tanto juego da en la teoría de probabilidades. Unía de esta forma genial, dos campos anteriormente alejados entre sí.

3.1.7 Hola, ¿eres primo?

Ya hemos visto diversos métodos para buscar mediante fórmulas números primos. Pero, ¿cómo saber si un número dado es, o no es, un número primo? Y no me refiero a los facilillos como el 7 ó el 13, sino a números de muchas cifras. Bien, métodos existen, si bien ninguno es sencillo y de uso universal.

Para empezar podemos hablar de cómo detectar a simple vista que un número "*no*" es primo. Un número es compuesto, y por lo tanto "no primo" si termina en 2, 4, 6, 8, ó 0. Por lo tanto, y mediante una mera observación, podemos eliminar la mitad de los números naturales como claramente "no primos". También sabemos que todos los números terminados en 5 son divisibles por cinco. Luego sólo nos quedan como posibles primos aquellos números terminados en 1, 3, 7 y 9 (El 40 % de los números naturales). Pero aunque este estratagema acota la parcela de nuestra búsqueda, no proporciona la información que deseamos.

El método más pedestre para determinar si un número es primo es dividir ese número (llamémosle N) por todos los números enteros hasta N, labor ardua cuando este número es elevado. Comprobar, por ejemplo, si 1.000.003 es primo requeriría un millón de divisiones porque, de hecho, es un número primo. ¿Podemos mejorar éste método? Algunos matemáticos han descubierto fórmulas para ello, pero cuando el número es elevado su cálculo es tan costoso como la forma pedestre anteriormente descrita. Una de los procedimientos más divulgados para determinar si un número es primo es el que se conoce como **"Teorema de Wilson"**, elucubrado por Edward Waring (1734-1798), profesor de Cambridge. Denominó este teorema con el nombre de John Wilson, un amigo suyo. El Teorema de Wilson dice:

"P es un número primo si, y sólo si, (P-1)! + 1 es divisible por P"

Comprobémoslo con el número 5. Cogemos todos los números menores que cinco y los multiplicamos: 1 x 2 x 3 x 4 = 24. Le sumamos 1 y obtenemos 25, que sí es divisible por 5, luego 5 es un número primo. Hasta aquí muy bien, pero ¿que sucede cuando queremos averiguar si el número 34.357 es primo? Calcular el factorial de 34.356 es harto costoso y por lo tanto este método resulta poco útil.

Existen fórmulas parecidas a la de Wilson para saber si un número es primo, pero son de uso limitado, resultando inservibles para números muy altos. Es por ello que no vamos a examinarlas. Sírvanos el anterior teorema de muestra.

Curiosidad final relativa a los números primos.

Si disponemos todos los números naturales en 6 columnas, obtenemos secuencias como las siguientes:

Columna 1	Columna 2	Columna 3	Columna 4	Columna 5	Columna 6
1	**2**	**3**	4	**5**	6
7	8	9	10	**11**	12
13	14	15	16	**17**	18
19	20	21	22	**23**	24
25	26	27	28	**29**	30
31	32	33	34	35	36
37	38	39	40	**41**	42
43	44	45	46	**47**	48
49	50	51	52	**53**	54
55	56	57	58	**59**	60
61	62	63	64	65	66
67	68	69	70	**71**	72
73	74	75	76	77	78
79	80	81	82	**83**	84
85	86	87	88	**89**	90
91	92	93	94	95	96
97	98	99	100	**101**	102
103	104	105	106	**107**	108
109	110	111	112	**113**	114
115	116	117	118	119	120

Curiosamente, todos los números primos (en negrita) caen dentro de dos columnas, la uno y la cinco, excepto el 2 y el 3, el único número primo par, que está en la columna 2, y el primer número primo impar, excluyendo el uno. Esto se puede expresar algebraicamente diciendo que todos los números primos mayores de tres tienen la forma 6n + 1 ó 6 n + 5, siendo *n* cualquier número entero.

Este aparentemente sencillo cuadro tiene muchas implicaciones matemáticas, pero no vamos a examinarlas aquí. Quede, no obstante, esta curiosa circunstancia para deleite de diletantes.

Puede que los números naturales hayan sido el descubrimiento más grande de la humanidad.
(Calvin C. Clawson)

El cometa de Goldbach

La **Conjetura de Goldbach** *(ver sección 6.4) dice que todo número entero par mayor o igual a cuatro puede escribirse como la suma de dos números primos. Pero curiosamente, cuando el número par aumenta, aumentan* *también la combinación de sumas de dos primos que arrojan el número en cuestión. A partir de este hecho, dos investigadores llamados Henry Fliegel y Douglas Robertson estudiaron este aspecto de la conjetura de Goldbach. Sea **n** un número entero y sea **C(n)** el número de formas que existen de escribir este número como suma de dos números primos. Por ejemplo C(4) = 1, porque sólo hay una manera de escribir 4 como la suma de dos primos: 2 + 2. Por otra parte C(34) = 4 porque 34 puede escribirse de cuatro maneras distintas como suma de dos números primos (3+31, 5+29, 11+23 y 17+17). A estos números que hemos denominado **C(n)** se los denomina **Números Goldbach**. Pues bien, estos investigadores estudiaron la evolución de estos números Goldbach a medida que **n** aumentaba. Esta investigación serviría también de posible refutación de la famosa Conjetura, pues si en algún momento se descubriese un **C(n)** = 0, eso significaría que la **Conjetura de Goldbach** era falsa. Fliegel y Robertson metieron en un ordenador miles de números Goldbach y después extrajeron su evolución en forma de gráfico con ejes de ordenadas y abcisas. Y esto es lo que obtuvieron:*

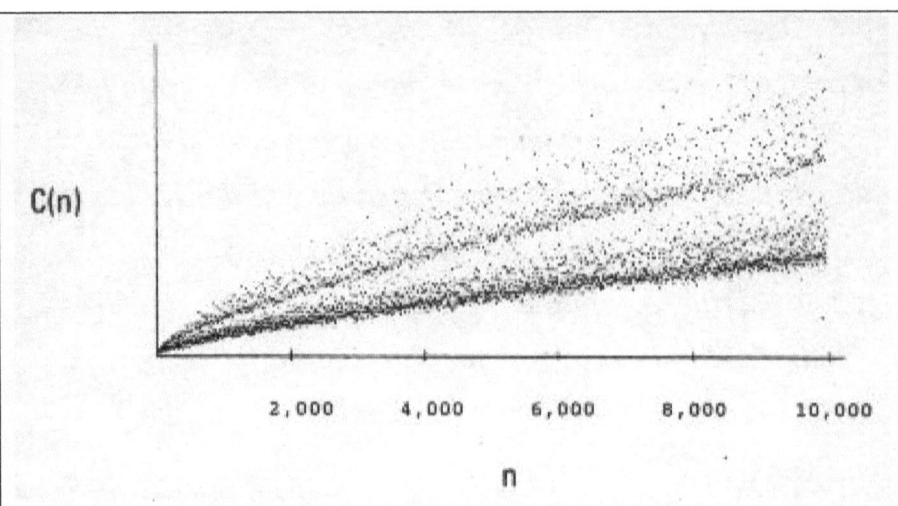

C(n)

2,000   4,000   6,000   8,000   10,000

n

Curiosamente, los valores de los Números de Goldbach no se distribuyen proporcionalmente dentro de un rango sino que tienden a concentrarse en bandas. Debido a lo peculiar de la figura, ambos investigadores denominaron a la gráfica obtenida **Cometa de Goldbach.** *Otra observación obvia que se desprende de la gráfica es que a medida que* **n** *aumenta, las maneras en las que pueden escribirse los* **Números de Goldbach** *mediante sumas de números primos también aumentan. Esto hace presumir que la* **Conjetura de Goldbach** *se cumple siempre, si bien no permite confirmarlo. Una sola excepción bastaría para refutarla. Pero uno intuye que no será éste el caso. De hecho, sólo 4 números dan un* **C(n)**=1, *y todos están al comienzo de la secuencia: 4, 6, 8 y 12.*

3.2 ... y demás familia

3.2.1 Números perfectos

La perfección no es sólo aplicable a lo sublime, lo utópico o la divinidad, sino también a los números. Por definición, un número perfecto es aquel que es igual a la suma de sus divisores, exceptuado él mismo.

¿Por qué se los denominó "perfectos"? Pues porque en tiempos antiguos se dio a esta propiedad una interpretación divina. Por ejemplo, y como afirmó San Agustín en su libro *La Ciudad de Dios* (allá por el siglo IV de nuestra era), Dios creó el mundo en seis días. El 6 es, por lo tanto, un número perfecto ($6 = 3 + 2 + 1$). Según el mismo Padre de la Iglesia, la luna tarda 28 días en dar una vuelta alrededor de la tierra, luego 28 también es un número perfecto:

$$28 = 1 + 2 + 4 + 7 + 14$$

Los cuatro primeros números perfectos son: 6, 28, 496 y 8128. Como los dos primeros ya los hemos desarrollado, desarrollaré ahora los dos siguientes como mera curiosidad:

496 $= 1 + 2 + 4 + 8 + 16 + 31 + 62 + 124 + 248$

8.128 $= 1 + 2 + 4 + 8 + 16 + 32 + 64 + 127 + 254 + 508 + 1.016 + 2.032 + 4.084$

En ambos casos la suma de los divisores da el número de partida.

Ya Nicómaco, matemático griego del siglo I, les tenía en gran estima. Observó que los números perfectos son destacados y singulares, "igual que las cosas dignas y excelentes son pocas... mientras las feas y viles están extendidas".

Euclides (s. III a.n.e.) también se interesó por este tipo de números y figura un importante teorema sobre los mismos en sus *Elementos*.

¿Existen números perfectos impares?

Todos los "números perfectos" conocidos hasta la fecha son pares. ¿Dónde están los impares? ¿Acaso no existen? A pesar de los enormes esfuerzos hechos por los matemáticos y la ayuda que hoy aportan los potentes ordenadores, ningún número perfecto impar ha sido encontrado. Por otra parte, nadie ha probado que tales números sean imposibles. De hecho éste es uno de los enjundiosos problemas que quedan por resolver dentro de la teoría de números. No obstante, sí se han hecho progresos en este sentido. J. J. Sylvester (1814-1897) logró demostrar que "Todo número perfecto impar debe tener al menos tres factores primos diferentes". Posteriormente desarrolló su propio teorema y llegó a demostrar que debían ser al menos cinco los factores primos.

Al día de hoy todavía nadie ha encontrado una incompatibilidad entre las propiedades conocidas de los números perfectos y la característica de ser impar. Como el **Teorema de Fermat** (ver sección 6.1), este misterio ha constituido, y constituye, un reto para los matemáticos ambiciosos. Su demostración, a no dudar, acarrearía fama imperecedera para su autor. Claro que desde los tiempos de Sylvester hasta nuestros días, algo sí se ha avanzado. Ahora se sabe que un número perfecto impar debe cumplir, obligatoriamente, los siguientes requisitos:

. No puede ser divisible por 105

. Debe tener al menos 8 factores primos diferentes (ampliación del trabajo de Sylvester)

. El número perfecto impar más pequeño debe ser mayor que 10^{300}

. El segundo mayor factor primo de un número perfecto impar debe ser superior a 1000.

. La suma de los inversos de todos los números perfectos impares es finita, lo que simbólicamente se escribe: $\Sigma\ 1/n < \infty$

Curiosidad para especialistas...

Sea N un número perfecto y par, entonces N = 2^{k-1} $(2^k - 1)$,
donde tanto k como $(2^k - 1)$ son números primos

A la búsqueda de los números perfectos en flor

♠ Los cuatro primeros números perfectos aparecen ya en la *Aritmética* de Nicómaco y son, como ya se ha indicado anteriormente: 6, 28, 496 y 8128.

♠ El quinto número perfecto, el 33.550.336 aparece en un manuscrito del siglo XV.

♠ El 6º número perfecto: 8.589.869.056 fue descubierto por Cataldi en 1588.

♠ El 7º número perfecto: 137.438.691.328 fue también obra de Cataldi, 1588.

♠ El 8º número perfecto: $2^{30}M_{31}$ (donde M_{31} es 2,147.483.647, ó el 31º número de Mersenne) fue descubierto por Euler en 1750.

♠ Más tarde, con las calculadoras electrónicas, se pudieron calcular otros tres, el último de los cuales $2^{1278} (2^{1279} - 1)$ tiene aproximadamente 770 cifras.

♠ En 1992, mediante un ordenador Cray-2, se calculó el número primo de Mersenne: $2^{756.839} - 1$. A partir de este dato fue sencillo calcular el número perfecto más grande conocido a esa fecha:

$$2^{756.838} (2^{756.839} - 1)$$

Este número contiene 455.663 cifras, y para transcribirlo entero se necesitaría llenar un libro de texto de unas 180 páginas.

♠ El número perfecto más grande conocido hasta no hace mucho era:

$$2^{1.398.268} \left(2^{1.398.269}-1 \right).$$

Si escribiéramos este número todo seguido, daría materia para el libro más voluminoso, más insípido, más inútil y más aburrido del mundo.

♠ Entonces imagínense lo que sería escribir un libro con los dígitos del que hoy por hoy es el número perfecto más grande descubierto:

$$2^{3.021.376} \left(2^{3.021.377} - 1\right)$$

y que se ha formado a partir del número primo más grande conocido hasta la fecha: $2^{3.021.377} - 1$, que es un primo de Marsenne. (Ver sección **3.1.2**, pag. 56)

Siempre que se descubre un nuevo número primo de Mersenne del tipo $2^n - 1$, se puede generar un nuevo número perfecto sólo con multiplicarlo por 2^{n-1}. Así, el número primo $2^{3.021.377} - 1$ nos lleva al 37° número perfecto $2^{3.021.376} \left(2^{3.021.377} - 1\right)$.

3.2.2 Números amigos

Ya hemos visto en el punto anterior que existe lo que se denominan "números perfectos", ¿no sería posible, aplicando la misma dosis de fantasía, que existieran los números amigos?

Existen. Desde la antigüedad se ha convenido en que dos números son amigos si, y sólo si, cada uno de ellos es la suma de los divisores del otro, excluido el propio número.

A los números que cumplen esta condición se les ha atribuido desde lejanas épocas carácter mágico. Los números 220 y 284 son los únicos números amigos que aparecen en los antiguos textos de aritmética. Veamos cómo estos números cumplen la condición:

Divisores de 220: 1, 2, 4, 5, 10, 11, 20, 22, 44, 55, 110 (suman 284)

Divisores de 284: 1, 2, 4, 71, 142 (suman 220)

Ya en la Biblia se dice que Jacob ofreció a su hermano 220 ovejas en un intento de aplacar sus intenciones de matarlo; para los exégetas judíos, 220 es un número mágico.

Estos números también aparecen frecuentemente en los escritos árabes. Por ejemplo, Ibn Khaldun (1332-1406) en su *Prolegómeno histórico*, les reconoce virtudes maravillosas para la confección de talismanes y horóscopos, y también habla de sus propiedades mágicas.

Esta afición pasó luego a Europa y así, autores del siglo XVI como Chuquet, Etienne de la Roche, Cardano y Tartaglia escribieron sobre este tipo de números. Pero fue Fermat (1601-1665) el primero que fue capaz de obtener un nuevo par de números amigos. Aplicando una regla que ya en tiempos había obtenido el matemático árabe Abu-l-Hasan Thabit ibn Qurra, Fermat dio, en 1636, dos nuevos números amigos: 17.296 y

18.416. Al tiempo que los divulgó, desafió a Descartes para que encontrase otra pareja, y Descartes, aceptando el reto, lo logró sólo dos años más tarde, en 1638, anunciándoselos a Mersenne por carta. Estos eran el 9.363.584 y el 9.437.056. Dejo al lector tenaz la labor tediosa de desarrollar los divisores.

Euler, el matemático suizo conocido como "El maestro de todos los matemáticos", siguió estudiando este asunto y en 1747 dio una lista de 30 parejas de números amigos, lista que extendió posteriormente a 60. No obstante, en 1909 se comprobó que uno de sus pares era falso, y en 1914, otro. Pero esto no le resta mérito al gran matemático.

Sin embargo, el segundo par más pequeño de números amigos: 1184 y 1210, fue descubierto por Nicoló Paganini. Lo descubrió con 16 años en 1866, habiendo sido previamente pasado por alto por Fermat, Descartes e incluso Euler.

Y el tercer par más pequeño: 12.285 y 14.595, descubiertos por B. H. Brown en 1939, también pasó desapercibido a los grandes matemáticos anteriores.

Actualmente, con las posibilidades que proporciona la informática, se ha aumentado considerablemente la lista de los números amigos. Hoy se conocen más de 400 de estos números. Pero en los tiempos pretéritos, donde las herramientas se reducían a papel y lápiz, la cosa tenía su miga... y dificultad.

Curiosidades finales sobre los números amigos:

. *El par de números amigos 17.296 y 18.416 parece que fue descubierto por Ibn al-Banna, mucho antes de que Fermat los redescubriera en 1636.*

. *La mayoría de los números amigos son por separado divisibles por 3. Pero no es una regla general.*

. *12.285 y 14.595, descubiertos por B. H. Brown en 1939, son los dos números amigos impares más pequeños.*

3.2.3 Números nupciales

Si los números pueden ser primos, perfectos y amigos, ¿por qué no podrían comprometerse en matrimonio? Lo hacen. Son, o mejor, se denomina número nupcial, al que posee esta particularidad:

$$6^3 = 5^3 + 4^3 + 3^3 \quad \text{(desarrollado sería } 216 = 125 + 64 + 27)$$

El número nupcial viene a ser la prolongación del teorema de Pitágoras sobre el cuadrado de la hipotenusa, pero adaptado a tres dimensiones (cubos) y para longitudes proporcionales a 3, 4, 5 y 6. Viene a decir que la suma de los cubos construidos sobre los tres lados de un triángulo rectángulo de lados proporcionales a 3, 4, 5 es igual, como volumen, al cubo construido sobre una dimensión lineal proporcional a 6.

¿Qué signo aritmético puede ponerse entre el 2 y el 3 para que el resultado nos dé un número mayor que 2 y menor que 3?

Solución: una coma.

3.2.4. Números congruentes

Después de saber que existen números perfectos, números amigos, números primos e incluso números nupciales, no nos sorprenderá que existan números congruentes.

Se dice que dos números enteros son congruentes módulo **m** cuando dan el mismo resto al dividirlos por **m**.

Por ejemplo, 9 es congruente con 5 módulo 4, pues ambos números dan de resto 1 al dividirlos por 4.

Otros ejemplo:

- 72 y 47 son congruentes módulo 5. (Dan ambos, de resto, 2)

- 19 y 12 son congruentes módulo 7. (Dan ambos, de resto, 5)

Un medio es un tercio de ella. ¿De qué cantidad estamos hablando?

Solución: 1 ½ .

3.2.5 Números imaginarios

Si hay números primos, números perfectos, números amigos, números congruentes e incluso números nupciales, ¿por qué no habrían de existir los números imaginarios? Haylos. Se denominan números imaginarios, por convención, aquellos números que multiplicados por sí mismos dan −1 y se les confiere el símbolo √-**1.** Como si su estudio tuviera que empezar con la frase "érase una vez", los números imaginarios parecen no tener ningún significado real. Euler describió al número imaginario como: "... ni nada, ni más grande que nada, ni menos que nada..." Tras considerar Euler a estos números como imposibles por su propia naturaleza, sugiere que ya que existen en nuestra mente, nada impide que se haga uso de ellos en los cálculos. Leibniz, también sorprendido por este tipo de números, los definió como "ese anfibio entre ser y no ser". No gustaban a los matemáticos, no, números tan "etéreos" y "fantasmales".

Los números imaginarios pueden ser simples:

$$(a \sqrt{-1})$$

o complejos:

$$(a + b \sqrt{-1})$$

Curiosamente, después de haber dado a luz los matemáticos este tipo de números, se vio que se aplicaban de manera extraña, y "apropiada", a elementos de la teoría y práctica de las corrientes alternas; gracias a diagramas imaginarios es posible calcular, calibrar y controlar artilugios tan prácticos en nuestra vida cotidiana como los estatores de los alternadores o transformadores de electricidad.

El primer hombre que puso sobre el papel una fórmula que incluía la aparentemente sin sentido raíz cuadrada de un número negativo fue el matemático italiano Cardan. Discutiendo la posibilidad de dividir el número 10 en dos partes cuyo producto diera 40, mostró que, aunque este problema no poseía solución racional, si podía obtenerse una respuesta mediante dos expresiones matemáticas imposibles:

$$5 + \sqrt{-15} \quad y \quad 5 - \sqrt{-15}$$

3.2.6 Números irracionales

Denomínanse números irracionales a aquellos que no pueden escribirse con un decimal final o con un decimal que se repita. Ejemplos: $\pi = 3,14159265\ldots$; $e = 2,7182818\ldots$; $\sqrt{2} = 1,41421\ldots$

Los principales son sin duda los números π y **e**, que serán desarrollados extensamente en una sección próxima.

3.2.7 Números como de otro mundo

Denomino así, con este esperpéntico nombre genérico, a una serie de números que están un poco más allá de la imaginación. Son los **cuaterniones**. Con este nombre se conocen a una extensión de los números reales, similar a la de los números complejos, con los que comparten propiedades. Pero mientras que los números complejos son una extensión de los reales por la adición de la unidad imaginaria i, tal que $i^2 = -1$, los cuaterniones son una extensión generada de manera análoga añadiendo las unidades imaginarias: i,

j y k a los números reales y tal que $i^2 = j^2 = k^2 = ijk = -1$. Esto se puede resumir en esta tabla de multiplicación, denominada Tabla de Cayley.

	1	i	j	k
1	1	i	j	k
i	i	-1	k	-j
j	j	-k	-1	i
k	k	j	-i	-1

1, i, j, k, son entonces las "bases" de las componentes de un cuaternión.

Los cuaterniones fueron establecidos por William Hamilton en 1843 cuando buscaba formas de extender los números complejos a un número mayor de dimensiones. Falló al intentar crearlos para tres dimensiones pero lo logró para cuatro dimensiones y los llamó cuaterniones. La solución a su larga búsqueda e sobrevino un día que estaba paseando con su esposa. El propio matemático describe su inspiración de esta manera: "Vinieron a la vida, o vieron la luz [los cuaterniones], completamente maduros, el 16 de octubre de 1843, cuando paseaba con la señora Hamilton hacia Dublín, justo al llegar al puente de Brougham. Allí, y en aquel preciso instante, sentí que el circuito galvánico del pensamiento se cerraba y las chispas que saltaron de él fueron las ecuaciones fundamentales que ligan i, j, k [los nuevos números que hacen el papel de *i* dentro de los números complejos], exactamente igual a como los he usado siempre desde entonces... Sentí que en aquel momento se había resuelto un problema, que se había satisfecho una necesidad intelectual que me había perseguido durante más de quince años".

3.2.8 El resto de la familia

♣ **Números raros o extraños**

Se denominan *números extraños* a aquellos cuyos divisores suman más que el propio número pero ninguna combinación de divisores da ese número. Se denominan "raros" o "extraños" porque en realidad lo son. Los únicos *números extraños* por debajo de 10.000 son: 70, 836, 4030, 5830, 7192, 7912 y 9272. Nótese que todos son pares. Se desconoce si existen *números extraños* impares. El matemático Paul Erdös llegó a ofrecer en su día 10 dólares por el primer ejemplo de un "número extraño" impar, y 25 dólares por la prueba de que no existían tales números.

♣ **Números Kaprekar**

Se denomina número Kaprekar a aquel que cuando se eleva al cuadrado y se toma un número determinado de dígitos de la derecha y se le suma el número remanente que queda a la izquierda, da el número original.

Ejemplo: $297^2 = 88209$; sus partes: $88 + 209 = 297$.

297 es, pues, un número Kaprekar.

Los primeros números Kaprekar son 1, 9, 45, 55, 99, 297, 703, 999, 2223, 2728, 4950, 5050, 7272, 7777 ...

Muchos números consecutivos de la serie de Kaprekar, al ser sumados, dan por lo general números redondos. Por ejemplo $1 + 9 = 10$; $45 + 55 = 100$; $297 + 703 = 1000$; $4950 + 5050 = 10000$; etc. 142.857 es Kaprekar: $142.857^2 = 20.408.122.449$. Separando este número en dos partes, y sumándolas, obtenemos: $20.408 + 122.449 = 142.857$.

1.111.111.111 es el número Kaprekar de 10 dígitos más pequeño.

♣ Números de Catalan

Los números de Catalan (nombre de un matemático, nada que ver con las Autonomías), son la secuencia de números construidos mediante la fórmula

$$\frac{1}{n+1}\binom{2n}{n}$$

y que resultan ser: 1, 2, 5, 14, 42, 132, 429, 1430, 4862, 16796, 58.786, 208.012...

Esta serie, aparentemente sin sentido, se ha demostrado útil para contestar a sutiles preguntas tanto de los propios matemáticos como de los científicos. Por ejemplo:

. ¿De cuántas maneras puede dividirse un polígono regular de **n** lados entre (n-2) triángulos, si cada orientación cuenta separadamente? La respuesta son los números de Catalan.

. ¿De cuántas maneras es posible situar paréntesis alrededor de una secuencia de n+1 letras, de tal manera que haya dos letras dentro de cada paréntesis?

ab de una sola manera : (ab)

abc de dos maneras: (ab)c y a(bc)

abcd de 5 maneras ….

Y así recorreríamos todos los números de Catalan.

Un libro cuesta 10 euros más la mitad de su precio. ¿Cuánto cuesta el libro?

Solución: *20 euros. Se calcula con la fácil fórmula: $X = 10 + X/2$. Despejando, sale que el libro cuesta 20 euros.*

♣ Números trascendentes de Liouville:

Los números trascendentes de Liouville son de la forma:

$$\sum_{n=1}^{\infty} 1/10^{n!} = 1/10 + 1/10^2 + 1/10^6 + 1/10^{24} + \dots$$

que, escrito en forma decimal, es:

$$\sum_{n=1}^{\infty} 1/10^{n!} = 0,1100010000000000000000001000\dots$$

La expansión decimal de este número contiene ceros en todas partes excepto en aquellas posiciones que coinciden con *n!* a la derecha de la coma, donde *n* son los números consecutivos que comienzan con 1.

♣Números "repunit"

Son aquellos números cuyos dígitos son 1. Por ejemplo 1, 11, 111, 1111... Se representan como Rn, donde *n* es el número de unos que contiene el número. Los únicos números repunit que se sabe que son primos son: R2, R19, R23, R317, y R1031. Si Rn es número primo entonces *n* también ha de ser número primo. Pero no a la inversa. Si *n* es primo ello no significa que Rn sea primo. Parece ser que los números repunit son infinitos, aunque no se ha probado.

♣ Números "primoriales"

Son aquellos números de la forma p# +1 donde p# es el producto de todos los números primos menores o igual a *p*. Así tenemos que 3# + 1 = 2 x 3 + 1 = 7. Por lo tanto el primorial 3# + 1 es un primorial primo. Pero no todos los primoriales son primos. Por ejemplo: 13# + 1 = (2 x 3 x 7 x 11 x 13) + 1 = 30.031 = 59 x 509, luego no es primo pero sí primorial.

El número primorial más grande que se conoce a la fecha es el 24.029# + 1, descubierto en 1993 por Chris Caldwell y que contiene 10.387 cifras.

♣ Números redondos

Se denominan "redondos" aquellos números que, cuando se factorizan, contienen un gran número de números primos. (Ver sección **3.1.6**)

128: 2 x 2 x 2 x 2 x 2 x 2 x 2 = 2^7 (7 números primos)

23: $2^3 + 2^3 + 1^3 + 1^3 + 1^3 + 1^3 + 1^3 + 1^3 + 1^3$

♣ Números automorfos

Se denomina número automorfo a aquel que aparece al final de su propio cuadrado. Dejando de lado los casos triviales: 0 y 1, el 5 y el 6 son los únicos automorfos de un solo dígito. Los automorfos de dos dígitos son el 25, cuyo cuadrado es 625, y el 76, cuyo cuadrado es 5776. Automorfos de tres dígitos son el 625 y el 376. Estos números dan la impresión de que, pese a la transformación sufrida al elevarlos al cuadrado, conservan algo de su propia su identidad al formar parte del nuevo número. Como máximo existen dos automorfos para cada número determinado de dígitos. No más. Pero lo normal es que sólo exista uno. El único ejemplo de un número automorfo de cuatro dígitos es el 9376. El único automorfo de cinco dígitos es el 90.625.

Hermann Weyl:

No hay evidencia que apoye la creencia en el carácter real de la totalidad de los números naturales. La secuencia de números que crece más allá de cualquier punto dado por el mero hecho de imaginar un número posterior, es un abanico de posibilidades abiertas al infinito; permanece para siempre en la situación de creación, pero no es un reino cerrado de cosas existentes en sí mismas. El que nosotros transformemos una cosa en la otra sin mayor reflexión, es la fuente de nuestras dificultades.

Números triangulares y cuadrados

(o los guijarros de los griegos)

Una costumbre antigua de los griegos fue la utilización de conjuntos de guijarros para representar números. Diferentes números de guijarros podían agruparse según sus formas. Por ejemplo, los guijarros representando los números 3, 6 y 10 podían disponerse en forma de triángulos:

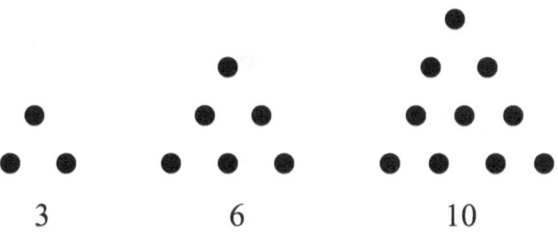

Estos números se denominaron "números triangulares". Los griegos también se dieron cuenta de que si calculaban sumas consecutivas de números naturales, en el orden como se dan en la numeración, siempre se obtenían números triangulares:

$1 + 2 = 3$

$1 + 2 + 3 = 6$

$1 + 2 + 3 + 4 = 10$

$1 + 2 + 3 + 4 + 5 = 15$

y así sucesivamente.

Siguiendo con la anotación por medio de guijarros, los griegos dieron con otra forma regular en que podían agruparse las piedras: en cuadrados. Veamos como expresaron de esta curiosa manera los números 4, 9 y 16.

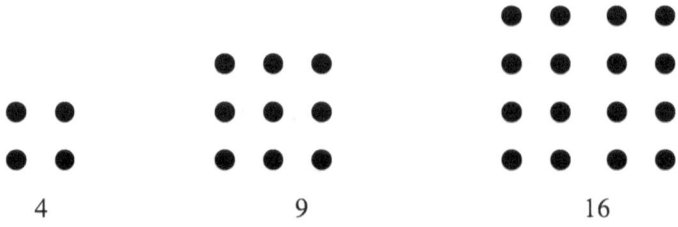

4   9   16

Estos números fueron denominaron "números cuadrados". Los griegos descubrieron que los números cuadrados se obtenían sumando números impares consecutivos:

$$1 = 1 \times 1 = 1^2$$

$$1 + 3 = 4 = 2 \times 2 = 2^2$$

$$1 + 3 + 5 = 9 = 3 \times 3 = 3^2$$

$$1 + 3 + 5 + 7 = 16 = 4 \times 4 = 4^2$$

....

$$1 + 3 + 5 + \ldots + (2n-1) = n^2$$

Sé que los números son bellos. Si los números no fueran bellos, nada lo sería.

(Paul Erdös)

IV – MÁS NÚMEROS

Es mucho lo que se puede escribir sobre los números, pues sus múltiples facetas, parecidas a las de un caleidoscopio, dan para un sinfín de curiosidades. Y es lo que vamos a hacer en esta sección. Vamos a emborracharnos de números. Pero trataré de que la borrachera no sea de esas lloronas, tristes, sino de las divertidas. Palabra. O número, forma de promesa que parece aquí más apropiada.

4.1 Números interesantes

En primer lugar, y para entrar sin mayor dilación en la vorágine de curiosidades matemáticas que os tengo reservada, expondré, en orden creciente, una breve (sí, sí, breve) ristra de números interesantes:

0,123456789 10 11 12… : Número de Champernowne. Se llama así en honor de su descubridor: D. G. Champernowne (1933). Los dígitos son todos los números naturales en sucesión ordenada (a partir del 9 he dejado un espacio para que se aprecie mejor la sucesión 10, 11, 12...) Es un número en el cual se dan, con la misma probabilidad, todos los bloques numéricos posibles de igual largura.

5/7: 0,714285 714285… Posee bloques de decimales que se repiten sin fin. Otros números que poseen bloques de decimales repetidos son las fracciones 1/7 y 1/17 (ver sección **4.3**)

1,6180339887: Este número es el número de oro o proporción divina del que ya hemos hablado largamente en el capítulo II. Es igual a $(\sqrt{5}+1)/2$.

2: El dos es el único número primo par. Sólo por eso merecería un puesto de privilegio en el Olimpo de los números. Modernamente, al tomarse como base de numeración, permitió el desarrollo de los ordenadores.

$\sqrt{5}$: Raíz cuadrada de 5. Este número puede representarse vistosamente de la siguiente manera:

$$\sqrt{5} = 2 + \cfrac{1}{4 + \cfrac{1}{4 + \cfrac{1}{4 + 1 \ \ldots\ldots\ldots}}}$$

2, 71828 18284 … : Conocido como número **e**, sus enormes propiedades matemáticas se analizarán en el siguiente capítulo.

3,14159 26535 89793 23846 …: Esta es la proporción que guarda la circunferencia con su diámetro, más conocida como número "pi" ó π. Este número, al igual que **e**, se analizará con profusión en el capítulo siguiente.

6: El seis posee una cualidad que no ostenta ningún otro número, a saber: ser el producto de tres números y a la vez la suma de esos tres números. Y no números cualquiera, sino sus divisores: 3, 2 y 1.

9: El nueve es el tercer cuadrado, el cuadrado del primer número masculino y la suma de dos números triangulares consecutivos. También es el único cuadrado que es la suma de 2 cubos consecutivos; $9 = 1^3 + 2^3$; y la suma de los factoriales de los tres primeros números: $9 = 1! + 2! + 3!$

13: El 13, elevado al cuadrado da 169, que, escrito al revés es 961, cuya raíz cuadrada es 31, es decir, 13 al revés. También, la suma de los dígitos de 169 es 16, y la suma de los dígitos de 13 es 4, justo la raíz cuadrada de 16.

17: Este número tiene una curiosa propiedad: la suma de las cifras de su cubo da como resultado el mismo número: $17^3 = 4.913$; $4 + 9 + 1 + 3 = 17$.

18: Sabemos que $18 = 9 + 9$; pues bien, curiosamente su inverso $81 = 9 \times 9$. Ejemplos de otros números que cumplen esta propiedad pueden verse en la sección 4.4. El número 18 es, también, el doble de la suma de sus cifras: $18 = 2 \times (1 + 8)$. También la suma de las cifras de su cubo da como resultado el mismo número: $18^3 = 5.832$; y $5 + 8 + 3 + 2 = 18$.

19: El 19 es un número primo de propiedades curiosas, a saber: es la suma de las primeras potencias de 10 y 9 y la diferencia entre los cuadrados de 10 y 9.

22: 22 es un número palíndromo cuyo cuadrado también lo es: $22^2 = 484$.

27: Al igual que el número 18, su inverso se obtiene operando con los mismos dígitos: $27 = 24 + 3$, y su inverso $72 = 24 \times 3$.

37: Este número posee curiosas propiedades. Multiplicado por múltiplos de 3, arroja los siguientes resultados:

$$37 \times 3 \ = \ 111$$
$$37 \times 6 \ = \ 222$$
$$37 \times 9 \ = \ 333$$
$$37 \times 12 = \ 444$$
....
$$37 \times 27 = \ 999$$

También, la suma de sus dígitos multiplicada por sí mismo es igual a los cubos de sus dígitos. Este galimatías verbal se comprenderá mejor si vemos el ejemplo:

$$(3 + 7) \times 37 \ = \ 3^3 + 7^3$$

Otra propiedad curiosa: la suma de los cuadrados de sus dígitos menos el producto de sus dígitos es 37:

$$(3^2 + 7^2) - (3 \times 7) = 37$$

Tomemos ahora un número de tres cifras múltiplo de 37, por ejemplo $37 \times 7 = 259$. Cambiando el orden de las cifras de manera que la última pase a la primera plaza, obtenemos 925. Haciendo lo mismo con esta última cifra tenemos 592. Ambos números son divisibles por 37. (Otro número que posee esta singular propiedad es el 185, pues 518 y 851 son también múltiplos de 37).

47: Este número, como sucediera con el 18 y el 27, está unido a su inverso por esta peculiar relación: 47 + 2 = 49 y 47 x 2 = 94. (Esta singular propiedad se mantiene si ampliamos este número hasta los tres dígitos, por ejemplo 497, pues 497 + 2 = 499 y 497 x 2 = 994)

51: En la obra de David Wells, ***Dictionary of Curious and Interesting Numbers***, se define al número 51 como el primer número "no interesante", pues no posee ninguna característica notable ni por división ni por multiplicación. Y ello es lo que le hace interesante. Es, por lo tanto, el primer número en ser simultáneamente interesante y no interesante.

Prueba de que no existe un número que sea "no interesante"
Algunos números son interesantes. Por ejemplo, el 1 es interesante porque es el primero de los números naturales, el 2 es interesante porque es el único número primo par, el 3 es interesante porque es el primer número primo impar, y así sucesivamente. Pero ¿qué pasa con números como 173 ó 2.379? Consideremos el conjunto de todos los números "no interesantes". Este conjunto tiene que tener un número menor, que se convierte en interesante precisamente por ser el primer número "no interesante". Siguiendo el

> razonamiento, se deriva que no existen los números "no interesantes".

87: Si 87 lo invertimos y el inverso lo sumamos con el primero, y con el número resultante repetimos la acción de inversión y suma, en cuatro pasos obtenemos un número palíndromo: 87 + 78: 165; 165 + 561 = 726; 726 + 627 = 1353; 1353 + 3531 = 4884, el palíndromo buscado. (Bueno, esto es una pequeña mentirijilla o verdad a medias, pues en realidad esta propiedad la tienen todos los números de dos dígitos al ser sumados a su inverso. Haced la prueba, o esperad a ver más ejemplos en la sección **4.4**).

123: Este es un curioso número porque el producto de sus cifras es igual a la suma de esas mismas cifras. Otros números que cumplen esta condición son 132 y 321.

136: Si sumamos los cubos de sus dígitos: $1^3 + 3^3 + 6^3 = 244$; Repetimos la operación con este nuevo número: $2^3 + 4^3 + 4^3 = 136$. Curiosamente obtenemos el número de partida.

153: $153 = 1! + 2! + 3! + 4! +5!$, donde "!" es el factorial de ese número ([1]) ; También $153 = 1^3 + 5^3 + 3^3$. Los otros números de tres cifras que equivalen a la suma de los cubos de sus dígitos son 370, 371 y 407.

---

[1] Factorial de un número es la multiplicación de todos los números enteros desde el número designado como factorial hasta el 1. Ejemplo: 4! = 4 x 3 x 2 x 1 = 24.

714 & 715: Estos dos números consecutivos poseen curiosas propiedades en conjunto, a saber, su producto es a la vez el producto de los 7 primeros números primos:

$$714 \times 715 = 2 \times 3 \times 5 \times 7 \times 11 \times 13 \times 17$$

También, la suma de los factores primos de 714 es igual a la suma de los factores primos de 715:

$$714 = 2 \times 3 \times 7 \times 17$$
$$715 = 5 \times 11 \times 13$$

y, por consiguiente:

$$2 + 3 + 7 + 17 = 5 + 11 + 13$$

Carl Pomerance, su descubridor, llamó a este tipo de números consecutivos, "pares de Ruth-Aaron", en honor de dos jugadores de béisbol que consiguieron récords de Home-runs (carreras) en la liga que coincidían con 714 y 715.

Pomerade ejecutó un programa de ordenador para descubrir cuántos pares de Ruth-Aaron había hasta el número 20.000, y le salieron sólo 26, que iban desde los más bajos: 5 y 6, hasta los más altos 18.490 y 18.491.

1001: Aparte sus connotaciones arábigas, este número es el resultado de multiplicar 7,11 y 13, tres números primos consecutivos

1233: Este número es curioso porque es igual a $12^2 + 33^2$, o sea, la suma de los cuadrados de sus dos primeros y sus dos últimos dígitos. Otro ejemplo de número que posee esta cualidad es **8833** $= 88^2 + 33^2$.

1634: Lo que tiene de peculiar este número es que es igual a la suma de sus componentes elevados a la cuarta potencia: 1634: $1^4 + 6^4 + 3^4 + 4^4$. Los otros números de cuatro cifras que poseen esta misma propiedad son **8208** y **9474**.

1980: $1980 - 0891 = 1089$. Es decir, se trata de un número al que restándole el inverso da otro número que posee los mismos dígitos, pero en distinto orden. Otros ejemplos son: **7641** $- 1467 = 6174$; **5823** $- 3285 = 2538$.

3333: Si elevamos este número al cuadrado, es decir, 3333^2, obtenemos 11108889; y sumando por separado las dos mitades de sus dígitos: $1110 + 8889 = 9999$. Esta propiedad también la tiene el número 6666. Veamos: 6666^2 da 44435556 y sus dos mitades 4443 y 5556 suman 9999.

3435: Es el único número con la siguiente propiedad; 3435: $3^3 + 4^4 + 3^3 + 5^5$. Es decir que es igual a la suma de sus dígitos elevados a la potencia que señala el mismo dígito. Perdón, perdón, se me había olvidado: también existe otro número que cumple esta propiedad, es el 438.579.088, que es igual a: $4^4 + 3^3 + 8^8 + 5^5 + 7^7 + 9^9 + 0^0 + 8^8 + 8^8$. Y no hay ninguno más, palabra (salvo la unidad, pues $1 = 1^1$, pero no cuenta)

6174: Constante de Kaprekar. Este número es la constante que se obtiene de utilizar el Proceso de Kaprekar aplicado a los números de cuatro dígitos. El Proceso de Kaprekar consiste en tomar un número cualquiera de cuatro cifras, ordenarlos de mayor a menor y de menor a mayor, y restar del número mayor el menor. Con el resultado proceder de la misma manera. Finalmente se llega siempre al número 6174.

Ejemplo con 3871.

$$8731 - 1378 = 7353$$
$$7533 - 3357 = 4176$$
$$7641 - 1467 = 6174$$

En este caso han sido suficientes tres pasos. Con otros números se necesitan más, pero finalmente siempre se llega a la constante de Kaprekar. (Por cierto, 6174 es también un Número de Harshad, porque es divisible por la suma de sus dígitos: 6174 : $(6+1+7+4) \Rightarrow 6174 : 18 = 343$).

8712: Junto con el número 9801, son los dos únicos números de 4 cifras que son múltiplos enteros de sus correspondientes números permutados:

$$8712 = 4 \times 2178$$
$$9801 = 9 \times 1089$$

y no hay otros números inferiores a 10000 que posean esta propiedad.

27.594: Este número puede ser escrito de dos curiosas maneras como producto de los mismos dígitos, a saber: 73 x 9 x 42 = 7 x 3942 = 27.594.

54.748: Este número es igual a la suma de las quintas potencias de sus dígitos: $5^5 + 4^5 + 7^5 + 4^5 + 8^5$.

12.345.678,7654321: Este número, que asciende del 1 al 8 para, después de la coma, descender siguiendo el mismo orden hasta el 1, es el peculiar resultado del singular producto: 11111111 x 1,1111111.

24.678.050: Este número de 8 cifras es, sorprendentemente, igual a la suma de las potencias octavas de sus dígitos: $2^8 + 4^8 + 6^8 + 7^8 + 8^8 + 0^8 + 5^8 + 0^8$.

65.359.477.124.183: Este número posee unos productos muy peculiares, a saber:

65.359.477.124.183 x 17 = 1.111.111.111.111.111

65.359.477.124.183 x 34 = 2.222.222.222.222.222

65.359.477.124.183 x 51 = 3.333.333.333.333.333

65.359.477.124.183 x 68 = 4.444.444.444.444.444

65.359.477.124.183 x 85 = 5.555.555.555.555.555

65.359.477.124.183 x 102 = 6.666.666.666.666.666

65.359.477.124.183 x 119 = 7.777.777.777.777.777

65.359.477.124.183 x 136 = 8.888.888.888.888.888

65.359.477.124.183 x 153 = 9.999.999.999.999.999

450!: Horacio Uhler, en la década de los 50 del pasado siglo (el XX), calculó el valor de 450! sin la ayuda de ordenadores. Encontró que tenía exactamente 1.001 dígitos, por lo que lo bautizó como el "factorial de la mil y una noches".

114.381.625.757.888.867.669.235.779.976.146.612.010.218. 296.721.242.362.562.561.842.935.706.935.245.733.897.830. 597.123.563.958.705.058.989.075.147.599.290.026.879.543.

541: Este número de 129 cifras fue usado por Shamir, Rivest y Adelman como clave para un sistema de criptografía. Se lo denominó R 129, por el número de sus dígitos. Los autores retaron al mundo a que encontraran los dos números primos en que se descomponía R 129 y que daría la clave del mensaje encriptado. Estaban convencidos de la absoluta seguridad del mensaje, persuadidos de que éste nunca sería descifrado. Sin embargo, en 1993 un equipo compuesto por más de 600 académicos y aficionados de todo el mundo comenzó a atacar de forma metódica al citado número, usando Internet para coordinar el uso de varios ordenadores.

En menos de un año consiguieron factorizar el número en dos primos, uno de 65 dígitos y otro de 64. El mensaje descifrado decía: "The magic words are squemish and ossifrage" (Las palabras mágicas son delicadas y quebrantahuesos).

Posteriormente, en abril de 1966, otro número de este tipo, conocido como R 130, porque tenía 130 dígitos, fue factorizado por un equipo holandés en dos factores primos, ambos de 65 dígitos.

$2^{65.536}$: Es igual a 2 elevado a 2 elevado a 2 elevado a 2 elevado a 2 elevado a 2: $(((((2^2)^2)^2)^2)^2$

$2^{3.021.377} - 1$: El número primo más alto del que se tiene noticias. Es también un número de Mersenne. Fue hecho público en 1998.

$9^{387.420.489}$: Este es el número más alto que puede escribirse con 3 cifras: $_9 9^9$. Este gigantesco número se compone de 369.693.101 dígitos, y para curiosidad del lector indicamos que los primeros son 9.431.549, que el último es 9 y que el papel necesario para escribir el número, a razón de dos dígitos por centímetro, mediría algo más de 1.848 Km.

$_{10} 10^{10}$: Se trata del número más grande que puede escribirse con tres unos y tres ceros.

La razón más imperiosa para explorar el mundo de las matemáticas es su belleza, y lo tremendamente divertido que resulta reflexionar acerca de sus intrigantes ideas.

(Calvin C. Clawson)

Un número apocalíptico: El 666:

Por sus implicaciones extra matemáticas y supersticiosas, por la enorme cantidad de literatura que ha fomentado este número de tres cifras, merece que nos detengamos en él. El 666, sin duda, es el número que se lleva la palma en la carrera de los números nefastos, incluso apocalípticos, pues de un apocalipsis procede, el que se describe en el Evangelio de San Juan. Este número, identificado en el Apocalipsis de San Juan con la Bestia o el Anticristo, ha sido el preferido por los profetas y numerólogos de todos los tiempos. Según la Cábala, el número 666 corresponde en trascripción alfabética a **Nero Caesar** (César Nerón). Pero no sólo la Cábala se dedicó a buscarle significación personal al famoso numerito. En el siglo XVI, un autor católico escribió un libro donde se hacía constar que Martin Lutero era el Anticristo, pues el valor de su nombre según el método latino era 666. En realidad este apologista católico (Petrus Bungus, **Numerorum Mysteria**), hizo el cálculo con el nombre Martin Luther, pero al no darle la cifra deseada, cambió el nombre de Luther por Lutera, que era como se decía en latín. Con ese pequeño cambio, y aplicando la siguiente tabla numérica:

TABLA 3.1. *Esquema numerológico según Petrus Bungus.*

A	1	K	10	T	100
B	2	L	20	U o V	200
C	3	M	30	X	300
D	4	N	40	Y	400
E	5	O	50	Z	500
F	6	P	60		
G	7	Q	70		
H	8	R	80		
I o J	9	S	90		

Extraído de P. Bungus, *Numerorum mysteria.*

(Nótese que la 1 y la J eran la misma letra, al igual que la U y la V; no había Ñ ni W).

Bungus llega al resultado deseado:

M	30	L	20
A	1	U	200
R	80	T	100
T	100	E	5
I	9	R	80
N	40	A	1

TOTAL = 260+406 = 666

No se hizo esperar la respuesta de los partidarios de la Reforma. Utilizando la misma táctica, un partidario de Lutero publicó que las palabras que figuran en la tiara papal "Vicario del hijo de Dios" daban también un valor de 666 si se sumaban los números romanos incluidos en la versión latina de la frase. Veámoslo:

VICARIVS FILII DEI (5+1+100+1+5+1+50+1+1+500+1 = 666)

Otro antipapista, Michael Stifel, o Stifelius (1487-1567), publicó en 1554 una edición nueva de un libro de álgebra que fue uno de los primeros en el que se usaron los signos «+» y «-». En aquella edición, Stifelius incluyó sus propios cálculos del número de la Bestia. Dirigió su punto de mira hacia el papa León X, y se propuso traducir ese nombre a números usando su forma latina: LEO DECIMUS. Stifelius dio al nombre del papa el mismo tratamiento que había empleado Bungus con Martín Lutero, y encontró que la suma de los números solo ascendía a 416, es decir, faltaban 250 para llegar a 666, de modo que, siguiendo la costumbre de los numerólogos, empezó a falsear las cifras. Se apartó del sistema de Bungus, y solo seleccionó del nombre del papa las letras L, D, C, 1, M Y V (puesto que U = V), es decir, las letras que también representan numerales romanos. Entonces, eliminó la M con el argumento de que significaba misterium (misterio), y que por tanto podía descartarse. Por último, añadió una X, que representa el «diez» de León X. Colocando los numerales romanos en orden descendente, Stifelius obtuvo DC1XVI (500 + 100 + 50 + 10 + 5 + 1), o 666. De modo que, mediante la manipulación oportuna, consiguió mostrar que el nombre de León X podía equipararse a la Bestia del Apocalipsis.

Claro que este método acientífico permite una libertad total de interpretación. A un demócrata norteamericano no le hubiera sido difícil percatarse de que el nombre de Ronald Wilson Reagan se compone de tres palabras de 6 letras cada una, formando un singular 666. Siguiendo esta línea atributiva, y aplicando la representación numérica que los hebreos hacen de su alfabeto, resulta significativo que el nombre Saddam posea el siguiente valor: samech (60) + aleph (1) + daled (4) + aleph (1) + mem (600) = 666. Luego la guerra de Irak hubiera estado más que justificada.

La manía moderna de buscar el valor 666 en nombres de enemigos políticos se remonta, según mis datos, a la novela de León Tolstoi **Guerra y paz**, donde se hace uso de este artificio. En el Capítulo XIX, libro tercero, primera parte, se puede leer: "Cierto hermano masón le había revelado la siguiente profecía relativa a Napoleón, sacada del Apocalipsis de San Juan Evangelista. Dicha profecía se encuentra en el capítulo XIII, versículo 18 y dice así: "Aquí está la sabiduría; quien tenga inteligencia, cuente el número de las bestias, porque es un número de hombre y su número es seiscientos sesenta y seis". Y en el mismo capítulo, el versículo 5 dice: "Y se le dio una boca que profería palabras llenas de orgullo y de blasfemia; y se le confirió el poder de hacer la guerra durante 42 meses." Las letras del alfabeto francés, como los caracteres hebraicos, pueden expresarse por medio de cifras, y atribuyendo a las diez primeras letras el valor de las unidades y a las siguientes el de las decenas conforman la siguiente tabla:

1	2	3	4	5	6	7	8	9	10	20	30	40
a	b	c	d	e	f	g	h	i	k	l	m	n

50	60	70	80	90	100	110	120	130	140	150	160
o	p	q	r	s	t	u	v	w	x	y	z

Escribiendo con este alfabeto en cifras las palabras "l'empereur Napoléon", la suma de los números correspondientes daba por resultado 666, lo que significaba que Napoleón era la bestia de que hablaba el Apocalipsis. Además, al escribir con ese mismo alfabeto cifrado la palabra francesa "quarante deux", es decir, el límite de 42 meses asignados a la bestia para pronunciar sus palabras orgullosas y blasfemas, la suma de las cifras correspondientes era también 666, de lo que se infería que el poder napoleónico terminaba en 1812, fecha en que el emperador cumplía los cuarenta y dos años".

Siguiendo con los políticos y el número de la bestia, un enemigo de William Gladstone, primer ministro de Inglaterra, escribió GLADSTONE en griego, sumó los números y obtuvo el 666. También se ha identificado este número con HITLER, si bien los números asignados a las letras seguirían el patrón: A = 100; B = 101, C = 102... Así obtendríamos:

H	107
I	108
T	119
L	111
E	104
R	117
	666

El 666 acusa a Bill Gates

La más moderna, y singular, aplicación de la numerología de la bestia para definir a un personaje lo tenemos en el magnate de Microsoft Bill Gates. Apareció en la revista norteamericana Harper, y para la conversión numérica del nombre de Gates, cuyo nombre completo es William Henry Gates III (nótese ese III, típico truco de numerólogo para alcanzar sus fines), no utilizan un idioma convencional sino los valores ASCII de las letras:

> *BI LL GATES 3*

> *Equivale a en ASCII:*

> *66 + 73 + 76 + 76 + 71 + 65 + 84 + 69 + 83 + 3 = 666.*

Es la primera vez, que se sepa, que el alfabeto ASCII (a = 64, b = 65, ... , z = 89), ha sido empleado en gematría, pero esta vez, y debido a la profesión del gematrizado, rey de los ordenadores, muy oportunamente. También, y añadiendo I a "Windows 95", el resultado es el mismo: 666.

Pero esta cifra, el 666, sin el carácter ominoso que le dio el Evangelio de San Juan, ya aparecía en el Antiguo Testamento: en Reyes (10,14) se dice que esa cifra es el número de talentos de oro que recibía Salomón en un año, y en Esdras (2,13), se dice que 666 es el número de hijos de Adoniqam, nombre que significa "señor de los enemigos". Curiosamente, el Apocalipsis es el 66° libro de la Biblia, y el versículo en que se menciona el 666 es el 18, o sea 6+6+6.

Y es que no todo el mundo se asusta de este número y algunos incluso sienten preferencia por él. Veamos unos ejemplos:

• En 1988 el propietario del número 666 de la calle *North Lake Shore Drive, en Chicago, cambió el número al 668, pero los inquilinos de los pisos protestaron porque les gustaba el viejo número.*

• *En 1994, la Comisión de Autopistas de Nuevo México, declinó cambiar el nombre de la Autopista U.S. 666, cuyo nombre databa de 1926. El gobierno de Nuevo México pretendía de esa forma combatir la tontería numerológica.*

Otras curiosidades en torno al 666:

☯ En la Iglesia Ortodoxa Oriental, el 666 es considerado simbólico porque en números griegos, 666 alude al Cristo.

☯ 666 fue utilizado como seudónimo por Aleister Crowley, un mago y ocultista que se designaba a sí mismo la Bestia a la que se refiere el Apocalipsis.

☾ El *remake* hecho en 2006 del film de terror **La profecía** (*The Omen*) fue estrenado el 06.06.06 (6 de junio de 2006) a las 06:06:06 horas.

☾ Como ya hemos mencionado, el nombre completo del presidente Ronald Wilson Reagan contiene 6 letras en cada uno de sus tres componentes, lo que indujo a algunos numerólogos, como Gatry D. Blevins, a creer que Reagan era el Anticristo. Lo curioso de esta historia es que cuando, ya ex presidente, Reagan se trasladó a California, solicitó que el número de su casa fuera cambiado del 666 (el que tenía originalmente) al 668. Por lo visto le perseguía el numerito.

☾ 666 era el nombre original del virus de ordenador Macintosh *SevenDust* descubierto en 1998.

☾ *Six-Sixty-Six* era el título de una canción del pionero roquero cristiano Larry Nonnan. Una versión fue grabada por Frank Black and the Catholics.

☾ El primer computador de Apple, el *Apple 1,* fue lanzado a un precio de 666,66 $.

☾ La aversión al número 666 es llamada Hexakosioihexekontahexafobia o Triplehexafobia.

☾ En el sorteo diario de la ONCE (Organización Nacional de Ciegos) la terminación 666 ha sido premiada por última vez con el número 73666, el 6.6.2003 (obsérvese que, además del día, 6.6, el año daría 2*3=6). El sorteo era el T-157. Obsérvese también que 5+ 1 = 6; 7-1 =6.

☯ Otra propiedad demoníaca de este aciago número: los números de la ruleta suman 666. ¡Ludópatas, renegad del maligno!

☯ Una ciudad del estado de Luisiana, en Estados Unidos, cambió el prefijo telefónico que le correspondía (666) para que no se les asociase con el diablo o la Bestia.

Reseñemos, desde una óptica puramente pitagórica, que la relación entre 1080, el número lunar, y 666, considerado un número solar, es precisamente el número de oro, Phi (Φ) = $(\sqrt{5}+1)/2 = 1,618$. Y si de seises hablamos, y de bestias, recordemos que el triángulo primitivo pitagórico, de lados 693, 1924 y 2045, da como área 666.666, dos "bestias" seguidas.

El 666 en la química

El producto medicinal salvarsán (anfetamina, llamado "bala mágica" por su descubridor, Paul Ehrlich) es una preparación de arsénico orgánico empleada en el tratamiento de la sífilis y de la fiebre recurrente. Fue apodado por su descubridor "606" porque, según él, fue fruto de 606 experimentos. Por deformación, fue llamado también "el 666". También fue llamado "el 666" un potente insecticida llamado Hexaclorociclohexano, cuya fórmula era $C_6H_6Cl_6$.

Pero el número 666, además de en dar un gran juego en la profecía ominosa y en predecir cataclismos, también da mucho juego en aritmética. A lo mejor ambas materias estén más relacionadas de lo que podamos sospechar. Por si acaso, no me resisto a consignarlas aquí. Estas son algunas (hay más) de las curiosas propiedades algebraicas de este príncipe de los números:

Relaciones numéricas:

◉ Es la suma de sus dígitos más los cubos de sus dígitos: $666 = 6 + 6 + 6 + 6^3 + 6^3 + 6^3$ (existen sólo 6 números con esta propiedad).

◉ 666 es un divisor de $123456789 + 987654321$ (observen que dichos números son la concatenación de todos los dígitos del 1 al 9, y del 9 al 1).

◉ 666 puede representarse como una suma capicúa de cubos: $666 = 1^3 + 2^3 + 3^3 + 4^3 + 5^3 + 6^3 + 5^3 + 4^3 + 3^3 + 2^3 + 1^3$.

Relaciones numéricas pitagóricas y triangulares:

◉ Es el 36º número triangular: $T(6x6) = 666 = 1 + 2 + 3 + 4 \ldots + 34 + 35 + 36$ (y 36 = 6x6).

◉ Es el número triangular más pequeño de la forma $a^2 + b^2$, siendo a+b también triangular. Ejemplo: $T(6x6) = 666 = T(5)^2 + T(6)^2 = 15^2 + 21^2$, siendo 15 y 21 a su vez números triangulares consecutivos.

◉ El triplete (216, 630, 666) es un triplete pitagórico (la suma de los cuadrados de los primeros = al cuadrado del tercero): $216^2 + 630^2 = 666^2$.

Relación con constantes importantes:

- 666 es la suma de los primeros 144 dígitos de π, en donde $144 = (6+6)(6+6)$.

Relación con otros sistemas de numeración:

- En números romanos 666 se escribe DCLXVI, que son los primeros 6 dígitos en números romanos de mayor a menor.

Relación con números primos:

- Es la suma de dos números primos capicúas consecutivos: $666 = 313 + 353$.

- Es la suma de los cuadrados de los primeros 7 números primos: $666 = 2^2 + 3^2 + 5^2 + 7^2 + 11^2 + 13^2 + 17^2$

Otras propiedades

- 666 es un número "repdigit" (número con todos los dígitos iguales). Pero como repdigit posee una cualidad que no tienen otros números de la misma clase: es el repdigit triangular más grande. Posee también la propiedad de los repdigits: su media armónica es un número entero: $6 = \dfrac{3}{\frac{1}{6} + \frac{1}{6} + \frac{1}{6}}$

. Es un número de Smith: $666 = 2 \cdot 3 \cdot 3 \cdot 37$ y $6+6+6 = 2+3+3+3+7$

Para finalizar, informar que el número 666 posee su propio cuadrado mágico, un cuadrado mágico de sexto orden (6 x 6), y de constante 666. Es como sigue:

3	107	5	131	109	311	666
7	331	193	11	83	41	666

103	53	71	89	151	199	666
113	61	97	197	167	31	666
367	13	173	59	17	37	666
73	101	127	179	139	47	666

666 666 666 666 666 666

Acertijo aritmético en torno al número de la bestia

Introducir 3 signos entre la secuencia 123456789 (los números del 1 al nueve en orden ascendente) para que sumen 666:

Solución: 123 + 456 + 78 + 9 = 666

Si se permitiera el uso de números negativos (excepto al comienzo de la serie), la secuencia sería:

1234 – 567 + 8 – 9 = 666

Si la pregunta fuera introducir cuatro signos (de cualquier signo) en la serie numérica dada, la respuesta sería: 9 + 87 + 6 + 543 + 21 = 666

4.2 Números con diseño

Hagamos un inciso y demos un respiro a la parte calculadora del cerebro para recrear su parte visual. Los números también pueden disponerse, sin pérdida de exactitud, en formaciones vistosas. Veamos unos casos:

$$77777777777$$
$$x\ \underline{77777777777}$$
$$49$$
$$4949$$
$$494949$$
$$49494949$$
$$4949494949$$
$$494949494949$$
$$49494949494949$$
$$4949494949494949$$
$$494949494949494949$$
$$49494949494949494949$$
$$4949494949494949494949$$
$$494949494949494949494949$$
$$4949494949494949494949$$
$$49494949494949494949$$
$$494949494949494949$$
$$4949494949494949$$

49494949494949

494949494949

4949494949

49494949

494949

4949

49
─────────────────────

60493827160372839506172 9

La misma multiplicación en forma de árbol de Navidad:

7777777777

x 7777777777

7

777

77777

7777777

777777777

77777777777

7777777777777

777777777777777

77777777777777777

7777777777777777777

777777777777777777777

7777777777777777777777

86419753086249913580247

x 7

604938271603728395061729

Otro formato artístico más sencillo:

666

x 666

36

3636

363636

3636

36

443556

Números que crecen como los cristales:

$16 = 4^2$

$1.156 = 34^2$

$111.156 = 334^2$

$11.115.556 = 3.334^2$

$1.111.155.556 = 33.334^2$

$111.111.555.556 = 333.334^2$

Las sumas pueden disponerse en pirámide, que es la construcción, sin duda, más vistosa, como lo siguiente:

$$1 + 2 = 3$$
$$4 + 5 + 6 = 7 + 8$$
$$9 + 10 + 11 + 12 = 13 + 14 + 15$$
$$16 + 17 + 18 + 19 + 20 = 21 + 22 + 23 + 24$$
$$25 + 26 + 27 + 28 + 28 + 30 = 31 + 32 + 33 + 34 + 35$$

Esta peculiar construcción con todos los números naturales en orden creciente podría prolongarse hasta el infinito. Obsérvese que las líneas empiezan por los cuadrados de los números enteros.

Es precisamente el diseño piramidal el que más abunda dentro de la estética numérica. Veamos algunas de las más pintorescas:

$$(0 \times 9) + 1 = 1$$
$$(1 \times 9) + 2 = 11$$
$$(12 \times 9) + 3 = 111$$
$$(123 \times 9) + 4 = 1111$$
$$(1.234 \times 9) + 5 = 11111$$
$$(12.345 \times 9) + 6 = 111111$$
$$(123.456 \times 9) + 7 = 1111111$$

$(1.234.567 \times 9) + 8 = 11111111$

$(12.345.678 \times 9) + 9 = 111111111$

$(123.456.789 \times 9) + 10 = 1111111111$

$(0 \times 9) + 8 = 8$

$(9 \times 9) + 7 = 88$

$(98 \times 9) + 6 = 888$

$(987 \times 9) + 5 = 8.888$

$(9.876 \times 9) + 4 = 88.888$

$(98.765 \times 9) + 3 = 888.888$

$(987.654 \times 9) + 2 = 8.888.888$

$(9.876.543 \times 9) + 1 = 88.888.888$

$(98.765.432 \times 9) = 888.888.888$

$(987.654.321 \times 9) - 1 = 8.888.888.888$

$(1 \times 8) + 1 = 9$

$(12 \times 8) + 2 = 98$

$(123 \times 8) + 3 = 987$

$(1.234 \times 8) + 4 = 9.876$

$(12.345 \times 8) + 5 = 98.765$

$(123.456 \times 8) + 6 = 987.765$

$(1.234.567 \times 8) + 7 = 9.876.543$

$(12.345.678 \times 8) + 8 = 98.765.432$

$(123.456.789 \times 8) + 9 = 987.654.321$

Y para terminar, observen esta construcción piramidal cuyos productos, simétricos, son todos palíndromos (pueden leerse indistintamente de izquierda a derecha y de derecha a izquierda):

$$1^2 = 1$$
$$11^2 = 1\ 2\ 1$$
$$111^2 = 1\ 2\ 3\ 2\ 1$$
$$1.111^2 = 1\ 2\ 3\ 4\ 3\ 2\ 1$$
$$11.111^2 = 1\ 2\ 3\ 4\ 5\ 4\ 3\ 2\ 1$$
$$111.111^2 = 1\ 2\ 3\ 4\ 5\ 6\ 5\ 4\ 3\ 2\ 1$$
$$1.111.111^2 = 1\ 2\ 3\ 4\ 5\ 6\ 7\ 6\ 5\ 4\ 3\ 2\ 1$$
$$11.111.111^2 = 1\ 2\ 3\ 4\ 5\ 6\ 7\ 8\ 7\ 6\ 5\ 4\ 3\ 2\ 1$$
$$111.111.111^2 = 1\ 2\ 3\ 4\ 5\ 6\ 7\ 8\ 9\ 8\ 7\ 6\ 5\ 4\ 3\ 2\ 1$$

Cada gota de agua, un número, cada gota de sangre, una geometría.

(Dalí)

4.3 Otras curiosidades numéricas

Después del relajo visual, entremos de nuevo en la vorágine numérica. A continuación les obsequio con una generosa colección de curiosidades aritméticas:

♣ Fracción intercambiable:

La fracción 16/64 es curiosa porque si eliminamos tanto del numerador como del denominador el 6, la proporción no varía: ¼. Otros números que poseen esta singular cualidad son:

19/95 = 1/5   26/65 = 2/5   49/98 = 4/8

Existen ejemplos de diseño más largo, como 16.666/66.664 = ¼

♣ ¿Conocéis esos números que conservan la igualdad vistos cabeza abajo? Me refiero a números como 1961. Fue el primer año con simetría desde 1881. El próximo no lo veremos, pues tendrá lugar en el año 6009. En total, hay treinta y ocho de tales fechas entre el año uno y el año 10.000.

♣ Números cíclicos

Un número querido por todos los matemáticos recreacionistas es el decimal periódico de la fracción 1/7.

1/7: 0,142857 142857 142…

Al multiplicar este período decimal por 1, 2, 3, 4, 5 y 6, se produce una permutación cíclica de los mismos números:

$$142.857 \times 1 = 142.857$$

$$142.857 \times 2 = 285.714$$

$$142.857 \times 3 = 428.571$$

$$142.857 \times 4 = 571.428$$

$$142.857 \times 5 = 714.285$$

$$142.857 \times 6 = 857.142$$

Curiosamente, este número es un número Kaprekar (ver capítulo anterior).

Otra curiosidad: la suma de los tres primeros dígitos con los tres últimos, tanto tomados tal cual como en orden inverso, suman 999.999. ¿Será porque 142.857 x 7 da 999.999?

También tenemos que 142.857 x 361 = 51.571.337 ; sumando este resultado por secciones: 51 + 571 + 377 = 999; o también, 51 + 57 + 13 + 77 = 198, que sumando sus mitades (01 + 98) da 99.

♣ Otro número cíclico:

1/17 = 0,0588235294117647 0588235294117647 0588235...

♣ Como obtener 1.000 mediante una suma donde sólo intervenga el nr. 8

$$8 + 8 + 8 + 88 + 888 = 1.000$$

♣ Aunque ya lo hemos mencionado en la sección **4.1**, repitamos que existen sólo 4 números mayores que 1 que pueden expresarse como la suma de los cubos de sus dígitos:

$$153 = 1^3 + 5^3 + 3^3$$
$$370 = 3^3 + 7^3 + 0^3$$
$$371 = 3^3 + 7^3 + 1^3$$
$$407 = 4^3 + 0^3 + 7^3$$

♣ Cocientes más que curiosos:

1.000 : 9.801 = 0, 10 20 30 40 50 60 70 80 9 10 11 12 13 14

100 : 891 = 0, 11 22 33 44 55 66 77 88 99 00 11 22 33 44 55 66

1.000 : 8.991 = 0, 111 222 333 444 555 666 777 888 999 000 111

10.000 : 89.991 = 0, 1111 2222 3333 4444 5555 6666 7777 8888

100.000 : 899.991 = 0, 11111 22222 33333 44444 55555 66666

♣ El cuadrado más pequeño posible formado con las 9 primeras cifras es:

$$139.854.276 = 11.826^2$$

El cuadrado más grande posible es:

$$923.187.456 = 30.384^2.$$

♣ El cuadrado más pequeño posible formado con las diez primeras cifras es:

$$1.026.753.849 = 32.043^2$$

El cuadrado más grande posible con estas mismas diez primeras cifras es:

$$9.814.072.356 = 99.066^2$$

♣ Otras curiosidades con cuadrados:

$$(3^2 + 4^2 + 5^2 + 6^2 + 7^2 + 8^2 + 9^2) / (1^2 + 2^2 + 3^2 + 4^2 + 5^2 + 6^2 + 7^2) = 2$$

♣ **Todo número entero positivo puede escribirse operando con cuatro cuatros.**

¿Es posible con cuatro cuatros calcular todos los números enteros? Para los escépticos, que son legión, mostraré la forma de hacerlo para los diez primeros números de nuestro sistema decimal:

. Para conseguir el cero: 44 - 44

. El 1: 44 : 44

. El 2: 4/4 + 4/4 = 1 + 1

. El 3: (4 + 4 + 4) / 4 = 12 / 4

. El 4: 4 + (4 - 4)/ 4 = 4 + 0

. El 5: ((4 x 4) + 4)/ 4 = (16 + 4)/ 4 = 20 / 4

. El 6: ((4 + 4)/ 4) + 4 = 2 + 4

. El 7: (44/ 4) − 4 = 11 - 4

. El 8: 4 + 4 + 4 − 4 = 12 - 4

. El 9: 4 + 4 + (4/ 4) = 8 + 1

. El 10 : (44 - 4) / 4 = 40 / 4

¿Ves, o lector, cómo es sencillo, y divertido?

Cuando se extendió este tipo de cálculo a una gran parte de los números naturales, se tuvieron dificultades para lograr expresar algunos de ellos con cuatro cuatros, en particular el número 19. Se solucionó en una primera instancia permitiendo el uso de factoriales:

$$4! - 4 - 4/4 = 19$$

♣ Y ya que estamos en ello, repetiré la hazaña anterior pero utilizando 5 doses:

$$1 = 2 + 2 - 2 - 2/2$$
$$2 = 2 + 2 + 2 - 2 - 2$$
$$3 = 2 + 2 - 2 + 2/2$$
$$4 = 2 \times 2 \times 2 - 2 - 2$$
$$5 = 2 + 2 + 2 - 2/2$$
$$6 = 2 + 2 + 2 + 2 - 2$$
$$7 = 22/2 - 2 - 2$$
$$8 = 2 \times 2 \times 2 + 2 - 2$$
$$9 = 2 \times 2 \times 2 + 2/2$$
$$10 = 2 + 2 + 2 + 2 + 2$$

♣ ¿Sabían que los números del 2 al 9 pueden ser representados por fracciones en las que aparecen todos los dígitos menos el 0? Veamos un par de ejemplos:

$$2 = 13.458 : 6.729$$
$$4 = 15.768 : 3.942$$

....

♣ ¿Es posible obtener los mismos resultados con los mismos dígitos pero utilizando diferentes tipos de operaciones?

. La única solución para 4 números:

$$1 + 1 + 2 + 4 = 1 \times 1 \times 2 \times 4$$

. Tres soluciones para 5 números

$$1 + 1 + 1 + 2 + 5 = 1 \times 1 \times 1 \times 2 \times 5$$

$$1 + 1 + 1 + 3 + 3 = 1 \times 1 \times 1 \times 3 \times 3$$

$$1 + 1 + 2 + 2 + 2 = 1 \times 1 \times 2 \times 2 \times 2$$

Hay soluciones para 6, 7 y números superiores, pero consignarlo aquí resultaría repetitivo, y tedioso.

Acertijo

¿Habéis reparado que 12 es igual a 3 x 4 y que 56 es igual a 7 x 8? ¿No observáis nada curioso en este aserto?

Solución: *en la frase se nombran los primeros ocho números naturales en orden ascendente.*

Paréntesis para curiosidades

Todo número entero positivo puede reducirse a la suma de cuatro cuadrados.

En 1621, Bachet conjeturó que todos los enteros positivos se pueden obtener como la suma de cuatro cuadrados, y verificó la conjetura para todos los números hasta el 120. Sin embargo, la primera demostración completa de que todo número puede expresarse como la suma de cuatro cuadrados se debe al también matemático francés J. L. Lagrange, quien la hizo pública en 1770. Ese mismo año, el profesor Edward Waring, de la Universidad de Cambridge, publicó su libro Meditationes algebraicae, en el que conjeturó que todo número se puede escribir como la suma de cuatro cuadrados, de nueve cubos, de dieciséis bicuadrados, etc. Esta teoría fue probada finalmente en 1909 por el matemático David Hilbert.

Ejemplo de números que son la suma de cuatro cuadrados:

$$2 = 1^2 + 1^2 + 0^2 + 0^2$$
$$4 = 1^2 + 1^2 + 1^2 + 1^2$$
$$5 = 2^2 + 1^2 + 0^2 + 0^2$$

....

Incluso los números primos están sujetos a esta regla:

$$47 = 6^2 + 3^2 + 1^2 + 1^2 = 5^2 + 3^2 + 3^2 + 2^2$$

Si el lector quiere entretenerse, ya sabe. Calcule, caballero, por ejemplo, los cuatro cuadrados que sumados dan el número 133. Venga, no sea perezoso. Está bien, ya lo hago yo, pero que sea la última vez:

$$133 = 11^2 + 2^2 + 2^2 + 2^2$$

q.e.d.

4.4 Más curiosidades
numéricas

♣ Propiedades curiosas de ciertas ristras de números

♦ Observen con ojo los siguientes números: 1,2,3,6,7,11,13,17,18,21,22,23. A primera vista no se percibe nada extraordinario. Separémoslos en dos grupos:

$$1,6,7,17,18,23$$

$$y$$

$$2,3,11,13,21,22$$

Comparemos ahora sus sumas:

$$1 + 6 + 7 + 17 + 18 + 23 = 72$$
$$2 + 3 + 11 + 13 + 21 + 22 = 72$$

Y ahora calculamos las sumas de los cuadrados de esos mismos números:

$$1^2 + 6^2 + 7^2 + 17^2 + 18^2 + 23^2 = 1.228$$
$$2^2 + 3^2 + 11^2 + 13^2 + 21^2 + 22^2 = 1.228$$

Las sumas de sus cubos, sus cuartas potencias y sus quintas potencias también dan lo mismo. Si aumentamos o disminuimos todos los números de la serie por una misma cantidad, la propiedad a que aludimos se mantiene.

♦ Consideremos estos otros números:

$$a = 123.456.789$$
$$b = 987.654.321$$

Son los números de nueve dígitos más altos y más bajos que se pueden formar sin repetir ningún número y sin incluir el 0.

Su diferencia (b − a) : 864.197.532

Es un nuevo número de 9 cifras de las mismas características de los anteriores.

Si en vez de restar, dividimos 987.654.321 entre 123.456.78, el sorprendente resultado es: 8,00000007+, es decir, siete ceros decimales seguidos de un 7.

♣ Tomemos cualquier cifra y sumemos los cuadrados de sus dígitos. Si proseguimos haciendo lo mismo con los nuevos resultados eventualmente llegaremos a la cifra 1 ó 89. Veámoslo para el número 31:

$$3^2 + 1^2 = 10$$
$$1^2 + 0^2 = 1$$

Y ahora con el número 47:

$$4^2 + 7^2 = 65$$
$$6^2 + 5^2 = 61$$
$$6^2 + 1^2 = 37$$

$$3^2 + 7^2 = 58$$
$$5^2 + 8^2 = 89$$

El lector puede, aprendida la mecánica, desarrollar el número que guste. Comprobará, sin mucho esfuerzo, que la propiedad se cumple siempre.

♣ Curiosidades algebraicas:

Las siguientes ecuaciones tienen los mismos dígitos en ambos lados:

$$42 : 3 = 4 \times 3 + 2$$
$$(2 + 7) \times 2 \times 16 = 272 + 16$$
$$5^{6-2} = 625$$
$$(8 + 9)^2 = 289$$
$$4 \times 2^3 = 4^3 / 2 = 34 - 2$$
$$\sqrt{121} = 12 - 1$$
$$\sqrt{64} = 6 + \sqrt{4}$$
$$\sqrt{169} = 16 - \sqrt{9} = \sqrt{16} + 9$$
$$\sqrt[3]{1331} = 1 + 3 + 3 + 1 + 3$$

♣ La obtención de números palíndromos

Para conseguir un número palíndromo (aquel cuyas cifras pueden leerse de derecha a izquierda o de izquierda a derecha sin que varíe el valor) mediante sumas, tan sólo tenemos que añadir a un número su inverso. A veces, la cifra palíndroma sale a la primera, como el siguiente caso:

38

<u>83</u>

121

Pero con otras cifras no es tan sencillo. En el caso de que no salga a la primera, lo que se hace es sumar al resultado obtenido, su inverso, como en este caso:

139

<u>931</u>

1070

<u>0701</u>

1771

Continuando este proceso el número de veces necesario, siempre llegamos a una cifra palíndroma. Veamos un caso de tres pasos:

48017

<u>71084</u>

119101

<u>101911</u>

221012

<u>210122</u>

431134

♣ Números "peculiares":

♦ Números cubos cuyo producto es el reverso de su suma:

$9 + 9 = 18$ $9 \times 9 = 81$

$24 + 3 = 27$ $24 \times 3 = 72$

$47 + 2 = 49$ $47 \times 2 = 94$

$497 + 2 = 499$ $497 \times 2 = 994$

♦ Pares de números de dos dígitos que pueden tener el mismo producto cuando ambos números se invierten:

$$12 \times 42 = 21 \times 24$$

$$12 \times 63 = 21 \times 36$$

$$12 \times 84 = 48 \times 21$$

$$13 \times 62 = 31 \times 26$$

$$23 \times 96 = 32 \times 69$$

$$24 \times 63 = 42 \times 36$$

$$24 \times 84 = 42 \times 48$$

$$26 \times 93 = 62 \times 39$$

$$36 \times 84 = 63 \times 48$$

$$46 \times 96 = 64 \times 69$$

♣ Es fácil comprobar que la suma de 2 + 2 es igual a su producto 2 x 2. ¿Existen otros pares de números cuya suma sea igual al producto? Sí, ejemplos:

$$6 + 1{,}2 = 6 \times 1{,}2$$

Cumplen esta misma condición las siguientes parejas de números:

3	y	1,5
21	y	1,05
5	y	1,25
26	y	1,04
9	y	1,125
33	y	1,03125
11	y	1,1
41	y	1,025
17	y	1,0625

51   y   1,02

> *El matemático vive mucho y vive joven; las alas del alma no se le desprenden tan pronto, ni sus poros se obstruyen con las partículas de polvo que se levantan en los polvorientos caminos de la vida vulgar. (J. J. Sylsvester)*

Curiosidad final

Números enormes

Hay números tan grandes que se necesitarían multitud de dígitos para escribirlos. De ahí que se hayan inventado ciertas denominaciones que nos ayudan a expresarlos. Entre ellos está el Googol, que es el 1 seguido por 100 ceros ó 1^{100}. Los googols se utilizan para describir cantidades enormes, tales como los granos de arena de un desierto o la distancia de la Tierra respecto de lejanos planetas o galaxias remotas. El nombre fue acuñado por primera vez por el matemático Dr. Edward Kasner, quien confiesa que tomó prestado el término a su sobrino de 9 años. Su sobrino también fue el designador de un número aún mayor, el Googolplex, que el chaval definió como el 1 seguido de tantos ceros como pueda uno escribir hasta que se le canse *la mano. Su tío, más preciso, lo definió como 10 elevado a un Googol: 10^{googol} ó $(10^{10})^{100}$.*

V – CHIFLADOS POR CIERTOS NÚMEROS

El famoso astrónomo británico Sir Arthur Eddington creía
que podía deducirse toda la física desde el número 136.
(Carl Sagan)

Hay matemáticos que se obsesionan con un tipo de números y no cejan hasta buscarles tres pies... o millones de decimales. El caso más representativo quizá sea el de los números primos, examinados con profusión en el capítulo III. La misma chifladura ha acometido a los matemáticos con ciertos números que denominamos irracionales (también se les conoce como trascendentes), llamados así porque no siendo enteros poseen un número infinito de decimales en forma no periódica. En concreto, y dejando aparte a los números primos, los números que más chiflados han producido han sido el número π (pi) y el número **e**. De estos dos, el que se lleva la palma en adictos chiflados es el número π. Veamos por qué.

5.1 Chiflados por pi

Quizás no esté de más aclarar que pi (π) es una fracción o número decimal que expresa la proporción entre la longitud de una circunferencia y su diámetro. Su valor es 3,14159..., pero para uso escolar se reduce a 3,1416.

En 1909, el filósofo William James dudaba que el número pi (π) pudiera calcularse hasta un millar de decimales. En esa época, el récord lo tenía un oscuro matemático británico del siglo XIX llamado William Shanks, que había llegado a calcular 707 decimales de *pi*. El pobre hombre se pasó veinte años haciendo a mano los cálculos para fallar después de 527 decimales correctos. Shanks calculó que el decimal 528 era 4, pero se equivocó, era 5. A partir de allí todos los restantes decimales son incorrectos. Este error lo detecto otro inglés, D. E. Ferguson, en 1945. No obstante, el número de Shanks, con sus 707 decimales, está grabado en el palacio de la Découverte de París y da varias vueltas a una sala circular. Cuatro años después el cálculo correcto de *pi* se extendió a 1.120 decimales gracias al trabajo de dos norteamericanos, en lo que fue el último intento de calcularlo con una calculadora pre-electrónica. William James quedaba refutado.

Curiosidad:

En el siglo V, el astrónomo chino Tsu Chung halló una fracción notable: 355/113. El resultado de esta fracción es el número pi (π) hasta el sexto decimal. Los matemáticos occidentales no alcanzaron tanta precisión hasta mil años después. Si se escribe la fracción en sentido inverso, alternando en el divisor sólo un dígito: 553/312, se obtiene 1,7724358..., que es la raíz cuadrada de pi (π) hasta el cuarto decimal.

Pero hagamos un poco de historia de este singular número.

♣ En la Biblia, en concreto en el Antiguo Testamento (Libro de los Reyes), este número aparece 2 veces, si bien con valor = 3.

♣ Los babilonios, 2000 años antes de nuestra era, supusieron que *pi* era o bien 3 ó 25/8.

♣ Los egipcios, según se desprende del famoso papiro Rhind (1500 a.n.e.) concluyeron que el área de un círculo era igual al cuadrado cuyo lado fuera un 8/9 de su diámetro, lo que hace de *pi* igual a $(16/9)^2$ ó 3,16049...

♣ Arquímedes (287 a.n.e.) determinó que *pi* quedaría comprendido entre 310/71 = 3,14085... y 310/70 = 3,142857... Posteriormente dio otros márgenes más ajustados: 31/7 y 22/7, que resultaba ya una aproximación meritoria.

♣ Liu Hui (c. 263 a.n.e.), matemático chino, en su libro *Comentario sobre los nueve capítulos del arte matemático*, dio como valor de *pi* 3,1416. Se basó en una sucesión de polígonos regulares inscritos en un círculo.

♣ Ptolomeo (150 a.n.e.), astrónomo griego, utilizó como valor de *pi* 377/120 (=3,1416...). Por la misma época, en China, el matemático Ch'ang Hong le dio el valor de 3,16.

♣ El siguiente gran paso tuvo lugar precisamente en China, donde Tsu Chung Chi y su hijo calcularon que *pi* estaría comprendido entre 3,1415926 y 3,1415927 y dieron como ratio de trabajo 355/113. Este resultado tuvo que esperar a Al-Kashi, en el siglo

XV, para ser mejorado. Al-Kashi calculó *pi* con 16 decimales correctos.

Pi es el único número irracional y trascendente que, aunque sólo sea aproximadamente, se da de forma natura en aquellas sociedades que utilizan o miden círculos.

♣ A partir del siglo XVI fueron los matemáticos europeos los que tomaron el relevo en el mejoramiento del cálculo de *pi*. Un tal Ludolph van Ceulen, que dedicó la mayor parte de su vida a este problema, fue el primero en encontrar decimales correctos hasta el lugar número 20, luego 32 y finalmente 35 decimales. Este hito está grabado en su tumba, en la iglesia de Leiden. Es más, en Alemania, hasta no hace mucho, a *pi* se le conocía como el número de Ludolph. (*Ludolphisch*).

♣ En 1706, un tal John Machin desarrolló una fórmula que le permitió calcular el número *pi* hasta el decimal nº 100.

---

*Este número fue denominado π por el matemático William Jones en 1706. Jones era hijo de un granjero galés, y el término apareció en su obra **An Introduction to the Mathematics**. Lo bautizó π (pi) por ser ésta la inicial de las palabras griegas Perimetros y Periphereia (circunferencia).*

♣ Al mismo tiempo que se concedía mérito al descubrimiento del mayor número de decimales de *pi*, también se llegó a premiar la rapidez. Por ejemplo, se sabe que una de las personas más rápidas en calcular decimales de *pi* fue Johann Dase (1824-1861), que completó los primeros 200 decimales en menos de dos meses.

♣ En 1853 William Shanks publicó su cálculo de *pi* hasta el decimal 707. No obstante, y como ya hemos desvelado al comienzo de esta sección, se descubrió en 1945 que Shanks cometió un error que invalidaba sus cálculos a partir del decimal 528. Este error fue descubierto por un tal Ferguson utilizando una calculadora de escritorio.

♣ Con el advenimiento de los ordenadores, el descubrimiento de nuevos decimales de *pi* creció exponencialmente. En 1949, la computadora ENIAC calculó pi hasta el decimal 2037 en 70 horas y sin cometer un solo error.

♣ En 1954, en el Watson Scientific Laboratory se consiguieron calcular 3.093 decimales de *pi*.

♣ En el mismo año, el ordenador NORC (Naval Ordnance Research Calculator) llegó a calcular 3.890 decimales de *pi*.

♣ En 1957, los norteamericanos Wrench y Daniel Shanks (sin parentesco con el Shanks mencionado anteriormente), calcularon los primeros 100.265 decimales de *pi* con un ordenador IBM 7090. Tardaron en esta tarea ocho horas y cuarenta y tres minutos.

♣ En 1966, los franceses Gilloud y Filliatre elevaron la plusmarca hasta los 250.000 decimales.

♣ En 1967, la computadora francesa CDC 6600, calculó 550.000 decimales de *pi*. Los autores de la proeza: Gilloud y Dichampt

♣ En 1974, el matemático francés Jean Gilloud llegó al millón de decimales. Ayudado de un ordenador IBM 7600, su hazaña le costó veintitrés horas y dieciocho minutos. La comisión de energía atómica francesa, tan chovinista ella, consideró la proeza tan importante que los resultados se publicaron en un libro de 400 páginas.

El matemático alemán Johann Heinrich Lambert (1728-1777), fue el primero en probar, en 1767, que π era irracional. Carl Luois Ferdinand von Lindemann (1852-1939) probó, en 1882, que también era trascendente.

♣ Pero ahí no paró la cosa. En 1983, Yoshiaki Tamura y Yasumasa Kanada, ambos de la Universidad de Tokio, y con un ordenador HITACHI M-280H, calcularon los decimales de *pi* hasta 2^{24}, o sea, 16.777.216 cifras decimales. Para ello tardaron menos de treinta horas. En 1984 estos resultados fueron verificados en un ordenador todavía más rápido hasta los 10 millones de decimales.

♣ En el otoño de 1985, dos programadores de la empresa Symbolics Inc., de Palo Alto, California, calcularon *pi* hasta los 17 millones de decimales mediante el empleo de expansiones de fracción continua, herramienta de su propia invención. El cálculo lo realizaron en un ordenador personal.

♣ En enero del año siguiente, esta plusmarca fue superada hasta alcanzar los 29.360.128 decimales de *pi*. La proeza corrió a cargo de David Bailey, quien utilizó un superordenador Cray-2, que realizó el trabajo en veintiocho horas. Pero corta vida tuvo este récord.

♣ En 1986, el grupo mencionado anteriormente de la Universidad de Tokio amplió los decimales de *pi* hasta los 134.217.700 dígitos. En 1987 el mismo equipo llegó a calcular 201.326.000 decimales.

♣ En 1989, David y Gregory Chadnovsky, de la Universidad de Columbia, Nueva York lograron desentrañar 1.011.196.691 decimales de *pi*. El cálculo lo realizaron dos veces, en un ordenador IBM 3090 y en un superordenador Cray-2, coincidiendo los resultados obtenidos.

♣ En 1995, un equipo dirigido por Yasumasa Kanada, y con la ayuda de un ordenador Hitachi S-3800/480, logró calcular 6.442.450.938 decimales de *pi*. Invirtieron en ello 116 horas para los cálculos y 131 horas para las verificaciones (confidencial: el decimal nr. 10.000.001 es un 3).

El por qué de la chifladura

Y ustedes se preguntarán: ¿Por qué los matemáticos se empeñan en descubrir cada vez más decimales de *pi*, cuando los científicos sólo han necesitado 12 decimales para sus cálculos más precisos? ¿Qué utilidad puede entrañar semejante carrera frenética por alcanzar más y más decimales de π? Para Martin Gardner, experto en matemática recreativa, existen cuatro razones:

1) "Pi" está allí, donde sea, y es un placer (y un reto) descubrirlo.

2) Estos cálculos tienen derivaciones prácticas. El cálculo y análisis de grandes números enseña mucho.

3) El cálculo de cifras astronómicas propicia pruebas útiles para los ordenadores y ayuda a la formación de programadores.

4) Cuantos más dígitos de *pi* se conozcan mayor será la esperanza de contestar a una pregunta que ha venido intrigando a los matemáticos desde un principio: ¿se halla la secuencia de decimales de *pi* libre de pautas o, por el contrario, muestra desviaciones del puro azar?

En principio parece que los decimales de *pi* están libres de pautas pero contienen una variedad notable de subpautas finitas que, si bien producto de la casualidad, resultan interesantes. Veamos algunas:

. Comenzando en el decimal 710.000 de *pi*, se encuentra la ristra 3333333. Existe otra serie de siete treses seguidos que comienza en el decimal 3.204.765.

. Existen ochenta y siete series de seis repeticiones del mismo dígito, la más sorprendente de ellas la 999999, pues se presenta relativamente pronto: comienza en el decimal 762.

. En el decimal 995.998 comienza la secuencia ascendente 23456789, y en el decimal 2.747.956 la secuencia descendente 876543210.

. Entre los primeros diez millones de decimales de *pi*, los seis primeros dígitos de este peculiar número (314159) aparecen en este orden no menos de seis veces.

Una utilidad más *sui generis* de este peculiar número la proporcionó el eugeneticista, psicólogo y diletante inglés Francis Galton (1822-1911): contactar con vida inteligente más allá de nuestro sistema solar. Este singular científico se interesó por la búsqueda de inteligencia extraterrestre. Ideó un código que debería utilizarse para comunicarnos con los "marcianos". Sugirió un sistema ternario (punto, línea oblicua, línea recta) que representarían números. Primero se transmitirían ejemplos de sumas y multiplicaciones. Luego cálculos astronómicos que hicieran relación al sistema solar. Una vez que los extraterrestres hubieran entendido el concepto de radio a través de las órbitas planetarias, ellos nos contestarían con el valor del número *pi*. ¿No es fascinante?

Otro aspecto intrigante: ¿Sabían ustedes que el milésimo decimal de *pi* es 9? Ustedes se preguntarán si esto es importante o no. Pues sí. Su descubrimiento, o divulgación, provocó un amplio debate filosófico en el que intervino incluso el famoso filósofo William James, a quien ya habíamos nombrado en esta sección. El problema residía en saber si los decimales de *pi* no calculados existían de verdad o no. Hoy nos puede parecer trivial esta pregunta, pero en su momento despertó amplia polémica. El mismo James aseguraba que los decimales no calculados de *pi* "duermen en un misterioso reino abstracto". En suma, que gozan de una débil realidad. Sólo cuando son calculados se convierten en algo plenamente real. Esto es lo que se conoce con el nombre de *intuicionismo*, punto de vista filosófico que postula que los objetos matemáticos son abstracciones mentales que no existen independientemente de nuestra habilidad para suministrar una prueba de su existencia en un número finito de pasos. Sin embargo, este punto de vista es minoritario en matemáticas. La concepción clásica y mayoritaria propugna que las matemáticas, como cualquier otra ciencia natural, se dedica a descubrir verdades acerca del mundo, independientemente de los procesos mentales humanos. La polémica continúa hoy en día, pero no para nosotros, que, ajenos a tales minucias, seguimos adelante.

La naturaleza imita a las matemáticas.
(G. Carlo Rota)

Pi y el fomento de la memoria:

Una utilidad poco convencional que se deriva de este peculiar número es el fomento de la memoria. Muchas personas eligen entrenar este particular talento con los decimales de *pi*. Por ejemplo, Douglas R. Hofstadter, diletante, filósofo y autor del célebre libro **Gödel, Escher, Bach**, confiesa que de joven sintió pasión por aprender la mayor cantidad de decimales de *pi*. Su ambición era memorizar los 762 primeros decimales, hasta alcanzar la secuencia 999999, para poder, llegado a esta ristra curiosa, pararse y decir: etcétera. Confiesa que hoy, hombre maduro, todavía es capaz de recitar los cien primeros decimales de corrillo. Pero hay más casos, entre los que destacamos:

♣ En 1844, Johann Martin Zacharias Dase (1824-1861), el hombre computadora ya citado anteriormente, calculó de memoria, y correctamente, el número *pi* hasta el decimal 200 en menos de 2 meses: 3,14159 26535 89793 23846 26433 83279 50288 41971 69399 37510 58209 74944 59230 78164 06286 20899 86280 34825 34211 70679 82148 08651 32832 06647 09384 46095 50582 23172 53594 08128 48nl74502 84102 70193 85211 05559 64462 29489 54930 38196.

♣ En 1980, el británico Creighton Herbert James Carvello, nacido el 19 de noviembre de 1944, fue capaz de declamar 23.013 cifras de *pi*, tarea en la que invirtió 9 horas y 10 minutos. El evento ocurrió el 27 de junio de 1980, en la **Saltscar Comprehensive School Redcar**, Cleveland.

♣ Pero la palma se la lleva el japonés Hideaki Tomoyori (54 años), de Yokohama, quien recitó las 40.000 primeras cifras de *pi* de memoria, en 17 horas y 21 minutos, insertando pausas por un total de 4 horas y 15 minutos. La hazaña tuvo lugar los días 9 y 10 de mayo de 1987, en el **Club House** de la Universidad de Tsukuba. Además, en un programa de televisión, Tomoyori también demostró su capacidad para recitar correctamente las 20 cifras consecutivas siguientes a una serie de cifras seleccionadas al azar de entre los decimales de *pi*.

Pero, ¿existen reglas mnemotécnicas que permitan a los estudiantes, o pi-adictos recalcitrantes, recordar de forma fácil un número determinado de decimales de π? Sí. Es más, abundan en casi todos los idiomas. Estas reglas suelen consistir en poemas o frases cuyas palabras siguen, en longitud, la secuencia del famoso número. O sea, la primera palabra debe poseer tres letras, la segunda una, la tercera cuatro, la cuarta una, cinco la quinta, nueve la sexta... (3,14159...). Es el caso, por ejemplo, de la siguiente pregunta "¿Hay 1 modo o truco acertando pi ceñido?" Si en esta frase sustituimos, en el mismo orden, las palabras por el número de sus letras, obtenemos la ristra: 3,1415926.

Sin salirnos de nuestro idioma, existe un poema (o mnemopoema) de Manuel Golmayo que contiene la clave para recordar hasta 19 decimales de este peculiar número irracional. Lo reproducen muchos libros de matemáticas. Reza así:

Soy y seré a todos definible;
mi nombre tengo que daros:
cociente diametral siempre inmedible
soy, de los redondos aros.

Que si lo convertimos en números siguiendo el número de letras de cada palabra, nos daría: 3,14159265358...

Pero la plusmarca, hasta donde me alcanza, la ostenta un tal I. R. Nieto París, quien consigue hilar los 31 primeros decimales en otro mnemopoema:

Soy π, lema y razón ingeniosa
de hombre sabio, que serie preciosa
valorando enunció magistral.
Por su ley singular bien medido
el grande orbe, por fin reducido
fue al sistema ordinario usual.

Mas no se crea que esta manía es patrimonio único de nuestro país. A continuación presento un ejemplo en inglés, un mnemopoema que llega a expresar los veinte primeros decimales de pi:

Sir, I send a rhyme excelling
In sacred truth and rigid spelling;
Numerical sprites elucidate
For me the lexicon dull weight.

Otro inglés, un tal H. Bailey, para recordar la ristra numérica de los decimales de pi, recurría a una frase latina:

I nunc, O Baili, Parnassum et desere rupem; Dic sacra Pieridum
deteriora quadris!
Subsidium hoc ad vos, quamquam leve, fertur ab hymnis Quos dat
vox Sophocli (non in utroque probrumst?)

Que, traducido, viene a decir: "Hasta cuando, Bailey, darás la espalda al Parnaso afirmando que los ritos sagrados de las musas son menos importantes que la construcción de cuadrados? Aquí traemos ayuda para ti, aunque escasa, de la poesía, y poesía embutida en el lenguaje de Sófocles (se trata de un doble golpe a tu vanidad?).

> *En Indiana (EE.UU.) la Asamblea General legislativa propuso en la Ley de la Cámara Nr. 246 que **pi** valiera de jure (por derecho) 3. La propuesta, por desgracia, no llegó a aprobarse. De haberse transformado en ley, se hubiera contribuido, sin ellos saberlo, claro, a allanar los problemas de la cuadratura del círculo.*

Otras curiosidades de π

♥ Pi es la decimosexta letra del alfabeto griego y 16 es el cuadrado de 4, el siguiente número entero al que tiende pi. En el alfabeto inglés, si A=1, B=2..., P (π) vuelve a tener el valor de 16.

♥ La raíz cuadrada de 10 es π hasta el primer decimal. La raíz cuadrada de 2 más la raíz cuadrada de 3 es π hasta el segundo decimal. La raíz cúbica de 31 es π hasta el tercer decimal. La raíz cuadrada de 9,87 (nótese que representa a tres números naturales consecutivos, pero en orden descendente) es π hasta el cuarto decimal redondeado. La raíz cuadrada de 146 multiplicada por 13/50 es π hasta el sexto decimal redondeado.

♥ Una línea justo en el medio de la cifra 113355, nos da un ratio que es prácticamente el número $1/\pi$.

113 / 355 = 1/3,1415929

*No cabe duda de que **pi** es un número fascinante. Se lo puede encontrar donde menos se espera. **Pi** aparece, por ejemplo, en un problema de probabilidades. El conde Georges Buffon (1707-1788), biólogo, demostró que si se deja caer una aguja desde una altura al azar sobre una superficie dibujada con rayas paralelas, siendo la longitud de la aguja igual a la distancia entre las líneas, entonces la probabilidad de que la aguja caiga atravesando una línea es $2/\pi$. ¿Por qué π aparece en la respuesta? En este caso porque el problema concierne a ángulos, que concierne a proporciones trigonométricas, que tienen que ver con π.*

5.2 Casi tan chiflados por "e"

Después de π el número irracional y trascendente más famoso es el número "e":

e = límite de $(1 + 1/n)^n$ cuando **n** tiende a infinito = 2,718281828...

Y como número trascendente, curioso y útil, "e" también ha tenido sus fans y seguidores. En 1952 un ordenador electrónico de la Universidad de Illinois calculó, bajo la supervisión de D. J. Wheeler, 60.000 decimales del número e. En 1961 Daniel Shanks y John W. Wrench Jr., del centro de datos de IBM en Nueva York, amplió esta cifra hasta los 100.265 decimales. Como la extraña atracción que los matemáticos sienten por e es muy similar a la que sienten por π, estos se han preguntado si existe alguna fórmula que relacione a estos dos números, causantes de tanta chifladura. La respuesta es sí. Son muchas las fórmulas sencillas que las unen, pero la más conocida es la ecuación de Euler, de la que luego diremos algo más, y que se representa así:

$e^{i\pi} + 1 = 0$; donde $i = \sqrt{-1}$

Además, e^{π} es también un número trascendente = 23,1046926327...

Breve *Histoire D' e*

♠ El número **e** fue primeramente estudiado por el matemático Euler, y es también conocido como el número de Euler, aunque es una coincidencia que este número lleve la inicial de prestigioso matemático.

♠ El mismo Euler probó, en 1737, que este número, al igual que luego se demostraría con π, era irracional. Charles Hermite (1822-1901) probó en 1873 que **e** también era trascendente.

♠ Newton mostró en 1665 que $e^x = 1 + x + x^2/2! + x^3/3! + \ldots$, lo que equivalía a que $e = 1 + 1 + \frac{1}{2}! + 1/3! + \frac{1}{4}! + \ldots$

El número e, en la vida normal

Alguno se preguntará para qué sirve o cómo nos afecta este número en nuestra vida cotidiana. *Pi*, todos lo sabemos, es útil para tratar con toda clase de círculos y circunferencias. Allí donde haya una rueda u objeto circular, duerme en sus entrañas el número *pi*. Pero, ¿y **e**? ¿Dónde subyace escondido este número singular? Veámoslo:

♦ Si juegas a "La guerra" con dos barajas, la probabilidad de pasar toda la baraja sin que en una de las simultáneas alzadas de cartas se produzca un emparejamiento, es casi exactamente $1/e$.

♦ La cuerda de tender la ropa en los patios de vecinos forma una curva (denominada catenaria) cuya fórmula es:

½ $(e^x + e^{-x})$

♦ El límite de los réditos al aplicar el interés compuesto cuando el número de períodos de cómputo de los interés tiende a infinito es e (ver la historia "*El número e y la avaricia del prestamista*", al final de capítulo), y se expresa así:

$$[1+1/n]^n = e$$

♦ La población de animales y humanos parecen crecer de la misma manera que los intereses, quedando así delimitado por el número e. A este crecimiento se le denomina crecimiento exponencial. El proceso inverso se denomina decrecimiento exponencial.

♦ La medicina forense también tiene aplicaciones para este singular número, pues ahora se sabe que los cadáveres pierden calor de forma exponencial, y e se utiliza en la ecuación que determina cuánto tiempo lleva muerto un individuo.

Curiosidad

Crecimiento vertiginoso de la función exponencial $y = e^x$.

Para $x = 0$ $y = 1$ cm.

$$x = 1 \quad y = 2,7\,cm.$$

$$x = 2 \quad y = 1m\ 5\ cm$$

$$x = 3 \quad y = 220\ m.$$

$$x = 4 \quad y = 4800\ Km.$$

$$x = 5 \quad y = 9,5 \times 10^{12}\ Km.$$

♦ e puede definirse de muchas formas, todas vistosas, como por ejemplo:

$$e = 1 + 1/1 + 1/(1 \times 2) + 1/(1 \times 2 \times 3) + 1/(1 \times 2 \times 3 \times 4) + \ldots$$

Sustituyendo los divisores por su expresión resumida, esto es, por su factorial, la serie quedaría un poco más presentable:

$$e = 1 + 1/0! + 1/1! + 1/2! + 1/3! + 1/4! + \ldots$$

Además, esta serie converge rápidamente. Sumando los siete primeros términos, nos da e con una precisión de miles de decimales.

♦ Euler logró unir los dos números trascendentes más importantes, e y π, en una ecuación que muchos matemáticos consideran la ecuación más bella jamás hallada:

$$e^{\pi\sqrt{-1}} + 1 = 0$$

¿Por qué a los matemáticos les parece tan bella esta expresión? Mirémosla bajo su óptica: la fórmula contiene los elementos más importantes que se encuentran en los fundamentos de las matemáticas. Contiene el número 1, el comienzo de la secuencia de números naturales. Contiene la operación de la suma, que puede ser utilizada tanto para definir el resto de los números naturales como las otras tres operaciones aritméticas: resta, multiplicación y división. Contiene el cero, un concepto que tardó milenios en ser concebido por la mente humana. Contiene también los dos números trascendentes más importantes: e y π. Contiene la unidad que define a los números imaginarios: $\sqrt{-1}$, y finalmente, y no por ello menos importante, la ecuación, al contener e, está emparentada con la secuencia infinita:

$$\lim_{n \to \infty} [1+1/n]^n$$

otra de las ideas esenciales de las matemáticas. ¿No es sorprendente la cantidad de conceptos matemáticos fundamentales contenidos en la fórmula de Euler? Con razón se considera la ecuación más bella jamás hallada.

Las estructuras matemáticas se cuentan entre los más bellos descubrimientos hechos por la mente humana. Los mejores de estos descubrimientos poseen tremendo poder explicativo y metafórico, saltando entre fronteras disciplinarias, iluminando simultáneamente muchas áreas del pensamiento.

(D. H. Hofstadter)

El número e y la avaricia del prestamista

Las mentes codiciosas de todos los propietarios en todos los tiempos se han preguntado lo mismo: ¿Cómo puedo acrecentar mi patrimonio? Entonces surgió la idea de alquilar parte de la propiedad sobrante y cobrar algo por su uso. Esa poco fraternal idea dio origen al interés como forma de retribución. ¿Cómo se calcula ese interés? El interés simple se calcula con la fórmula:

$$I = P.R$$

Donde I, el interés, sería igual al Principal (P), o préstamo original, por un cierto Ratio (R), que representa el interés. Esta forma "simple" de calcular el interés se mantuvo durante milenios. Pero un buen día a un propietario espabilado se le ocurrió cargar un porcentaje no sólo por el préstamo original sino por los intereses debidos y no pagados. Ese propietario codicioso acababa de inventar el interés compuesto. ¿Cómo sería este nuevo cálculo? Veámoslo:

$$A = P(1+R/n)^n$$

*Donde A sería el total que se debería al propietario dado un préstamo original de P, un ratio de interés de R y siendo **n** el número de veces que ha de resarcirse el interés.*

Ilustremos con un sencillo ejemplo lo que hemos expresado en los párrafos precedentes. Supongamos que somos un granjero acaudalado en la antigua Tartesos. Deseamos prestar a un agricultor pobre un saco de grano que él utilizará para sembrar y a su vez cosechar el producto. Imaginemos que le cargamos un 100 % de interés al año, es decir, que al cabo del año el pobre agricultor debe devolvernos "dos" sacos de grano, uno como devolución del principal y el otro como interés por el "caritativo" préstamo. Aplicaríamos la primera fórmula sustituyendo P por 1 (un saco) y R por 1,0 (100 %), lo que nos daría 1 (un saco) de interés.

Después de años de obtener un saco de grano por cada uno prestado el propietario cree que ya es hora de obtener más rendimiento por su "generosa" contribución al progreso mercantil. Pero supongamos que el rey de Tartesos ha estipulado que el tipo de interés máximo aplicable a los préstamos sea del 100 %. ¿Cómo podría el acaudalado terrateniente saltarse esta barrera? Entonces le viene a la cabeza una brillante idea. ¿Por qué no prestar el saco de grano al 50 % de interés cada medio año? Entonces prestaríamos el mismo saco de grano más, en la segunda mitad del año, el interés ganado en los seis primeros meses. Y todo ello sin sobrepasar los límites impuestos por el rey. Y he aquí que el ingenioso propietario descubre que al aplicar la nueva forma de préstamo en dos períodos (interés compuesto), obtiene más réditos que antes. Veámoslo:

$A = (P(1+R/n)^n$ donde $(A=1; R=1,00$ (ó 100 %), $n=2)$

En el caso que nos atañe, sería:

$A = 1$ saco $(1 + 1,00/2)^2 = 1 \times (1 + 0,5)^2 = (1,5)^2 = 2,25$

Por un saco de grano se obtienen ahora 2,25 sacos al cabo de un año. ¿No es sorprendente? Y sin traspasar los límites impuestos por el monarca.

Pero la avaricia del propietario no conoce la tregua. Siempre deseando obtener más por su préstamo, reflexiona: ¿y qué sucedería si ampliásemos el número de períodos por los que satisfacer intereses? ¿Incrementaría eso mis réditos? Decide cobrar los intereses cada tres meses, lo que resulta en 4 períodos anuales al 25 % de interés. Así seguiría respetando el máximo legal del 100 % anual. El nuevo resultado sería:

$A = 1(1+0,25)^4 = 1,25^4 = 2,44$ sacos

Ahora el propietario obtiene casi medio saco más que utilizando el interés simple. Parece que ha dado con un filón. Decide entonces aumentar los períodos a 12 al año, es decir, computar los intereses mensualmente:

$A = 1(1+1,00/12)^{12} = (1.08333...)^{12} = 2,61$ sacos

Podemos observar, sin mucho esfuerzo, que cuanto más avaricioso se torna el propietario, más períodos de liquidación de intereses establece y más saca como producto del préstamo. Y entonces viene la pregunta inevitable: ¿existe algún límite a este incremento o podemos aumentarlo tanto como queramos simplemente añadiendo períodos de cálculo de intereses?

Veamos a donde nos conduciría el instaurar períodos de cálculo diarios, esto es, 365 períodos al año:

$$A = 1(1+1,00/365)^{365} = 2,715 \text{ sacos}$$

No aumenta mucho de los 2,61 sacos que se obtenían con 12 períodos al año, pero sí algo. Si calculásemos los períodos de cómputo de intereses por horas, el resultado serían 2,718 sacos de grano. Podemos reducir los períodos a minutos, a segundos, pero pronto advertimos que existe un límite al que tiende el resultado pese a las subdivisiones. Este límite podemos expresarlo mediante la siguiente expresión:

$$\text{Lim} \quad [1+1/n]^n = \boldsymbol{e}$$
$$n \rightarrow \infty$$

¿Veis a donde nos conduce? A ***e***. O sea, que el máximo de sacos que podemos sacar de un saco de grano al introducir infinitos períodos de cálculo de interés es 2,71828182845...

q.e.d. (quanto egoísmo demostrado)

VI – TEOREMAS, SERIES Y CONJETURAS CON NOMBRES PROPIOS

Arquímedes será recordado cuando Esquilo
haya sido olvidado, porque las lenguas
mueren y las ideas matemáticas no.
(G.H. Hardy)

Hay teoremas que se han hecho famosos por haber permanecido sin demostrar varios siglos, como el último teorema de Fermat o la conjetura binaria de Goldbach, por haber acabado con el optimismo de las matemáticas, como el teorema de la Incompletitud de Gödel o por entrañar cualidades imprevisibles, como el teorema de Goodstein. Todos ellos llevan el nombre de sus originadores. Y es que, a veces, plantear un problema proporciona más fama que resolverlo. Durante el presente capítulo se desarrollarán fórmulas que entiendo son fáciles de seguir, pero de no ser así, rogaría al lector que las obviara y se quedase con lo anecdótico de la historia, que es lo importante, al menos para el propósito de este libro.

6.1 El último teorema de Fermat

Pierre Fermat (1601-1665), jurista de profesión, es considerado el matemático aficionado más grande que haya existido jamás. A él se debe un teorema que hasta hace poco ningún matemático, (en los últimos tiempos incluso ayudándose con todos los medios informáticos disponibles), había demostrado que fuera falso o verdadero. El teorema es muy sencillo. Afirmó Fermat que si "n" es un número entero mayor que 2, no existen números naturales X,Y,Z tales que:

$$X^n + Y^n = Z^n$$

Parece ser que Fermat sí conocía la respuesta, al menos eso escribió en el margen de un libro de aritmética (en concreto al lado del problema número 8 del Libro II de la *Aritmética* de Diofanto), pero desgraciadamente, añadía de su puño y letra, el margen del libro era demasiado reducido para poder escribir en él esa prueba. Y dejó a los siglos venideros *in albis*. Ningún matemático hasta fecha muy reciente había podido demostrar que el teorema fuera falso o no. No daban con la "maravillosa prueba" que Fermat aseguraba haber encontrado. Hasta que finalmente, en 1994 (hace apenas nueve años) fue demostrado por el matemático inglés Andrew Wiles, que trabaja en la Universidad de Princeton. El problema ha durado más de tres siglos. Y no se crea que ha sido por falta de intentos. Examinemos algunos de ellos para darnos cuenta de la importancia que se le ha dado a lo largo de estos tres siglos a este "Último teorema de Fermat".

♠ Alrededor de 1825, el matemático alemán Johann Peter Gustav Ljeune-Dirilecht (1805-1859), sustituto de Gauss en Gotinga, probó que el teorema de Fermat se confirmaba para n = 5.

♠ En 1832 el mismo Dirilecht probó el teorema para n = 14. La prueba para n = 7 fue obtenida por Lamé en 1839. El mismo Lamé, en 1847 anunció a la Academia de París que había demostrado el teorema de Fermat, pero a la postre resultó ser un falso alarde.

♠ El 14 de Marzo del mismo año, un tal Wantzel afirmó que lo había conseguido y probado. Desgraciadamente sus argumentos sólo eran válidos para "*n*" menor que cuatro (*n* < 4).

♠ En el siglo XIX, la Academia Francesa de las Ciencias estableció un premio de 300.000 francos para quien diera con la famosa demostración. La Academia recibía anualmente más de 30 manuscritos de autores que pretendían haber descubierto el secreto, pero sus pruebas eran fácilmente refutables. Por cierto, los 300.000 francos ya no son adjudicables.

El premio Paul Wolfskehl

Paul Wolfskehl fue un matemático aficionado que en 1908 dotó un premio de 100.000 marcos para el que resolviera el último teorema de Fermat, importe que superaba el premio instituido por la mismísima Academia Francesa de Matemáticas. Wolfskehl, un industrial de Darmstadt y matemático aficionado, aseguraba que debía su vida a la teoría de números en la misma medida que Euclides debía su muerte a la geometría. Desdeñado por la mujer de sus sueños, Wolfskehl se deprimió hasta el punto de considerar el suicidio como la única salida para sus cuitas. Hombre de costumbres compulsivas, se propuso dejar todas sus cosas en orden antes de concertar el día exacto para volarse la tapa de los sesos. Arreglados sus asuntos mundanos, a pocas horas de su cita con la muerte, para entretenerse, Wolfskehl fue a su biblioteca y hojeó varios libros de matemáticas. En uno de esos libros se topó con el último teorema de Fermat. Se enganchó tanto tratando de resolver el problema que se le pasó el momento de suicidarse. Comprendió que enfrentarse a problemas matemáticos merecía más la pena que el amor de una mujer difícil. Wolfskehl se convirtió en un aficionado a las matemáticas, llegando a establecer el referido premio para quien hallase la solución al problema planteado por Fermat.

♠ Gracias a los esfuerzos del Ernst E. Kummer (1810-1893) se demostró la imposibilidad de la fórmula de Fermat para todos los exponentes menores de 600. Como curiosidad, decir que este matemático alemán, que llegó a instituir un premio por la solución del último teorema de Fermat, tenía fama de despistado. Cuéntase que cierta vez se encontraba en clase delante de una pizarra tratando de multiplicar 9 por 7. "Ah", dijo Kummer a sus alumnos, "siete por nueve es, ah, uh…". "61", gritó uno de sus alumnos. "Bien", dijo Kummer, y escribió 61 en la pizarra. "No", gritó otro estudiante, "es 69". "Vamos, vamos, caballeros", dijo Kummer; "no pueden ser ambos números. Debe ser o uno u otro". Paul Erdös contaba esta misma historia con alguna variante. Según

Erdös, para multiplicar 7 por 9, Kummer decía: "Hum, el producto no puede ser 61 porque 61 es primo, tampoco puede ser 65, porque es múltiplo de 5, 67 es primo, 69 es muy alto… eso nos deja 63".

♠ Desde Kummer, y hasta 1968, apenas hubo contribuciones importantes con respecto a este teorema. En ese año, el matemático japonés Yoichi Miyaoka, de la Universidad Metropolitana de Tokio, presentó una prueba del teorema de Fermat, con motivo de un seminario en el Instituto de Matemáticas Max Planck, en Bonn. La solución de Miyaoka empleaba trabajos recientes del matemático ruso A. N. Parshin, quien probó que el teorema sería cierto provisto que una de dos expresiones particulares fuera mayor que la otra; Miyaoka demostraba esta desigualdad. El trabajo combinado de los dos matemáticos llevaba a la conclusión de que a partir de un cierto número n no existe solución para el teorema de Fermat. Aunque ello parezca en primera instancia un logro menor, permitiría probar todos los números entre 125.000 y el número de Parshin, haciendo uso de ordenadores, una vez se hubiera podido fijar el valor del número de Parshin.

♠ En 1983 Gerd Faltings probó que, de haber soluciones del teorema de Fermat para un "n" dado, éstas serían finitas.

♠ En 1992 se demostró que el último teorema Fermat era cierto para todos los exponentes hasta cuatro millones. Dos años antes este listón estaba en exponentes hasta 1 millón, y seis años entes en 150.000. Esta expansión "probatoria" proviene de un esfuerzo de cálculo gigantesco realizado por Joe Buhler en el Reed

College, en Portland, Oregón, y Richard Crandall de NEXT Computer Inc., Redwood City, California, con la ayuda de los matemáticos Tauno Metsänkylä y Reijo Ernwall de la Universidad de Turku en Finlandia.

♠ Al final, como hemos desvelado al comienzo, fue el matemático inglés Andrew Wiles quien definitivamente demostró que, tal como Fermat asegurara, para un número entero mayor que 2, no existen números naturales X,Y,Z tales que:

$$X^n + Y^n = Z^n$$

En un principio Wiles mantuvo sus trabajos (que duraron más de ocho años) en secreto. Afirmó por primera vez haber demostrado el teorema el 23 de Junio de 1993, en Cambridge. Wiles expuso ante un público de matemáticos la resolución de lo que los especialistas llaman la "conjetura de Shimura-Taniyama-Weil", problema que conlleva el teorema de Fermat como corolario. Los que asistieron a esta exposición afirmaron haber vivido "un momento de felicidad absoluta". Posteriormente el mismo Wiles admitió que la prueba no era correcta. Finalmente, junto con el matemático de Princeton Richard Taylor, Wiles logró publicar en 1994 la demostración que se le escapara la vez anterior. 329 años después de la muerte de Fermat, su teorema quedaba confirmado.

La hazaña de Andrew Wiles recibió inmensa publicidad. La revista *People* incluyó al matemático en la lista de las 25 personas más interesantes del año. Una empresa le ofreció anunciar pantalones vaqueros y los programas de televisión de sobremesa le invitaron a sus tertulias, a él, que no veía la televisión. La historia dio también origen a historias cachondas que recorrieron los e-mails de todos los matemáticos del mundo, por ejemplo:

"**Chicago, Julio 30. El portavoz del ayuntamiento explicó que los gamberros matemáticos son de lo peorcito, pero que esta vez estaban preparados para contenerlos. Cuando ayer se hizo pública la noticia de la caída del último Teorema de Fermat, las autoridades del Estado sacaron a la calle un enorme contingente de fuerzas policiales para evitar los disturbios que semejantes triunfos matemáticos suelen originar.**

Policías a caballo tuvieron que contener a una masa de seguidores fanáticos de la Universidad de Chicago para que no cruzaran coches en las calles como hicieron cuando en 1967 Wolfgang Haken y Kenneth Appel resolvieron el problema de los cuatro colores. El departamento de matemáticas de la Universidad calificó de aislados los incidentes causados por estudiantes al arrojar libros de texto contra los conductores o sacándoles de sus vehículos para celebrar el triunfo".

Andrew Wiles no pudo obtener la medalla Fields de matemáticas (el equivalente al premio Nóbel en otras ciencias) porque este galardón sólo se concede a matemáticos menores de 40 años (Wiles había nacido en 1953, le sobró un año), pero sí obtuvo el premio de 100.000 marcos que instituyó con este fin el matemático alemán Paul Wolfskehl (ver cuadro anterior), así como el Premio Fermat otorgado por la Universidad Sabatier de París y el premio de la Real Academia Sueca de las Ciencias, y otros que sería prolijo mencionar aquí. Aunque creemos que el mejor premio es la satisfacción de haber solucionado un problema que había traído de cabeza a los matemáticos durante más de tres siglos.

Escena de la obra de teatro Arcadia, de Tom Stoppard

TOMASINA: Si tú no me enseñas el verdadero significado de las cosas, ¿quién lo hará?

*SEPTIMUS: Ah, sí, lo siento. El abrazo carnal es congreso sexual, que es la inserción del órgano genital masculino dentro del órgano genital femenino con el fin de la procreación y el placer. Por contraste, el último teorema de Fermat, afirma que dados los números enteros x, y, z, al elevarlos cada uno a la potencia **n**, la suma de los dos primeros nunca puede ser igual al tercero, para todo **n** mayor que 2.*

TOMASINA: ¿Eeeehhh?

SEPTIMUS: Sin embargo, ese es el teorema.

TOMASINA: Es asqueroso e incomprensible. Ahora, cuando crezca lo suficiente para practicarlo nunca lo haré sin acordarme de ti.

6.2 El teorema de Goodstein

La mejor manera de explicar en qué consiste este singular teorema es desarrollándolo. Se recomienda al lector que, salvo que disfrute con los desarrollos matemáticos, se abstenga de seguirlos y se circunscriba a seguir el razonamiento, que es en definitiva lo peculiar y sorprendente. Los cálculos vienen avalados por el matemático y físico Roger Penrose.

Considérese cualquier número entero positivo, por ejemplo el 581. Primeramente reducimos este número a una suma de distintas potencias de 2:

$$581 = 512 + 64 + 4 + 1 = 2^9 + 2^6 + 2^2 + 2^0$$

Repárese en que los exponentes (9, 6, y 2) pueden ser representados, a su vez, en forma de potencia de dos, pues $9 = 2^3 + 2^0$; $6 = 2^2 + 2^1$; $2 = 2^1$, y de esta forma, haciendo $2^0 = 1$ y $2^1 = 2$, obtenemos:

$$581 = 2^{2^3+1} + 2^{2^2+2} + 2^2 + 1$$

Todavía queda un exponente que no está en base 2, en concreto el 3, que puede adoptar la forma $3 = 2^1 + 2^0$. Esto nos permite finalmente escribir la anterior igualdad en base 2:

$$581 = 2^{2^{2+1}+1} + 2^{2^2+2} + 2^2 + 1 \qquad [G]$$

Y ahora comienza la fase de desarrollo del teorema. A la expresión anterior le aplicamos una sucesión de operaciones simples, a saber:

a) incrementar la base en 1

b) restar 1 de la ecuación

La base a que se refiere (a) es simplemente el número "2", pero podemos encontrar representaciones similares para bases más grandes: 3, 4, 5 ,6, etc. Veamos lo que sucede si aplicamos la operación a) a la expresión [G], de tal manera que los "doses" se conviertan en "treses". Obtenemos:

$$_3 3^{3^{3+1}+1} + {}_3 3^{3^{3-1}+3} + {}_3 3 + {}_1$$

El resultado es un número de 40 dígitos que comienza así: 133027946.....

Ahora aplicamos b), o sea, restamos 1, y obtenemos:

$$_3 3^{3^{3+1}+1} + {}_3 3^{3^2+3} + {}_3 3$$

que, por supuesto, sigue siendo un número de 40 dígitos que comienza como el anterior. Aplicamos de nuevo a), y obtenemos:

$$_4 4^{4^{4+1}+1} + {}_4 4^{4^4+4} + {}_4 4$$

El resultado es un número de 618 cifras que comienza con los dígitos 12926802... La operación b), que resta una unidad nos lleva a:

$$_44^{4+1}+1 + _44^4+4 + 3 \times 4^3 + 3 \times 4^2 + 3 \times 4 + 3$$

donde los treses se originan análogamente a los "nueves" que surgen en base 10 ordinaria cuando restamos 1 de 1000 para obtener 999.

Obtenida la nueva expresión, repetimos de nuevo la operación a):

$$_55^{5+1}+1 + _55^5+5 + 3 \times 5^3 + 3 \times 5^2 + 3 \times 5 + 3$$

que representa a un número de 10923 cifras y que comienza con los dígitos 1274.... Ha de hacerse notar que los coeficientes 3 que aparecen aquí son necesariamente menores que la base (ahora 5) y no están afectados por el incremento de la misma. Ahora, siguiendo el procedimiento, aplicamos b):

$$_55^{5+1}+1 + _55^5+5 + 3 \times 5^3 + 3 \times 5^2 + 3 \times 5 + 2$$

Y así continuamos alternativamente aplicando las operaciones simples a) y b) a la expresión. A primera vista los números parecen ir creciendo *ad infinitum*. Sin embargo no es así, y esa es la particularidad del Teorema de Goodstein. Este teorema afirma, y demuestra, que no importa el número entero positivo con el que comencemos (aquí el 581), ¡finalmente siempre se llega a cero!

Parece algo asombroso, pero es cierto. Hagamos la prueba con un número pequeño. Si hubiésemos elegido el número 3, por ejemplo, donde $3 = 2^1 + 1$, la secuencia de resultados sería: 3, 4, 3, 4, 3, 2, 1, 0. De haber elegido el 4, donde $4 = 2^2$, hubiéramos obtenido una secuencia que comienza así: 4, 27, 26, 42, 41, 61, 60, 84, ... y que alcanza su pico con un número de 121.210.695 dígitos para comenzar luego a disminuir hasta llegar a cero.

El teorema de Goodstein es en realidad un teorema de Gödel para el proceso que se denomina *inducción matemática*.

Las matemáticas a menudo son erróneamente consideradas como la ciencia del sentido común.
(Edward Kasner & James R. Newman)

6.3 El Teorema de la Incompletitud de Gödel

Como este teorema es complejo y difícil de entender (por lo menos para mí) lo expondré en forma de pequeña fábula paradójica, que es como lo expuso el matemático y escritor de ciencia-ficción Rudy Rucker en su libro **Infinity and the Mind**. Es, pese a lo concreto de la fuente, una adaptación personal.

A) Alguien presenta a Gödel a la MVU, una máquina que supuestamente es la Máquina de la Verdad Universal, capaz de responder correctamente a cualquier pregunta que se le formule.

B) Gödel pide los programas y los diagramas de los circuitos de la MVU. El programa, por muy complicado que sea, debe tener una longitud finita. Llamemos a dicho programa P(MVU), o sea, Programa de la Máquina de la Verdad Universal.

C) Sonriendo, Gödel escribe la siguiente frase: "La máquina construida sobre la base del programa P(MVU) nunca dirá que esta sentencia es verdadera". Llamemos a esta sentencia G, por Gödel. Reparad que G es equivalente a "MVU nunca dirá que G es verdadera".

D) Ahora Gödel, riéndose sardónicamente, pregunta a la MVU si G es verdadera o no.

E) Si la MVU dice que la sentencia G es verdadera, entonces "MVU nunca dirá que G es verdadera" es falso. Si "MVU nunca dirá que G es verdadera" es falso, entonces G es falso (puesto que G = "MVU nunca dirá que G es verdadera"). Luego si la MVU dice que G es verdadero, entonces G es de hecho falso, y la MVU ha realizado un falso pronunciamiento. Entonces la MVU nunca dirá que G es verdadero, puesto que la MVU sólo da respuestas verdaderas.

F) Hemos establecido que la MVU nunca dirá que G es verdadero. Luego "MVU nunca dirá que G es verdadero" es de hecho una frase verdadera. Entonces G es verdadero (puesto que G = "MVU nunca dirá que G es verdadero").

G) "Conozco una verdad que la MVU nunca podrá pronunciar", anuncia el señor Gödel triunfante, "Sé que G es verdadera, pero la MVU nunca lo podrá decir. La MVU no es realmente universal".

En resumen, lo que Gödel vino a demostrar es que no todo es demostrable en un sistema formal, que existen en aritmética enunciados verdaderos que nunca pueden ser probados. Y que si alguien lograra dar con una prueba de que la aritmética es consistente, por esa misma razón no lo sería. En fin, cosas de las matemáticas modernas.

Esta prueba, formulada por el austriaco Kurt Gödel en 1931, es uno de los descubrimientos más importantes y devastadores de todas las matemáticas.

(J.M. Dubbey)

Los retos de Hilbert

Wir Müssen wissen, wir werden wissen!
In der Mathematik gibt es kein ignorabimus.
(David Hilbert, 1900) (*)

En su famoso discurso de 1900 en París, David Hilbert enumeró 23 problemas matemáticos que entonces esperaban solución. Éstos eran:

1. El problema de Cantor del número cardinal del continuo.

2. La compatibilidad de los axiomas aritméticos. (Demostrado de forma negativa por Gödel en su 2º teorema de la incompletitud).

3. La igualdad del volumen de dos tetraedros de igual base y altura. (Este problema fue resuelto en sentido negativo por un discípulo de Hilbert: Max W. Dehn, en el mismo año 1900).

4. Problema de la línea recta como la mínima distancia entre dos puntos.

5. Concepto de Lie de un grupo continuo de transformaciones sin el supuesto de la diferenciabilidad de las funciones que definen el grupo.

6. Tratamiento matemático de los axiomas de la física. Principalmente con relación a la teoría de las probabilidades y con la mecánica.

7. Irracionalidad y trascendencia de ciertos números. Hilbert dio dos ejemplos: $2^{\sqrt{2}}$ y e^{π}. Este último problema fue resuelto en 1929 al probarse que es trascendente. El primero se probó también trascendente en 1930.

8. Problemas acerca de números primos (hipótesis de Riemann, conjetura de Goldbach).

9. Demostración general de la ley de reciprocidad en cualquier campo de números.

10. Determinación de las condiciones de resolubilidad de una ecuación diofántica. Es decir: no existe ningún algoritmo que, dada una ecuación diofántica, permita decidir en un número finito de pasos, si tiene solución o no. Finalmente fue resuelta por el ruso Yuri Matijasevich en 1970 usando la serie de Fibonacci. El ruso demostró que no puede existir tal algoritmo.

11. Formas cuadráticas con coeficientes numéricos algebraicos.

12. Extensión del teorema de Kronecker sobre los espacios abelianos para cualquier cuerpo de racionalidad.

13. Imposibilidad de la solución de la ecuación general de 7º grado mediante funciones de sólo dos argumentos.

14. Demostración de la finitud de ciertos sistemas completos de funciones.

15. Fundamento riguroso del cálculo enumerativo de Schubert.

16. Problema de la topología de curvas y superficies algebraicas.

17. Expresión de formas definidas mediante cuadrados.

18. Construcción del espacio mediante poliedros congruentes.

19. ¿Son las soluciones de los problemas regulares del cálculo de variaciones siempre necesariamente analíticas?

20. Problema general de los valores de contorno.

21. Demostración de la existencia de ecuaciones diferenciales lineales que poseen un grupo monodrómico prefijado.

22. Uniformización de las ecuaciones analíticas mediante funciones automorfas.

23. Desarrollo ulterior de los métodos del cálculo de variaciones

--- 0 ---

(*)"¡Debemos saber y sabremos! En matemáticas no hay *ignorabimus*.

6.4 Las conjeturas de Goldbach

Christian Goldbach (1690-1764) fue un matemático alemán que llegó a ser profesor de matemáticas en San Petersburgo en 1725. Planteó sus famosas conjeturas en una carta dirigida a Leonhard Euler en junio de 1742. Allí Goldbach conjeturaba que todo número par era la suma de dos primos (conjetura binaria) y todo número impar mayor que 2 era la suma de tres primos (conjetura ternaria). En aquel tiempo se consideraba el uno número primo, pero en las matemáticas modernas (ver sección **3.1.1**) no se considera así, por lo que las conjeturas pasaron a expresarse de esta forma: todo número par igual o mayor que 4 puede expresarse como la suma de dos primos (conjetura binaria); y todo número impar igual o mayor que 7 puede expresarse como la suma de tres primos (conjetura ternaria).

De estas dos conjeturas, la más famosa es la binaria:

Conjetura binaria de Goldbach:

"Todo número entero y par mayor que 2, puede expresarse como la suma de dos primos."

Veamos unos cuantos ejemplos:

$$4 = 2 + 2$$
$$6 = 3 + 3$$

$$8 = 3 + 5$$

$$10 = 3 + 7 \text{ y } 5 + 5$$

$$12 = 5 + 7$$

$$14 = 3 + 11 \text{ y } 7 + 7$$

$$16 = 3 + 13 \text{ y } 5 + 11$$

…

Y se supone que así, progresivamente, se completaría la serie infinita de los números pares.

Planteada en 1742 por Goldbach fue hecha pública por primera vez en 1770 en el libro de Edward Waring *Meditationes algebraicae*. De apariencia sencilla, esta conjetura ha originado miles de artículos matemáticos y ha tenido entretenidos, y aún las tiene, a las mejores mentes matemáticas de los tiempos modernos. Y digo tiene porque la conjetura, en apariencia tan trivial, y pese a que prácticamente todos los matemáticos la consideran cierta, todavía no ha sido demostrada. En resumen: un misterio que ha venido ocupando a los matemáticos por más de 260 años y puede que lo siga haciendo aún durante mucho tiempo.

Como la conjetura también podría refutarse simplemente encontrando un número par que no pudiera escribirse como la suma de dos números primos, algunos matemáticos han dirigido por ahí sus investigaciones. En 1993 se estudiaron todos los números pares hasta 4×10^{11} ó 400.000.000.000, sin que se encontrase alguno que no cumpliera la conjetura. Si bien esa hazaña no constituye una prueba, sí viene a reafirmar la extendida sospecha de que Goldbach estaba en lo cierto.

Uno de los últimos intentos de solución por refutación puede verse en la sección **3.3**, en el artículo titulado *El cometa de Goldbach*.

Si algún lector se siente con ganas, puede intentar la demostración por su cuenta. Se le asegura fama imperecedera.

En cuanto a la conjetura ternaria:

Conjetura ternaria de Goldbach:

"Todo número entero e impar igual o mayor que 7, puede expresarse como la suma de tres números primos".

Esta conjetura ha sido probada, o casi. En 1923 G. H. Hardy y John Littlewood probaron que existe un número n (desconocido), tal que todo número impar mayor que n puede escribirse como la suma de tres números primos. Ahora la cuestión estriba en conocer el tamaño de n e ir reduciéndolo hasta que desaparezca. Una de las primeras estimaciones de n indicaba que era aproximadamente:

$$((3)^3)^{15} = 3^{14348907} = 10^{6846168}$$

Trabajos más recientes han mejorado, rebajándolo, el valor de n. Así, en 1989, J. R. Chen y T. Wang lo estimaron en

$$((e)^e)^{11503} = 10^{43000} \text{ (aproximadamente)}$$

En 1937, el matemático ruso Vinogradov probó que todos los números impares suficientemente grandes eran la suma de 3 primos.

Un buen problema (en matemáticas) es aquel cuya solución, más que meramente resolver un caso concreto, abre nuevas perspectivas.

(Ian Stewart)

6.5 La conjetura de Kepler

En 1611 Kepler manifestó, sin ofrecer prueba alguna, que el empaquetamiento más denso de esferas es el denominado "cúbico de caras centradas" o "cúbico centrado en las caras", como más guste. Esta es la disposición que se utiliza cuando construimos una pirámide de naranjas por el procedimiento de poner en un plano tres naranjas que cada una toque a las otras dos y añadiendo después, en el plano, nuevas naranjas que hagan contacto con dos de las ya colocadas. Finalmente añadimos un nuevo plano de naranjas en que éstas, siguiendo la norma anterior caigan además en los huecos que quedan en la capa inferior. Y así sucesivamente, aumentando el número de planos. En este empaquetamiento cada esfera intermedia toca a otras 12 y llenan aproximadamente el 74 % del espacio, o más exactamente $\pi/\sqrt{18}$ %.

Hasta recientemente la conjetura de Kepler no había sido demostrada, si bien "muchos matemáticos estaban convencidos", y "todos los físicos sabían" que ésa era la disposición más indicada para el empaquetamiento de esferas. Pero el no haber podido demostrarlo en los casi cuatrocientos años transcurridos desde su planteamiento, fue una humillación constante para los matemáticos.

Finalmente, en 1990, Wu-Yi Hsiang, profesor de geometría en la Universidad de California, en Berkeley, anunció que había probado la conjetura de Kepler. La prueba llenaba 100 páginas, lo que hace difícil comprobar con rigor los diversos pasos. Sin embargo, algunos matemáticos han objetado que la demostración de Wu-Yi Hsiang contiene puntos poco claros y aseveraciones erróneas. En virtud de las objeciones a su manuscrito, Wu-Yi Hsiang prepara actualmente una explicación más abreviada, y por ello más fácilmente analizable, de su prueba.

6.6 La conjetura de Eisenstein

Para agotar por ahora las "Conjeturas", traigamos a colación la del matemático alemán Ferdinand Gotthold Max Eisenstein (1823-1852). Eisenstein propuso que todos los números de la forma:

$$2^2 + 1, ((2)^2)^2 + 1, (((2)^2)^2)^2 + 1, ...$$

eran primos. Esta conjetura todavía no ha sido probada ni en sentido positivo ni refutada. Nuevo reto para los matemáticos.

6.7 Axiomática de Peano

Giuseppe Peano (1858-1932) definió 5 axiomas para formalizar el conjunto de los números enteros. Estos axiomas, elegantes y fáciles de entender, son los siguientes:

1. a es un número entero.

2. Si a es un número entero, entonces su sucesor $(a + 1)$ también es un número entero.

3. Si dos números son iguales, sus sucesores son iguales.

4. El cero no es el sucesor de ningún número.

5. Si el cero posee una propiedad y esta propiedad es compartida por a y también por su sucesor $(a + 1)$, todos los números enteros poseen dicha propiedad (vía inducción matemática).

En realidad los axiomas de Peano, expresados con símbolos lógicos, son nueve, pero cuatro de ellos se limitan a la definición por abstracción de la igualdad, mientras que los cinco restantes son los expuestos anteriormente y se conocen comúnmente como *Axiomática de Peano*.

Estos elegantes axiomas poseen la virtud de definir la secuencia de los números naturales y por ello se los considera la base lógica de toda la aritmética.

El bello problema de las tres circunferencias solitarias

Dibujemos tres circunferencias no alineadas, cada una de distinto tamaño, como si no tuvieran nada en común. Y en principio no se ve la forma en relacionarlas geométricamente. He aquí las circunferencias:

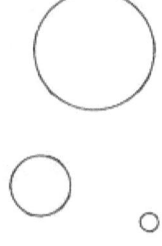

Al verlas tan solas, a alguien se le ocurrió: ¿Por qué no trazamos tangentes comunes a cada par de ellas? Esta sencilla decisión

*cambió el panorama por completo. Las circunferencias dejaron de estar aisladas para entablar una relación de amistad duradera, pues con ese sencillo tratado descubrieron (oh, maravilla) que los tres puntos de intersección entre ellas **estaban situados en la misma recta**.*

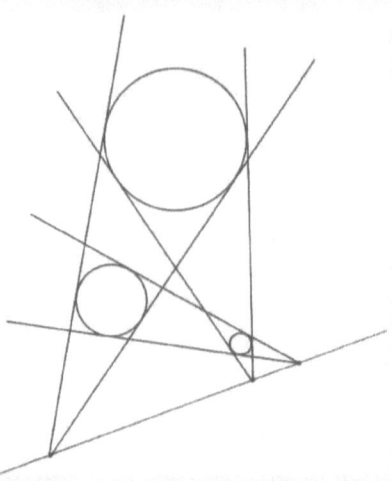

Esta nueva disposición, este engarce de tangentes hizo de las tres circunferencias solitarias un bello todo geométrico.

6.8 La serie de Fibonacci

La "Serie de Fibonacci" es una secuencia de números que siguen la siguiente pauta:

1, 1, 2, 3, 5, 8, 13, 21, 34, 55, 89, 144...

Resulta fácil advertir que a partir del segundo uno, la serie se forma sumando los dos números precedentes. Así 2 es la suma de uno más uno, 3 la suma de dos más uno, 5 la suma de tres más dos, y así sucesivamente. El cociente de dos términos consecutivos tiende a Φ, el número de oro, cuyo valor (ver capítulo II) es $(1+\sqrt{5})/2$, ó 1,6180339...

Para quienes gustan de meterse matemática pura en vena

El término general de la serie de Fibonacci es el siguiente:

$$Fn = 1/\sqrt{5} \times ((1+\sqrt{5}/2)^n - (1-\sqrt{5}/2)^n)$$

La serie de Leonardo de Pisa (c.1175 - c.1250), luego conocido por Fibonacci (hijo de Bonaccio), aparece por primera vez en su libro **Liber Abacci**, y hacía relación al cálculo de la evolución en la cría de conejos. Fibonacci se preguntó: "¿Cuántos pares de conejos se producirán en un año, comenzando con una sola pareja, si cada mes esta pareja engendra una nueva pareja que se torna fertil a partir del segundo mes?" Asumiendo que los conejos fueran inmortales, el número de conejos reproducidos al final de cada mes seguiría esta peculiar secuencia:

1, 1, 2, 3, 5, 8, 13, 21, 34, 55…

Gráficamente, la evolución de la cría de los conejos sería así:

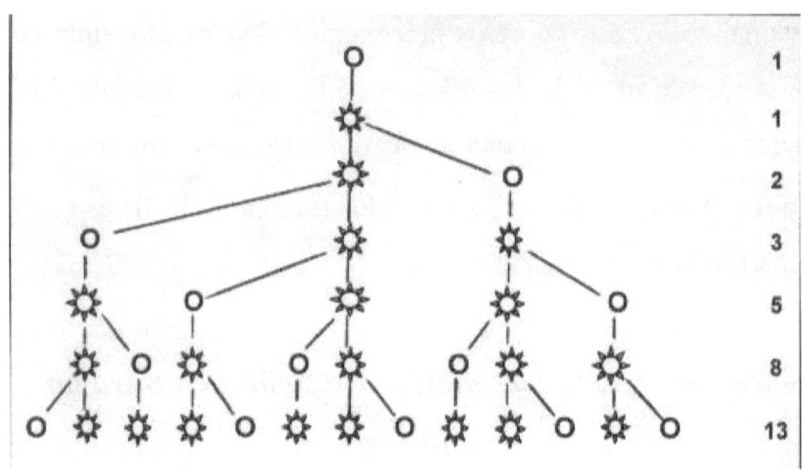

Donde el círculo estrellado representa las parejas en período fértil y el no estrellado en el período no fértil. Observamos como a la derecha, al final de cada mes, se va completando la serie de Fibonacci, bautizada así por Edouard Lucas en 1877.

Pero la Serie de Fibonacci es famosa y sorprendente por razones ajenas a las matemáticas. Resulta que esta peculiar serie de números aparece misteriosamente en el curso de muchos procesos naturales. No sólo define o establece la progresión de reproducción de los conejos, sino que también está presente en aspectos relevantes que tienen que ver con el crecimiento de las plantas. Kepler fue el primero en darse cuenta de que el crecimiento de ciertas plantas sigue un diseño que puede reducirse a series numéricas. Las hojas de una rama por lo general se hallan colocadas helicoidalmente alrededor del tallo. Esto es, cada hoja es un poco más alta y escorada hacia un lado con relación a la que la precede. Diferentes plantas poseen ángulos característicos de divergencia sobre las hojas adyacentes. Estos ángulos no sólo tienden a ser constantes (lo más comunes son 180°, 120°, 144°, 135°) sino que reproducen, expresados en ratios sobre 360°, los números de la serie de Fibonacci: ½, 1/3, 2/5, 3/8, 5/13, 8/21..., etc. Las proporciones ½ y 1/3 se dan generalmente en la hierba común y en los juncos. La proporción 2/5 se halla principalmente en las rosas, junto con la proporción 3/8. Para los tilos y olmos, la proporción es ½; para la hayas, 1/3; para el roble y el cerezo, 2/5; el álamo y el peral, 3/8; el sauce 5/13, y así asignaríamos proporciones a cada tipo analizado. El mismo ángulo se mantiene en la disposición de todas las ramas del árbol, capullo o flor estudiada.

Otros procesos naturales que siguen la serie de Fibonacci:

♣ Las espirales de la corteza de la piña. Las espirales de la corteza de la piña siguen dos direcciones, una hacia la derecha y otra hacia la izquierda; pues bien, las de un lado suman 8 y las del otro 13, ambos números correlativos de la serie de Fibonacci. Lo mismo ocurre con la disposición de las semillas en la planta de girasol. Otros frutos y hortalizas, como la alcachofa, también se someten a esta serie.

♣ Las hojas de ciertas hierbas, o frutos, se dan más frecuentemente en número de dos, tres o cinco, números consecutivos de la serie de Fibonacci. De aquí que sea tan raro, y valorado, encontrar un trébol de 4 hojas. 4 no es un número de la serie de Fibonacci.

♣ Esta serie también se da en el crecimiento de la población de las abejas y en las conchas de los caracoles. Se sospecha que la serie de Fibonacci es un patrón usado por la naturaleza en el crecimiento y reproducción de todos los organismos vivos.

Fibonacci llegó a ser enormemente popular en su tiempo. Se cuenta que el emperador Federico II viajó a Pisa atraído por su fama. Acudió con un grupo de matemáticos para retar al famoso Leonardo de Pisa, como también se conocía a Fibonacci. Uno de los problemas que le plantearon a Fibonacci durante este famoso encuentro fue el buscar un cuadrado que permaneciese siendo un cuadrado si el número era incrementado por cinco o minorado por cinco. Después de pensarlo un poco, Fibonacci encontró el número: 1681 / 144, que equivalía a $(41/12)^2$. Si al citado número se le restan 5 unidades, obtenemos: $(31/12)^2$ ó 961/144. Si se le añaden cinco unidades, obtenemos: $(49/12)^2$ ó 2401/144.

Otras particularidades de la serie de Fibonacci:

♣ La serie de Fibonacci está repleta de curiosas peculiaridades.

*a) la suma de los **n** primeros números de la serie de Fibonacci responde a la sencilla fórmula:*

$$S_1 + S_2 + ... + Sn = \boldsymbol{S_{n+2} - 1}$$

Así, la suma de los seis primeros términos (n=6) es $1 + 1 + 2 + 3 + 5 + 8 = 20$, que, como se aprecia en la fórmula, es igual a su octavo término (S_{n+2}), que es 21, restándole la unidad.

b) La suma de los cuadrados de los primeros **n** números de la serie de Fibonacci es igual al producto de dos números adyacentes, el que hace el lugar **n** y el siguiente:

$$S^2_1 + S^2_2 + ... + S^2_n = S_n \ x \ S_{n+1}$$

Ejemplos:

$$1^2 + 1^2 = 1 \ x \ 2$$
$$1^2 + 1^2 + 2^2 = 2 \ x \ 3$$
$$1^2 + 1^2 + 2^2 + 3^2 = 3 \ x \ 5$$

....

c) El cuadrado de cada número de Fibonacci, reducido por el producto entre el número precedente y el siguiente de la serie da, alternativamente, +1 ó –1.

$$2^2 - (1 \ x \ 3) = +1$$

$$3^2 - (2 \times 5) = -1$$
$$5^2 - (3 \times 8) = +1$$

d) Cada tercer número de la serie es par, cada cuarto número es divisible por 3, cada quinto número es divisible por 5 y cada quinceavo número es divisible por 10.

e) Es imposible construir un triángulo cuyos lados sean tres diferentes números de la serie de Fibonacci.

♣ La serie de Fibonacci y el número de oro

Hemos mencionado al principio de esta sección, de pasada, que la serie de Fibonacci guarda relación con el número de oro, o proporción dorada ya estudiada en la sección **2.4**. Veamos por qué. Tomemos esta serie y hallemos la proporción resultante de dividir uno de sus números por el precedente:

$$F_2/F_1 = 1/1 = 1$$
$$F_3/F_2 = 2/1 = 2$$
$$F_4/F_3 = 3/2 = 1,5$$
$$F_5/F_4 = 5/3 = 1,6666\ldots$$
$$F_6/F_5 = 8/5 = 1,6$$
$$F_7/F_6 = 13/8 = 1,625$$
$$F_8/F_7 = 21/13 = 1,61538$$

Como puede apreciarse, a medida que avanzamos nos vamos aproximando al número de oro (1,61803…). De hecho, el límite de la serie anteriormente descrita es el Número de oro:

$$\text{Lim } Fn/Fn\text{-}1 = \phi$$
$$n \rightarrow \infty$$

♣ La serie de Fibonacci y el triángulo de Pascal

El triángulo de Pascal (ver sección **7.3**) es un triángulo que como su mismo nombre **NO** indica, no fue descubierto por Pascal, aunque fue este pensador francés quien lo divulgó en occidente. Se sabe que en la antigüedad el chino Chia Hsien utilizó este triángulo para extraer raíces cuadradas y raíces cúbicas de los números. También se presume que lo conoció el matemático persa Omar Kheyyan (s. XI), autor de los célebres Rubaiyat, pues adujo este poeta que poseía un método para extraer raíces cuadradas y cúbicas.

Pero lo que nos trae a incluirlo en esta sección es la relación de este singular triángulo con la serie de Fibonacci. Si trazamos líneas transversales al citado triángulo, tal como indica la figura:

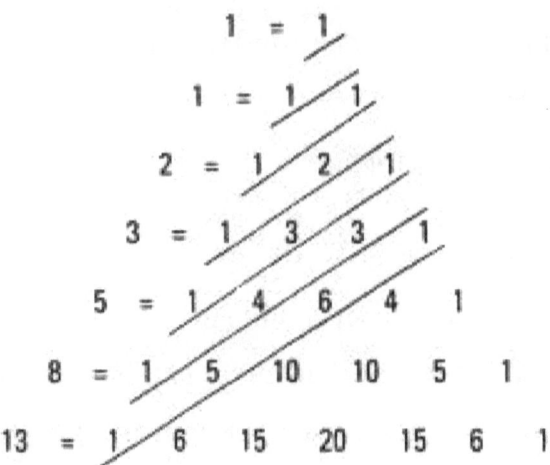

descúbrese, oh misterios de las matemáticas, que las sumas de estas líneas oblicuas dan, en orden, los números de la serie de Fibonacci.

En 1962 se fundó la Sociedad Fibonacci, e incluso se publica una revista: The Fibonacci Quaterly que, nacida en 1963, se dedica a desentrañar todos los aspectos curiosos y singulares de esta extraña serie numérica, y que parecen no tener término.

6.9 La paradoja Banach-Tarski

Cerremos esta sección de nombres propios con una paradoja con nombre propio. Tarski pertenecía a un grupo de matemáticos polacos que se reunían en el Scottish Café en la ciudad de Lvov. Banach era otro de los asistentes. De esas reuniones surgieron ideas curiosas, entre ellas la que se conoce como "Paradoja Banach-Tarski". Data de 1924 y afirma que es posible descomponer (dividir) una esfera sólida en un número finito de piezas que posteriormente podrían ser reagrupadas, por medio de movimientos rígidos, para formar dos esferas sólidas cada una del mismo tamaño que la original. Banach y Tarski no pusieron límite al número de piezas requeridas, pero en 1928, John von Neumann afirmó sin pruebas que sólo se necesitarían nueve piezas. En 1946 Raphael Robinson redujo esta cantidad a cinco. Con menos de cinco no es posible.

Este teorema suena completamente demente, y todavía hoy mucha gente se resiste a creerlo. ¿Qué pasa con el volumen?, argumentan. Éste se duplica, le responden. ¡Pero eso es imposible! Pero sí, es posible: el ardid consiste en que las piezas cortadas son tan complicadas que no poseen volumen. Y como no poseen volumen, el volumen total puede cambiar.

Para hacernos una idea más cercana a nuestro entendimiento de la paradoja, pensemos en un diccionario mejor que en una esfera. Éste es el truco que emplea el matemático Ian Stewart para facilitar la comprensión. Se trataría de un diccionario idealizado denominado **HiperEspasa**, que contendría todas las posibles palabras, tengan éstas sentido o no, que puedan formarse con las 26 letras de nuestro abecedario. Las palabras se arreglan en orden alfabético. Comienza con la serie: A, AA, AAA, AAAA,

AAAAA… y sólo tras agotar esta secuencia hasta el infinito se pasa a la AB, ABA, ABAA… Queda claro que todas las palabras, incluidas, AAWWISKKY, BANACH, TARSKI Y ZORRESTIADA tienen cabida en la lista. Ahora vamos a descomponer el **HiperEspasa** en 26 copias de sí mismo, cada una manteniendo el orden alfabético original, pero con una palabra añadida.

La primera de las 26 copias, llamémosle "Volumen A", consistiría en el **HiperEspasa** original anteponiendo una A a todas las palabras. El segundo volumen, denominado "Volumen B", consistiría en el **HiperEspasa** original anteponiéndole B a todas las palabras del mismo. Y así hasta completar las 26 copias, una por cada letra del abecedario. Echemos un vistazo al "Volumen B". Este volumen comienza con BA, BAA, BAAA, BAAAA, … En realidad, este volumen contendría todas las palabras del **HiperEspasa** exactamente una vez, pero con la B pegada al comienzo de cada una: BAAWWISKKY, BBANACH, BTARSKI y BZORRESTIADA. Incluso conservando el mismo orden. Esto sucedería en cada uno de los volúmenes construidos con las 25 letras restantes del alfabeto. Cada volumen es una copia perfecta del primitivo **HiperEspasa**, con una letra extra al comienzo de cada palabra. En resumen, un **HiperEspasa** puede ser cortado y vuelto a ensamblar, sin alterar el orden de las palabras, para formar 26 **HiperEspasas** idénticos más un alfabeto de recambio (extra). Si cambiamos la palabra **HiperEspasa** por "esfera", la palabra "palabra" por "punto" y la frase "sin alterar el orden de" por "sin alterar las distancias entre", obtenemos una explicación para la paradoja Banach-Tarski aplicado a los volúmenes de las esferas. Bueno, o casi. Lo curioso es que los matemáticos, pese a la carga paradojal de la exposición, aceptan esta demostración, por eso está aquí. No somos quién para llevarles la contraria.

Otra consecuencia del teorema [Paradoja de Banach & Tarski], realmente más alarmante, es que si tomamos una esfera de radio una unidad (una esfera "unidad") y la cortamos en nueve trozos que posean la propiedad descrita por ambos matemáticos, cinco de esos trozos pueden juntarse, sin huecos, para formar una esfera y los restantes cuatro trozos, también sin huecos, podrían rearmarse en otra esfera. Es como obtener algo de la nada.

(Calvin C. Clawson)

La biblioteca de Borges

Borges imaginó una **Librería de Babel** *donde se albergaran todos los libros posibles. Para sus cálculos utilizó libros con un promedio de 410 páginas, con 40 líneas por página y 80 caracteres por línea (mayúsculas y minúsculas más signos de puntuación), lo que arrojaba 1.312.000 caracteres por libro. Pero para usar números más redondos tomemos las cifras que da Daniel C. Dennet en su libro* **Darwins's Dangerous Idea***: libros de 500 páginas, cada página conteniendo 40 líneas de 50 caracteres cada una, de manera que existan 2000 espacios por página. Cada espacio o bien es blanco o tiene escrito encima un carácter, elegido de un juego de 100 (mayúsculas y minúsculas en todos los idiomas europeos, más el espacio en blanco y los signos de puntuación). Las diferencias con las cifras de Borges no son sustanciales y no desvirtúan lo que queremos mostrar. En algún lugar de esta* **Librería de Babel** *habría un volumen que contuviera en todas sus hojas espacios en blanco y en otro lugar otro lleno de signos de interrogación, y en otro lugar un libro igual que el Hamlet de Shakespeare, excepto por una palabra. Otro contendría tu completa biografía, desde el momento de tu nacimiento hasta el de tu muerte. La mayoría de los libros, no obstante, serían pura faramalla de palabras, revoltijos de caracteres sin sentido. 500 páginas a 2000 caracteres cada una, arrojan 1.000.000 de espacios por libro, por lo que existen* $100^{1.000.000}$ *libros distintos en esta* **Librería de Babel**. *Más que partículas en el universo,* *estimadas por Stephen Hawkins en 10^{80}, lo que hace inconcebible dicha librería en el mundo real. Pero hay más mundos, como bien sabía Borges.*

VII – LA LÓGICA Y SUS HISTORIAS

7.1 A manera de intro-inducción

> *Los dos ojos de las ciencias exactas*
> *son la lógica y las matemáticas.*
> *(Augustus de Morgan)*

La lógica es ese pariente rico del sentido común, y que, como éste, es muy poco común. Como zona autónoma de las matemáticas, ha sido frecuentada por aquellos profesionales con mayor tendencia hacia la filosofía, de donde procede. Una introducción a este campo podría constituir la siguiente anécdota:

A un estudiante le pidieron en un examen de geometría que demostrase el teorema de Pitágoras. Lo entregó y el profesor de matemáticas se lo devolvió con un cero y el siguiente comentario: "¡Esto no es una demostración!" El chico acudió a ver al profesor y le dijo: "¿Cómo puede decir que lo que le entregué no es una demostración? Durante el curso usted nunca ha definido qué es una demostración. Usted ha sido preciso en cuanto a las definiciones de objetos como triángulos, cuadrados, círculos, nociones como paralelismo, perpendicularidad y otras características geométricas, pero ni una sola vez ha definido la palabra "demostración". ¿Cómo puede entonces afirmar con tanta seguridad que lo que le he entregado no es una demostración?"

O esta otra historia, atribuida a Lewis Carroll, en la que un muchacho, al ordenársele contar un rebaño, miró al conjunto y contestó que había 1004 ovejas. Al decirle que el cálculo no podía estar bien, pues nunca podría estar seguro de esas últimas cuatro ovejas, el muchacho, con lógica aplastante, aseguró que esas cuatro ovejas eran lo único de lo que podía estar seguro, pues estaban pastando allí a su lado, que era de la otras mil de las que no podía estar seguro.

Posee la lógica también indudables aplicaciones prácticas, pudiendo su conocimiento evitar el estupro o la violación. Como en la siguiente historia:

La monja, el violador y el uso de la lógica

Dos monjas regresaban al convento después de haber ido a la ciudad a vender galletas. Una era conocida como la Hermana Matemática (M), y la otra como la Hermana Lógica (L). Éste fue el diálogo que tuvo lugar entre ellas.

M - Está empezando a caer la noche, y aún estamos muy lejos del convento.

L – Hermana matemática, ¿se ha dado cuenta de que nos sigue un hombre desde hace un rato?

M - Sí, ¿qué querrá?

L - Es lógico. Nos querrá violar.

M - ¡Dios Mío! Calculo que si continuamos caminando a este paso, nos alcanzará dentro de diez minutos. ¿Qué podemos hacer?

L - La única cosa lógica que podemos hacer es caminar más rápido.

Comienzan a caminar más rápido. Al rato la hermana matemática dice:

M - ¡No está funcionando!

L - ¡Claro que no! Él hizo la única cosa lógica que se podía hacer: comenzó también a caminar más deprisa.

M - Y ahora, ¿Qué vamos a hacer? ¡Nos alcanzará en un minuto!

L - La única cosa lógica que podemos hacer es separarnos. Usted vaya por aquel lado, y yo para este otro. No podrá seguirnos a las dos.

Se separaron y el hombre decidió seguir a la Hermana Lógica. La Hermana Matemática llegó al convento, preocupada de lo que pudiera haberle ocurrido a la Hermana Lógica. Al cabo de un rato, llegó la Hermana Lógica.

M - ¡Hermana Lógica! Gracias a Dios que llegó usted. Cuénteme qué le pasó.

L - Ocurrió lo lógico. El hombre no podía seguir a las dos, por lo que optó por seguirme a mí.

M - ¿Y qué sucedió después?

L - Lo lógico. Yo comencé a correr lo más rápido que pude, y él también.

M - ¿Y?

L - De nuevo lo lógico. Me alcanzó.

M - ¡Dios Mío! ¿Y qué hizo Vd.?

L - Hice lo lógico. ¡Me levanté el hábito!

M - ¡Dios Mío, Hermana! ¿Y qué hizo el hombre?

L - Él también hizo lo lógico. ¡Se bajó los pantalones!

M - ¡Oh, no! ¿Y qué ocurrió después?

L - ¿Acaso no es obvio, Hermana? ¡Una monja con el hábito levantado corre mucho más deprisa que un hombre con los pantalones bajados!

Claro que otras veces la aplicación de la lógica sirve no para llegar a alguna parte sino para no llegar. Como se desprende de este pasaje de *Alicia en el país de las maravillas*:

-"¿Me puedes indicar qué camino debo tomar para salir de aquí?", preguntó Alicia.

-"Eso depende en buena medida de adónde quieras ir", respondió el gato.

-"No me importa dónde…", dijo Alicia.

-"Entonces no importa mucho el camino que tomes", replicó el gato.

-"… siempre que llegue a alguna parte", añadió Alicia a modo de explicación.

-"Oh, no te preocupes, llegarás", dijo el gato, "siempre que camines lo suficiente".

La lógica ilógica de Euclides

El filósofo griego Euclides, siguiendo el sendero de una lógica incontestable, propuso que no existe tal cosa como un montículo de arena. Un grano de arena, adujo, no constituye un montículo. ¿Todos conformes hasta aquí? Añadiendo otro grano al anterior, tampoco tenemos un montículo. Lo que significa que el añadir un grano de arena a un conjunto de granos que no constituyen un montículo, no produce por esa adición un montículo. Siguiendo este argumento lógico, por mucho que añadiéramos granos, de uno

> *en uno, a un conjunto de granos que no constituyen un montículo, nunca lograríamos constituir un montículo. De lo que se deduce que no puede formarse un montículo de arena por el procedimiento de añadir granos; o lo que es lo mismo, no existe un punto en el cual podamos decir al añadirle un grano de arena: "antes no había montículo, ahora sí".*

También puede la lógica extrema conducir a situaciones embarazosas o comprometidas. Así, cuando el famoso matemático Kurt Gödel leyó la constitución de los EE.UU. como preparación para adquirir la ciudadanía de ese país, se convenció de que había encontrado en el texto una inconsistencia lógica que permitía la posibilidad de elegir un dictador y no un presidente. Gödel se sintió irritado, pues no en vano había llegado a América huyendo de tiranos como Hitler o Mussolini. Durante su examen oral para adquirir la citada nacionalidad, Einstein tuvo que disuadirlo con interrupciones y cortes para que no compartiera su descubrimiento con los examinadores.

> *El filósofo Morris Cohen afirmó que los libros de lógica se dividían en dos partes: una parte sobre la deducción, donde se explican las falacias, y una segunda parte sobre la inducción, donde se cometen falacias.*

Para Antoine de Rivarol *(Discours sur l'universalité de la langue françoise,* 1784), el francés era el único idioma en el que la estructura sintáctica de las frases reflejaba la auténtica estructura de la razón humana, y, por lo tanto, era la única lengua lógica del mundo (el alemán era demasiado gutural, el italiano demasiado dulce, el español demasiado redundante, el inglés demasiado oscuro). Quizás no estemos de acuerdo con el chovinista aserto de Rivarol, pero debemos conceder que la lógica tiene mucho que ver con las palabras. Veamos, para probarlo, unas intrigantes auto-referencias enunciadas por el pensador norteamericano Douglas R. Hofstadter:

▶ Esta frase no verbo.

▶ Yo soy el pensamiento que estás pensando.

▶ El lector de esta frase existe sólo mientras la lee.

▶ Cuando no miras, esta oración está en inglés.

▶ El único sentido de esta frase es dejar claro cuál es el único sentido de esta frase.

▶ O esta magnífica sentencia: "Essta frase contiene tress errores". Al leerla, la primera reacción es decir: "No, sólo contiene dos errores. El que la ha escrito no sabe contar". Pero algo ronda por la cavidad de la cabeza hasta que llega la iluminación lógica: !Ah, claro…!"

Y de las palabras, proclives a ser llevadas por el viento, pasemos a las anécdotas, con mayor fuerza de anclaje en la memoria.

Vivimos en un mundo complicado, donde nada es tan simple como solía ser, ni tan simple como aparenta ser. Las matemáticas mantienen ese mundo unido por su urdimbre.

(Ian Stewart)

7.2 CarRussell de anécdotas

La región cerebral responsable del pensamiento lógico (el cortex cerebral) apenas si tiene 8 millones de neuronas.

(R. Kurzweil)

♠ Un filósofo se asombró cuando Bertrand Russell le dijo que la aceptación de una proposición falsa implica cualquier proposición. El filósofo incrédulo replicó: "¿Quieres decir que del enunciado de que dos más dos son igual a cinco se sigue que tú eres el Papa?" Russell respondió: "Sí". El filósofo preguntó: "¿Puedes demostrarlo?" Russell respondió: "Ciertamente", y lucubró la siguiente demostración:

(1) Supón que 2 + 2 = 5

(2) Sustrayendo dos de ambos lados de la ecuación obtenemos 2 = 3

(3) O lo que es lo mismo: 3 = 2

(4) Sustrayendo uno de ambos lados en la última expresión, obtenemos 2 = 1

Ahora bien, el Papa y yo somos dos. Puesto que dos es igual a uno, entonces el Papa y yo somos uno. Por lo tanto, yo soy el Papa.

♠ ¿Qué falla en la siguiente lógica?

Sabemos que 36 pulgadas = 1 yarda. Por lo tanto, 9 pulgadas son ¼ de yarda. Como 3 es la raíz cuadrada de 9 y ½ es la raíz cuadrada de ¼, tenemos que 3 pulgadas = ½ yarda. ¿O no? (Para pensar, aunque poco...)

♠ Un cliente que acaba de firmar una póliza de seguro contra incendios para su casa, le pregunta al agente de seguros:
- Y si mi casa se quemara esta noche, ¿qué me darían?
- Hombre –contesta el asegurador- yo le daría no menos de diez años de cárcel.

♠ Un profesor de lógica va en un ascensor. El ascensor se detiene en un piso, se abren las puertas y una persona que espera para entrar, le pregunta: "¿Sube o baja?" El profesor de lógica responde: "Sí".

♠ - ¿Por qué llevas sólo un guante? ¿Has perdido uno?
  - No, he encontrado uno.

♠ - Papá, ¿es cierto que los padres siempre saben más que los hijos?
- Claro, hijo.
- Entonces, ¿quién inventó la máquina de vapor?
- Watt.
- ¿Y por qué no la inventó su padre?

¿Por qué sólo hay una comisión antimonopolio?

♠ Mi anécdota favorita sobre lógica es ésta que se atribuye al lógico y matemático Calvin Coolidge. Este hombre de afilado sentido común fue de visita a una granja. Estando allí vieron un rebaño de ovejas y uno de los amigos le dijo: "Se ve que acaban de esquilar a las ovejas". Su lógica respuesta fue: "De este lado sí".

♠ Emparentada con la anterior, esta historia que habla de un físico y un lógico matemático que están sobrevolando en avioneta un territorio agreste de Castilla. Cada uno lleva un diario del viaje. En una pradera, ambos divisan a un caballo. El físico escribe: "veo un caballo blanco trotando por la pradera". El lógico matemático escribe: "Existe, en tierras de Castilla, un caballo, blanco por arriba".

Las llaves de Desembarco del Príncipe

Las tropas de los reinos del norte desean entrar en Desembarco del Príncipe, pero se lo impide una magnífica puerta que sólo puede abrirse con una llave mágica. A Jon Invierno, la bruja Celeris le ofrece la llave si logra descifrar en qué cofre se encuentra resolviendo un acertijo lógico. Celeris le presenta tres cofres, uno de oro, otro de plata y otro de plomo. Dentro de uno de ellos Celeris guarda la llave mágica. Si Jon Invierno desea penetrar en Desembarco del Príncipe, debe acertar en qué cofre se halla la llave. Si no, la bruja le condenará a permanecer para siempre en las tierras heladas del norte. En cada cofre había una inscripción. Éstas eran:

Cofre de oro
La llave está en este cofre

Cofre de plata
La llave no está aquí

Cofre de plomo
La llave no está en el cofre de oro

Celeris le dice a Jon Inverno que uno de los tres enunciados, a lo sumo, es verdad. ¿Qué cofre debe elegir Jon Invierno?

♠ Es difícil asumir lógicamente todos nuestros pronunciamientos. Y si no, que se lo pregunten a Raymond Smullyan, protagonista y relator de la siguiente anécdota:

Cierta vez Raymond Smullyan discutía con O. Bowsma sobre si las mentes son totalmente independientes de los cuerpos. En un momento de la discusión, Smullyan afirmó:

-Puedo imaginarme perfectamente en otro cuerpo. Estoy completamente preparado para la posibilidad de que la semana que viene me encuentre en un cuerpo totalmente diferente, con tres brazos, por ejemplo.

-¿Estás preparado de verdad? –preguntó Bowsma.

-Absolutamente –contestó Smullyan con cierta arrogancia.

-Entonces di –contestó Bowsma-, ¿te has comprado otro guante?

Aprenda piano de forma (i)lógica

El mismo Raymond Smullyan, lógico ilógico, sugiere que la mejor manera de aprender a tocar el piano es intimar con cada una de las

> *notas individualmente, una tras otra. Por ejemplo, puedes*
> *dedicarte un mes entero a practicar el do sostenido, hasta que lo*
> *aprendas de memoria. Y así con cada tecla. Sin olvidarse de las*
> *pausas, siempre tan importantes. Una vez familiarizado con cada*
> *una de las notas, ¡ya puedes tocar lo que quieras! ¿O no?*

♠ ¿Quieres conseguir una cita con una chica que te gusta? Acércate a ella y dile:

- Quiero hacerte un par de preguntas, que deberás contestar con un sí o con un no, pero antes de formularlas, debe prometerme que contestarás la verdad.

-De acuerdo –dirá ella.

-La primera es: ¿quieres salir conmigo mañana? La segunda es: ¿Tu respuesta a la primera pregunta será la misma que a la segunda?

No podrá contestar "no" a la primera, porque la respuesta a la segunda sería falsa, fuese ésta "sí" o "no". La única respuesta no contradictoria a las dos preguntas es "sí".

♠ Un joven estudiante tenía que examinarse de física. El profesor le dio un altímetro y le dijo que determinase, ayudándose del instrumento, la altura de la torre del *campus* universitario. El estudiante fue a una tienda, compró un trozo de cuerda, subió a la torre, ató el altímetro a la cuerda y lo dejó descender desde lo alto de la torre. Luego midió la cuerda: 32 metros, 50 centímetros. ¿Merece aprobar o suspender?

Dios existe debido a que las matemáticas son consistentes, y el diablo existe debido a que no podemos probarlo.
(André Weil)

7.3 Demostraciones con falacia y serie mutante

Puede definirse a las matemáticas como la materia en la que nunca sabemos de lo que estamos hablando ni si lo que estamos diciendo es verdad.
(Bertrand Russell)

Para que vean lo fácil que es extraviarse en la espesa jungla de las matemáticas, presentamos a continuación varios ejemplos de demostraciones aparentemente correctas pero que, de aceptarlas, incurriríamos en sorprendentes contradicciones e inconsistencias. En un momento de la demostración el "trilero" matemático ha extraviado la bolita de la consistencia y el pobre jugador se ve abocado a perder el rumbo. Dejemos que los casos, que son sencillos, hablen por sí mismos.

♠ Ésta paradoja o demostración con falacia es atribuida al matemático Augustus de Morgan (1806-1871), y dice así:

Sea $x = 1$;   entonces $x = 0$.

Veamos por qué:

$x = 1$

Multiplicamos ambos lados de la ecuación por x:

$x^2 = x$

Ahora restamos 1 a ambos lados:

$x^2 - 1 = x - 1$

Si ahora dividimos cada lado de la ecuación por $(x - 1)$, tenemos:

$(x^2 - 1) / (x - 1) = (x - 1) / (x - 1)$

Despejando la ecuación:

$(x + 1) \cancel{(x - 1)} / \cancel{(x - 1)} = \cancel{(x - 1)} / \cancel{(x - 1)}$

$x + 1 = 1$

Con lo que:

$x = 1 - 1 = 0$

¿q.e.d.?

Falacia: la falacia consiste en que en matemáticas hay ciertas operaciones que no se pueden realizar, entre ellas, dividir por cero. Si admitiésemos esta posibilidad, podríamos alcanzar cualquier resultado. El truco de esta falsa demostración estriba en que está enmascarada con letras. Veamos el mismo ejemplo hecho con números, pues ya sabemos, por el enunciado, que $x = 1$.

$1 = 1$

$1^2 = 1^2$

$1 = 1$

$1 - 1 = 1 - 1$, o lo que es lo mismo: $0 = 0$

$0 / (1-1) = 0 / (1-1)$, que es lo mismo que $0 / 0 = 0 / 0$

Y ya hemos dicho que si estuviera permitido dividir por cero, cualquier resultado sería posible.

Nueva prueba de la existencia de Dios

Cierta vez Raymond Smullyan empleó el siguiente método para probarle a Rudolf Carnap la existencia de Dios:

-He aquí una carta roja. La pongo boca abajo sobre la palma de tu mano. Ahora bien, sabes que una proposición falsa implica cualquier proposición. Así pues, si la carta fuera negra, entonces Dios existiría. ¿Estás conforme?

-Sí, por supuesto –contestó Carnap-, si la carta fuera negra, Dios existiría.

-Muy bien –dijo Smullyan, y con rapidez se aprestó a dar vuelta a la carta-. Como ves, la carta es negra, luego Dios existe.

-¡Ah, claro! –replicó Carnap en tono filosófico- ¡Prueba por prestidigitación! ¡La misma que utilizan los teólogos!

♠ **Prueba de que las cosas que no son iguales son, por ello, iguales:**

Partimos de que

$a \neq b$

Ahora convengamos en que la suma de a y b es c:

$a + b = c$

3. Multipliquemos los dos lados de la ecuación por (a-b):

$(a + b)(a - b) = c(a - b)$

4. Desarrollamos ambos miembros de la ecuación:

$a^2 - b^2 = ac - bc$

5. Pasamos algunos miembros de la ecuación de una parte a otra:

$a^2 - ac = b^2 - bc$

6. Añadamos a ambos lados la cantidad ($\frac{1}{4} c^2$):

$a^2 - ac + \frac{1}{4} c^2 = b^2 - bc + \frac{1}{4} c^2$

7. Factorizamos ambos lados de la ecuación que ahora son cuadrados:

$$(a - \tfrac{1}{2}\, c)^2 = (b - \tfrac{1}{2}\, c)^2$$

8. Extraemos la raíz cuadrada de cada lado de la ecuación:

$$a - \tfrac{1}{2}\, c = b - \tfrac{1}{2}\, c$$

9. Finalmente, si añadimos ($\tfrac{1}{2}$ c) a ambos lados de la ecuación, nos da:

$$a = b$$

Por la tanto, queda demostrado que dada una desigualdad entre dos cantidades, se puede deducir de ahí que son iguales. q.e.d.

Falacia: la falacia, para quien tenga curiosidad, se halla entre los puntos 7 y 8, pues aunque dos números puedan ser iguales, sus potencias no necesariamente tienen que ser iguales, máxime cuando a y b son distintos, lo que haría que uno de los lados fuese menor que ($\tfrac{1}{2}$ c) y el otro lado mayor. Ello haría que un lado de la ecuación fuese negativo y el otro lado positivo, un lado el alter ego del otro. Lo que conduce a que el punto 9 sea falso.

♠ Serie poco lógica

Hay "series" que se denominan *indefinidas*, pues no convergen en ningún límite concreto y tienen curiosas propiedades. Veamos una de ellas:

$$S_z = 1 - 1 + 1 - 1 + 1 - 1 + 1 \ldots.$$

Esta serie podemos escribirla de dos maneras diferentes:

$$S_z = (1\text{-}1) \; + \; (1\text{-}1) \; + (1\text{-}1) + \dots$$

Como puede observarse, las sumas de los paréntesis son ceros. De aquí que la serie podría trascribirse de la forma:

$$S_z = 0 + 0 + 0 + 0 + 0 \dots = 0$$

Pero la serie de partida también puede escribirse de la siguiente manera:

$$S_z = 1 + (\text{-}1 + 1) + (\text{-}1 + 1) + \dots$$

Que, resolviendo las sumas de los paréntesis, nos daría:

$$S_z = 1 + 0 + 0 + 0 + 0 \dots = 1$$

¿Nos enfrentamos a una serie *mutante* o existe alguna explicación lógica que concilie tan dispares extremos?

Solución: la serie no es mutante. Sólo significa que la serie oscila entre 0 y 1. Pero claro, así de primeras, no podemos evitar que nuestro metabolismo lógico se altere.

Curiosidad añadida: Esta prueba de que 0 equivalía a 1 fue utilizada por el cura italiano Guido Grande para probar a sus parroquianos que Dios había creado el universo (1) de la nada (0).

♠ Los demógrafos mienten

Mienten todos los demógrafos y las estadísticas oficiales: Cada día somos menos. ¿No me creen? ¡Comprobémoslo! Tú, niño, naciste en el año 2000. Tus padres, más o menos, nacieron en 1975, y eran dos. Tus abuelos, que eran 4, nacieron en 1950, y tus bisabuelos, en número de 16, allá por 1925. Tus tatarabuelos nacieron allá por 1875, y eran 32, y tus retatarabuelos, en número de 64, nacieron alrededor de 1850. Para no aburrir con palabrerío, expongamos la tendencia creciente de nuestros ancestros en el siguiente cuadro:

	Nacimiento	Ascendientes
Padres	1975	2
Abuelos	1950	4
Bisabuelos	1925	8
Tatarabuelos	1900	16
Trasbisabuelos	1875	32
Rebisabuelos	1850	64
Retatarabuelos	1825	128
......	1800	256
......	1775	512
......	1750	1.024
......	1725	2.048
......	1700	4.096
......	1675	8.192
	1650	16.384
	1625	32.768

	1600	65.536
	1575	131.072
	1550	262.144
	1525	524.288
Descubr. América	1500	1.048.576

Conclusión: allá por 1492, cuando Colón llegó al nuevo mundo, tus ascendientes sobrepasaban el millón de personas. Si cada uno de los actuales habitantes del planeta tuvieron 1 millón de ascendientes hace 5 siglos, imagínense ustedes lo superpoblado que debía estar el mundo, que, por lo que vemos, se está despoblando a marchas forzadas.

Dejo al niño, o al lector, descubrir la sencilla falacia que se esconde en tan "lógica" argumentación.

La idea de Leibniz

Leibniz concibió la esperanza de que incluso las disputas filosóficas tendrían en el futuro una solución basada en el cálculo matemático. Una vez convertido el mundo entero en palabras, signos y símbolos, sería fácil aportar soluciones precisas. Declaraba Leibniz que si alguien, por ejemplo, pusiera sus conclusiones sobre cualquier asunto en duda, simplemente le diría: "calculemos, señor

---

mío", y echando mano de tinta y papel dilucidarían enseguida el asunto.

¿Falta 1 euro?

En un restaurante del casco viejo de Puerto Galeote acababan de cenar Adonis, Herni, El Estudiante y El Mudo. Adonis pidió la cuenta. El camarero le comunicó que eran 30 euros. El Mudo quiso pagar la cuenta él sólo, pero los demás se opusieron. A El Estudiante, como hombre sin recursos, se le exoneró del pago y los otros tres comensales, El Mudo, Herni y Adonis, acordaron aportar 10 euros cada uno. Entregó cada uno 10 euros al camarero y éste se retiró. Al rato volvió el empleado y dijo que había un error en el cálculo, que la cuenta ascendía realmente a 25 euros y que por ello les devolvía cinco monedas de euro.

"Un hombre honesto", comentó Adonis, y tomando las cinco monedas de euro devolvió una a cada uno de los pagadores y dio las dos restantes al camarero.

En esto, Lampren, un amigo que había acudido a los postres y no intervenía en el negocio, dijo que algo estaba mal, que según sus cuentas, habían desaparecido 1 euro. Los demás le dijeron que no fuera ridículo, que las cuentas estaban claras.

-No, no -insistió Lampren-. Pensad un poco. Cada uno de vosotros ha pagado 9 euros. Entre los tres habéis pagado un total de 27 euros. Más 2 euros que le habéis dado de propina al

247

camarero, suman 29 euros. ¿Dónde está el euro que resta para hacer los 30 euros?

-Coño, pues es verdad -admitió Adonis- Falta un euro de vellón.

Herni y Adonis se pusieron a hacer números sobre una servilleta, pero siempre llegaban a la misma conclusión: faltaba un euro. El Mudo fumaba indolente y ajeno al problema. ¿Qué eran para él un euro más o menos? El Estudiante, como invitado, y para hacer honor a su académico apodo, reflexionó y trató de escarbar en sus conocimientos matemáticos para tratar de ayudar en la resolución el problema. Al final se le encendió el quinqué y manifestó:

-Y está, ya lo tengo. No falta nada. Simplemente estamos partiendo de unas premisas falsas imbuidas por este chiflado de Lampren. El problema debe encararse de la siguiente forma: De los 30 euros dados al principio, 25 fueron para pagar la cuenta definitiva, 3 devueltos por el dueño y 2 dados de propina al camarero. Eso suman 30 euros. Nada ha desaparecido. O dicho de otra forma: de los 27 euros pagados realmente, el dueño se ha llevado 25 y el camarero 2. Todo cuadra.

Los comensales celebraron la explicación de El Estudiante y denostaron al cizañero Lampren, quien reía su innata habilidad para sembrar dudas.

7.4 Las paradojas, ese hijo rebelde
de la lógica

Algunos filósofos han intentado mostrar lo que serían las matemáticas
si o bien la realidad o las matemáticas estuvieran construidas sobre diferentes
aspectos de la realidad. Por ejemplo, supongamos que siempre que dos objetos
se situasen uno al lado de otro automáticamente apareciese un tercero.
Entonces la tabla de sumar sería diferente...
Desde Zeno y sus célebres paradojas, está claro que las
matemáticas no se corresponden exactamente con el mundo.
(Bryan Bunch)

¿Implican las paradojas que el mundo es falso, como esas grietas en la arquitectura del universo de las que nos habló Borges, grietas dejadas allí por una divinidad como pistas de la falsedad de su creación? No lo sabemos. Pero lo que sí sabemos es que su anti-lógica nos deja perplejos, nos sume en la reflexión y... nos divierte. Como parte de la lógica, quizás su reverso tenebroso, examinemos algunas, pocas, de las más famosas. En otro libro, y en otro lugar, desarrollo este tema con mayor prolijidad.

1) Paradoja del mentiroso.

Sin duda, la paradoja más famosa de todos los tiempos es esta:

Epiménides, el cretense, afirma: "Todos los cretenses son
mentirosos"

¿Es Epiménides mentiroso y por tanto su afirmación, falsa? Pero si su afirmación es falsa, porque Epiménides, cretense al fin y al cabo, es mentiroso, entonces su afirmación es verdadera; pero si su afirmación es verdadera, y él es cretense, no todos los cretenses son mentirosos, lo que quiere decir que Epiménides ha mentido, pero eso hace que su afirmación sobre los cretenses sea verdadera, luego no ha mentido... y así hasta el abismo lógico.

> *Los lógicos de Atenas y posteriormente los de la Stoa, se mostraron incapaces de tratar de una forma adecuada esta paradoja. Se dice que el poeta y gramático Filitas de Cos murió prematuramente de agotamiento, debido a su desesperado intento por resolverla.*

(Por cierto que la paradoja del mentiroso, si bien atribuida a Epiménides, fue en realidad original de Eubilides, un filósofo griego del siglo IV a.n.e. Epiménides es el personaje que se toma como figurante, una mera ficción literaria).

Mis queridos amigos: no hay amigos. (Aristóteles)

2) La paradoja de Sancho Panza

En la segunda parte de **Don Quijote**, en el capítulo LI, Sancho Panza ha de enfrentarse con la siguiente paradoja: en la isla Barataria, el propietario de unas tierras exige a todo hombre que entra en sus dominios que anuncie el propósito de su visita. Si el hombre dice la verdad, se le permite pasar sin problemas; si miente, es ahorcado en una horca que hállase allí emplazada. Un bromista se dispone a entrar en los dominios de este extraño señor. El guardián de la puerta le pregunta:

"¿Adónde se dirige?"

El bromista responde: "Voy a ser colgado en esa horca que hay allí".

Si al hombre se le ahorca, será colgado injustamente, pues ha dicho la verdad. Pero si se le permite pasar, se incumple el mandato del señor, puesto que no ha dicho la verdad y no ha sido ahorcado.

3) Paradoja de Hollis.

Debida a Martin Hollis, dice así:

Dos personas en un tren, A y B, piensan cada una en un número que susurran al oído a un tercer pasajero C. Entonces C se levanta y dice: "Esta es mi parada". Pero antes de bajar del tren, se volvió y les anunció: "Cada uno de ustedes ha pensado en diferentes números positivos. Ninguno de ustedes pueden deducir cuál de ellos es mayor". C abandona el tren.

A y B continúan viaje en silencio. A, cuyo número era 157, piensa: "Obviamente B no eligió 1, pues entonces deduciría, al saber por C que nuestros números eran diferentes, que mi número es mayor. Por el mismo razonamiento, B sabe que yo no he elegido el 1. Este número, por tanto, queda excluido de la pugna. El número más pequeño que queda es el 2. Pero si B lo hubiera escogido, sabría por las palabras de C que yo no lo había escogido. Y lo mismo ocurre al revés. Luego el dos también queda excluido. Si el viaje durase lo suficiente, A iría descartando, siguiendo el razonamiento, TODOS los números

Mis palabras son muy fáciles de comprender, muy fáciles de practicar.
En el mundo nadie puede comprenderlas, nadie puede practicarlas.
(Lao Tse)

4) Paradoja de Grelling

Esta paradoja la planteó K. Grelling en 1908. Un adjetivo es *autológico* si posee las propiedades que denota. La palabra "español" es española, la palabra "corta" es corta y la palabra "polisilábica" es polisilábica. Si un adjetivo no es *autológico* es *heterológico*. Así "alemán" no es una palabra alemana, "larga" no es una palabra larga y "monosilábica" no es una palabra monosilábica. ¿Y qué ocurre con la propia palabra "heterológica"? Debe ser bien *autológica* o *heterológica*. Veamos las alternativas:

a) Si la palabra "heterológica" fuera *autológica*, habría de poseer la propiedad denotada por sí misma, y por ello debería ser *heterológica*. Por lo tanto si asumimos que esta palabra es *autológica* es por ello *heterológica*, lo que se contradice

b) Si la palabra "heterológica" fuera *heterológica*, se supone que no poseería la cualidad que ella misma denota, luego sería *heterológica*, luego sí denotaría la cualidad que expresa, lo que la haría *autológica*, lo que deviene de nuevo en contradicción.

La paradoja ha sido definida como: «La verdad puesta de cabeza para atraer la atención»

5) La paradoja de Tristram Shandy

Tristram Shandy es el narrador de la novela de Laurence Stern titulada **Vida y opiniones de Tristram Shandy, caballero**, editada en 1760. Bertrand Russel basó una paradoja en este personaje. La paradoja dice así: "Tristram Shandy, como se desprende del libro, tardó dos años en escribir la historia de sus dos primeros días de vida, y se lamentaba de que, a ese ritmo, el material se acumularía más rápidamente de lo que el podría manejar, por lo que nunca podría terminarlo. Pero yo sostengo que si viviera eternamente, y no cejara en su tarea, ninguna parte de su autobiografía quedaría sin escribir. La progresión sería como sigue:

Año de escritura	Acontecimientos cubiertos
1720	1 de enero, 1700
1721	2 de enero, 1700
1722	3 de enero, 1700
1723	4 de enero, 1700
etc.	etc.

Vemos que hay un año por cada día reseñado. Si Shandy fuera inmortal, como se aduce, en 1988 hubiera trascrito los acontecimientos que le ocurrieron hasta septiembre de 1700. Los acontecimientos que le hubieran ocurrido en 1988 los relataría allá por el año 106.840. No existe un solo día que no tenga correspondencia con otra fecha futura en la que referirá su vivencia. Por lo tanto, ninguna parte de su biografía dejaría de escribirse".

Sin embargo, Shandy se va rezagando en su escritura cada vez más. Con cada año de escritura se aleja 364 años para su terminación. El razonamiento de Russell se apoya en la teoría de los números infinitos de Cantor, que dice que si dos cantidades infinitas pueden colocarse en correspondencia de una a una, son iguales. Es lo que ocurriría con la serie de todos los números enteros y la serie de todos los números pares. Ambas son iguales, pues ambas son infinitas y poseen correlación unívoca.

El Alejandro de las paradojas

Fue Bertrand Russell (con desarrollo posterior de Tarski) quien encontró la solución y desató el nudo paradójico con su espada-teoría de los niveles de lenguaje. En el nivel más bajo del lenguaje se habla de los objetos; si queremos decir algo sobre ese lenguaje, utilizamos un metalenguaje; y si queremos decir algo sobre éste metalenguaje, utilizaríamos un meta-metalenguaje, y así sucesivamente. Al decir "Epiménides afirma: los cretenses mienten", hacemos dos aseveraciones de distinto nivel: a un nivel objetual decimos que Epiménides enuncia un hecho, afirma algo; por otro lado, a un metanivel advertimos que Epiménides dice algo acerca de la aseveración del primer nivel: que los cretenses son mentirosos.

Semejantes a las paradojas son las frases que se auto-refutan. Parecieran pertenecer a gramáticas diabólicas o ilógicas. Douglas R. Hofstadter nos regala las siguientes:

. Antes de empezar a hablar me gustaría decir...

. Soy un gran optimista porque sin optimismo, ¿qué nos quedaría?

. La mitad de las mentiras que dicen sobre mí son ciertas.

. ¡Le he concedido un crédito ilimitado y ya lo ha agotado!

. Esta especie siempre ha estado extinguida.

. La superstición trae mala suerte.

. Mi horóscopo me dice que no crea en los horóscopos.

. Dime el plural de yo (yo no tiene plural, no es nosotros)

Autorrefutación

"Nunca uses el imperativo, y también ha sido siempre incorrecto construir una frase utilizando tiempos mezclados".

(Douglas Wolfe)

Otras frases paradójicas, o casi, no todas de Hofstadter:

- "En esta frase, las últimas tres palabras "se han excluido""
- "Esta sentencia es neurótica" (Si es neurótica, pone en práctica lo que cree, luego es una frase sana y por lo tanto no puede ser neurótica, pero si es sana está afirmando lo contrario de lo que afirma, luego no es extraño que se torne neurótica)
- "Si yo fuera tú, ¿quién estaría leyendo esta frase?"
- ¡Desobedece esta orden!
- Mejor empezar a huir antes de que comience la huida.
- "La nostalgia no es lo que solía ser" (D.A. Treismann)
- Si intentas fracasar y tienes éxito, ¿qué has conseguido?

Ashleigh Brilliant acuñó el término "potshots" (se podría traducir de muchas formas, pero yo elijo "tiro ciego") para las siguientes frases de bucle doble:

- ♣ ¿Me recuerdas? Soy ese que nunca te impresiona.
- ♣ ¿Por qué los problemas vienen siempre en el peor momento?
- ♣ Debido a circunstancias fuera de mi control, soy dueño de mi destino y capitán de mi alma.

♣ Mientras te tenga a mi lado, puedo afrontar todos los problemas que me causas.

Otras frases paradojas emitidas por hombres egregios:

♦ Si existiese un verbo que significase "creer falsamente", no tendría primera persona del presente de indicativo. (Ludwig Wittgenstein, 1953)
♦ La regla de oro es que no existen reglas de oro. (G. B. Shaw)
♦ Oscar Wilde observó: «Puedo resistirlo todo, excepto la tentación».

El granjero, su hijo y el Puente del Mentiroso
(Basada en una historia del siglo XVIII de Christian Gellet)

Durante un paseo, el hijo de un granjero le dice su padre una mentira gorda. El padre le habla sobre el llamado Puente del Mentiroso, al cual se van acercando. Este puente, cuenta el padre, se viene abajo siempre que lo atraviesa un mentiroso. Después de oír tan aterradora amenaza, el hijo confiesa su mentira.

Pero nosotros nos preguntamos, ¿qué ocurrirá cuando finalmente lleguen al puente? En nuestra imaginación lógica, y diablesa, apostamos por que el puente se viniera abajo cuando lo cruzara el padre, que al fin y al cabo había mentido a su hijo.

Desventajas de ser omnisciente

Pocas cosas hay más inherentemente paradójicas que la omnisciencia. Muchas culturas creen en un ser superior que posee todos los conocimientos. Sin embargo, la omnisciencia posee en ciertas circunstancias desventajas que implican una profunda contradicción. Una de las más intrigantes paradojas de la omnisciencia se debe al físico William A. Newcomb, paradoja que despertó un enorme interés en el mundo académico.

Paradoja de la omnisciencia

Esta paradoja revela que ser omnisciente puede jugar en tu contra, es decir, conllevar desventajas. Analicémosla en el contexto de una versión letal de lo que en teoría de juegos se denomina "el juego del gallina". Se trata de dos adolescentes que se lanzan en sus coches uno contra otro en un circuito de colisión. Tú vas en el asiento de un coche viajando a toda velocidad. Tu oponente viaja en un coche idéntico a la misma velocidad pero en dirección contraria. Si ninguno de los dos cede y se pasa al otro carril, se producirá una colisión que causará la muerte de los dos. Ninguno de los dos queréis morir. Lo que cada uno de los contendientes quiere es *perseverar en su machismo y hacer que ceda el oponente, que al retirarse se convierte en "gallina". En caso de que cedáis los dos, ambos quedaríais como gallinas, pero seguiríais vivos, sin sufrir la humillación de haber sido vencido por un "gallito" más valiente.*

Ahora imagínate jugando al "gallina" con un ser omnisciente, por supuesto con poderes de percepción extrasensorial que le permite anticipar tus movimientos con certeza. Al principio crees que eso te perjudica, pues al saber él lo que vas a hacer, siempre elegirá la acción que le resulte favorable. Pero si lo piensas dos veces concluyes que la supuesta ventaja de ser omnisciente no es tal, sino una gran desventaja. Todo lo que tienes que hacer es no torcer el volante. En ese caso el señor "sabelotodo" sólo tiene dos opciones: desviarse y quedar como un "gallina" vivo, o no girar el volante y morir en la colisión. Como hemos partido del principio racional de que ambos contendientes desean vivir, al señor "sabelotodo" no le queda más remedio que girar el volante y desviarse de la línea por donde circula tu bólido ganador. Luego siempre pierde. Y eso por ser omnisciente.

7.5 Lógicas precipitadas y algunos acertijos

7.5.1 ¿Es posible en matemáticas llegar a reglas falsas partiendo de datos ciertos?

Supongamos que un aficionado al cálculo, por curiosidad, quisiera confeccionar una regla para determinar la raíz cuadrada de números de cuatro dígitos. Todos sabemos que la raíz cuadrada de un número es otro número que, multiplicado por sí mismo, arroja como resultado el número de partida. Esto es un axioma matemático. Sigamos con nuestro aficionado al cálculo y supongamos que para su análisis elige los siguientes tres números: 2025, 3025 y 9801.

Comencemos con el número 2025. Realizando los cálculos apropiados averiguamos que la raíz cuadrada de este número es 45, o lo que es lo mismo: 45 x 45 = 2025. Pero este aficionado observa, curiosamente, que 45 se obtiene sumando 20+25, que son las dos mitades del número 2025. Lo mismo ocurre con el número 3025, cuya raíz cuadrada es 55. Este número también puede obtenerse sumando 30+25, las dos mitades del número 3025. Y otro tanto sucede con el número 9801. La raíz cuadrada de este número es 99, esto es, 98+01. Si el matemático aficionado sólo contase con estos tres ejemplos y no investigase más, podría llegar a la falsa regla de que la raíz cuadrada de cualquier número de cuatro dígitos puede hallarse sumando los números de sus dos mitades. La regla inferida sería: "Para hallar la raíz cuadrada de un número de cuatro dígitos, divide el dígito en dos mitades y suma los dos números así obtenidos. La suma será la raíz cuadrada del número en cuestión". ¿q.e.d.?

♠ Otro caso. Imaginemos que un estudiante del último curso de primaria, bregando con las fracciones, utiliza el siguiente proceso de reducción:

1 6 / 6 4 , eliminando los números iguales 1 6̶ / 6̶ 4 , daría 1 / 4

ó,

1 9 / 9 5 , eliminando los números iguales 1 9̶ /̶9̶ / 5, daría 1 / 5

El resultado que presentaría a la profesora sería correcto, pero el método utilizado no lo es. Y si no, prueben a realizarlo con otras fracciones y verán.

El duro examen de Eduardo

Eduardo tuvo un examen oral. Debía contestar bien a cuatro de siete preguntas. Terminada la pregunta sexta, Eduardo tenía acertadas tres. Sólo quedaba una y no debía fallar. El profesor, que era un capullo, le dijo que le iba a hacer una pregunta capciosa y que si la fallaba tendría que volver en septiembre. La

---

pregunta que el maligno profesor le hizo fue: ¿Aprobarás éste examen?

Eduardo reflexionó largamente y, como lo importante no era tanto acertar como no fallar, dio la respuesta que impedía al maligno profesor suspenderle. ¿Qué contestó Eduardo?

Solución: *Contestó "no". Con esta respuesta creó una paradoja insoluble que impidió al profesor suspenderle. Si el profesor le dijera que la respuesta era "sí", le tendría que suspender, pero entonces Eduardo, que había contestado que no iba a pasar el examen, hubiera acertado, luego le tendría que aprobar, pero si aprobaba... Si el profesor dijera que la respuesta era "no", Eduardo hubiera acertado, por lo tanto tendría que aprobar el examen, lo que a su vez conllevaría que había fallado la pregunta, pues había contestado que no iba a superar el examen, luego tendría que suspender... Así las cosas, el cerebro del profesor comenzaría a echar humo, descubriéndose así que se trataba de un robot al servicio del Ministerio de Educación...*

7.5.2 Lógicas borrosas

Considera la siguiente estructura, que llamamos A:

A:1 2 3 4 5 5 4 3 2 1

Ahora considera otra estructura que llamaremos B:

B: 1 2 3 4 4 3 2 1

La pregunta es: ¿Qué es a B lo que 4 es a A? O para utilizar un idioma de papeles: ¿Qué es lo que juega en B el papel del 4 en A?

Posibles soluciones: la más "lógica" sería "3", y es la que suele dar la mayoría de las personas. La justificación es que 4 precede a la pareja central (55) en A, y la pareja central de B es 44, que es precedido por el 3. Y ahora un poco más difícil. Veamos la estructura C. ¿Cuál sería el equivalente en C del 4 en A?

C:1 2 3 4 5 6 6 6 6 5 4 3 2 1

La pareja central en C es 66, que a su vez está flanqueada por seises. ¿Es entonces 6 para C lo que 4 es para A? Alguna gente prefiere el 5, aunque es perfectamente lógico insistir en el 6. Los partidarios del 5 se basan en un instinto que generaliza la noción "par central" a una "meseta central" o "planicie central" o "serie central".

Sigamos con el papel del 4. Para ello consideremos la siguiente estructura D:

D: 1 1 2 2 3 3 4 4 5 4 4 3 3 2 2 1 1

Aquí se produce una inversión: no hay par central, hay un número en el centro y a ambos lados pares de números. Algunos elegirían el 4, pues es el más próximo al 5 central, pero, ¿qué me dicen del 44? Se trataría de elegir una pareja en vez de un número sólo, pero a fin de cuentas los números solitarios se han transformado en parejas y viceversa. Sería demasiado estricto no dejar cambiar de números solos a parejas.

> *Lógica inversa*
>
> *Si puede tocarse un reloj sin pararlo, ¿sería posible ponerlo en marcha sin tocarlo?*

7.5.3 Lógica enferma

> *Hay un goce subversivo en ver tambalearse*
> *a la lógica como un castillo de naipes.*
> *(William Poundstone)*

Anatol Rapaport informa del siguiente experimento realizado por Martin Shubik donde un dólar fue subastado por la cantidad de 3,40 dólares. El juego consiste en pujar por un billete de 1 dólar, pero respetando la siguiente regla: el que quede segundo pujador pagará lo que haya pujado sin llevarse nada, pues el dólar se lo llevará el ganador de la subasta. Esta singular condición, una vez comenzada la subasta, obliga al que va segundo a pujar por encima del que va en cabeza, so pena de pagar por nada. Pero a su vez, este nuevo "segundón", tenderá a pujar más alto para evitar tener que pagar por nada. El resultado es que se crea una espiral de pujas hasta que ambos contendientes se dan cuenta de que están perdiendo dinero cada vez que aumentan su postura. Al final, siempre se paga más de un dólar por el dólar, demostrando la irracionalidad del comportamiento humano dadas ciertas condiciones. Esto proceder es el que adoptan las potencias nucleares que no dejan de aumentar el arsenal destructivo a medida que su rival lo aumenta.

Acertijo de lógica retorcida

¿Cuál es el siguiente número de la secuencia?

1, 2, 9, 16, ...?

A primera vista, y guiado por una lógica ingenua de colegial, uno diría que 25, pues supone que la serie refleja los cuadrados, en orden creciente, de los números enteros.

1^2, 2^2, 3^2, 4^2, ...

y que el próximo sería 5^2, o sea, 25.

Pero no, algunos matemáticos son tan retorcidos que nos podrían asegurar que el siguiente número de la secuencia citada es 49. De acuerdo con el matemático retorcido, esos números responderían a la fórmula:

$$(n - 1)(n - 2)(n - 3)(n - 4) + n^2$$

*Y sólo habría que ir reemplazando **n** por 1,2,3,4,5....*

7.5.4 Casos de mentes dementes

♠ El mago Houdini le dijo a Miss Tery:

-¿Me creerías si te digo que tengo un hijo?

-¿Y por qué no?

-¿Y me creerías también si te dijera que todo el mundo quiere a mi hijo?

-Sí, si tú me lo dices -replicó Miss Tery.

-¿Y me creerías también si te dijera que mi hijo me quiere sólo a mí?

-No veo por qué no.

-¡Ah -exclamó Houdini-, si creyeras *todas* esas cosas caerías en una profunda incoherencia!

-¿Por qué? - preguntó Miss Tery.

-O al menos llegarías a una conclusión muy absurda: no crees que yo soy mi propio hijo, ¿verdad?

-Claro que no -respondió ofendida Miss Tery.

-Pues tendrías que creerlo si creyeras en todas las otras cosas.

-¿Por qué?

Solución: Si suponemos que todo el mundo quiere al hijo de Houdini, también su hijo (que forma parte de "todo el mundo") quiere a su hijo. Y si el hijo se quiere a sí mismo y *sólo* quiere a Houdini, se deduce lógicamente que Houdini es su propio hijo.

♠ El maestro zen Xo Xin, después de peregrinar por toda la China, llegó al santuario donde esperaba hallar la respuesta a la pregunta que lo atormentaba desde su juventud: "¿Por qué hay algo en lugar de nada?" Xo Xin penetró en el santuario y se topó con dos sacerdotes, aposentados en dos tronos dorados. Un sacerdote vestía túnica blanca y el otro, túnica roja. Un acólito advirtió a Xo Xin de que uno de los sacerdotes siempre contestaba la verdad a cualquier pregunta que se le formulase, mientras que el otro sacerdote siempre mentía, pero que no le podía decir quién era quien. También le informó que sólo podía hacerles una pregunta. Xo Xin meditó unos instantes y les hizo la siguiente pregunta: "¿Por qué hay algo en lugar de nada?"

El sacerdote de la túnica blanca contestó: "Soy el sacerdote que siempre miente y no sé por qué hay algo en lugar de nada".

El sacerdote de la túnica roja contestó: "Soy el sacerdote que siempre dice la verdad y no sé por qué hay algo en lugar de nada".

¿Sabe alguno de los sacerdotes por qué hay algo en lugar de nada?

Solución: Sí, el sacerdote de la túnica blanca (que es el que siempre miente) sabe por qué hay algo en lugar de nada. El sacerdote de la túnica blanca no podía ser el que dice la verdad, pues no diría que miente, luego se trata del sacerdote que siempre miente. Y puesto que no ha mentido en la primera parte del enunciado debe mentir en la segunda (allí donde dice que no sabe la respuesta a la pregunta), para que la frase sea mentira. El otro sacerdote, el de la túnica roja, siempre dice la verdad, y no sabe la respuesta.

♠ En una sesión de psicoterapia, uno de los asistentes dice: "Yo he mentido solamente tres veces en mi vida". A lo que el responsable

de la sesión replica: "Entonces ésta ha sido su cuarta mentira".
¿Tiene razón el responsable de la sesión?

Solución: No, nunca podría tener razón. Si el paciente hubiera dicho la verdad no hubiera mentido y si hubiera mentido, por el mero hecho de hacerlo, no sería cierto que sólo hubiera cometido tres mentiras, luego la afirmación nunca sería la cuarta. Para que fuera la cuarta tendría que haber dicho la verdad y mentir al mismo tiempo, algo imposible, salvo que se sea un político avezado.

♠ Estás al volante de tu coche y circulas a velocidad constante. A tu izquierda hay un precipicio. A tu derecha un camión de bomberos que circula exactamente a la misma velocidad que tú. Delante de ti cabalga un cerdo que es más grande que tu coche y detrás te sigue un helicóptero a ras de suelo, ambos a la misma velocidad que tu vehículo. ¿Que haces para pararte?

Solución: Bajarte del tiovivo.

La historia lógica más bella jamás contada

Los ojos de las esclavas

El príncipe Cide Hamete Benengeli visitó la India invitado por el Rajah de Kusnamora. Durante la cena en su honor, el príncipe, conocido por su habilidad en resolver enigmas, fue enfrentado por el Rajah con la siguiente prueba:

-Oh sabio príncipe, acabo de adquirir cinco esclavas de un príncipe Mongol. De parecida figura y similar edad, dos de ellas tienen ojos negros y las otras tres, azules. Las dos esclavas que poseen ojos negros siempre responden con la verdad a cualquier pregunta que se les formule, mientras que las tres de ojos azules son unas mentirosas irredentas y nunca contestan la verdad. En breves instantes las cinco serán traídas a tu presencia, sus rostros cubiertos con velos opacos que ocultan sus rostros. Nos placería que tú, oh príncipe, descubrieras cuáles de ellas tienen ojos negros y cuáles tienen ojos azules. Para ello puedes preguntar sólo a tres de las cinco esclavas y sólo una cuestión a cada una. Con las tres respuestas debes adivinar el color de los ojos de todas ellas, y explicar el razonamiento que te ha llevado a la solución. Las preguntas deben ser sencillas, al alcance del entendimiento de las esclavas.

Cide Hamete se levantó, hizo una reverencia a su amigo el Rajah y se aprestó a realizar la prueba. Las cinco esclavas entraron en la sala. Con los rostros cubiertos por espesos velos, fueron colocadas frente a Cide Hamete.

-Aquí las tienes –dirigiose el Rajah al príncipe Cide Hamete-. Recuerda que dos de ellas, las que tienen ojos negros, contestan siempre con la verdad y las otras tres, de ojos azules, siempre mienten.

Cide Hamete se acercó a la esclava situada a la derecha y le preguntó:

-¿De qué color son tus ojos?

La muchacha contestó en un idioma ininteligible para los presentes, quienes mostraron su asombro con incontrolados murmullos. El Rajah, cortando los comentarios, ordenó que las respuestas siguientes fueran dadas en un idioma que Cide Hamete pudiera entender. Cide Hamete no pareció contrariado por este pequeño problema y se acercó a la segunda esclava empezando por la derecha, y le preguntó:

-¿Cuál ha sido la respuesta que tu compañera acaba de dar?

La segunda esclava contestó:

-Ha dicho: mis ojos son azules.

Cide Hamete meditó unos instantes la respuesta y se dirigió a la tercera esclava, la que se hallaba en el centro de la fila:

-¿De qué color son los ojos de las dos muchachas que acabo de preguntar?

La tercera muchacha contestó:

-La primera chica tiene ojos negros y la segunda ojos azules.

Cide Hamete reflexionó un momento y, volviéndose al Rajah, dijo así:

-Querido anfitrión, tengo la solución al problema. La primera esclava de la derecha tiene los ojos negros, la segunda azules, la del medio negros y las dos restantes, por eliminación, azules.

Las cinco esclavas se quitaron el velo y dejaron al descubierto sus rostros. Murmullos de admiración surgieron de entre los presentes en la sala. Cide Hamete había adivinado correctamente el color de los ojos de todas las esclavas.

-Veo que tu fama es merecida, oh príncipe. Pero para que saboreemos mejor tu éxito, ¿podrías decirnos cómo has llegado a tan certera conclusión?

-Con mucho gusto, distinguido anfitrión. Cuando pregunté a la primera muchacha cuál era el color de sus ojos, yo sabía de antemano que la respuesta debía ser: "Mis ojos son negros", porque si la muchacha tenía ojos negros diría la verdad y si tenía ojos azules mentiría, con lo que también diría que eran negros sus ojos. Como yo ya conocía la respuesta, cuando la esclava contestó en un idioma desconocido, en vez de perjudicarme, me ayudó. Pretendiendo no haber entendido, pregunté a la segunda esclava qué repuesta había dado su compañera. Ésta, como recordaréis, me contestó que la respuesta de su compañera fue: "Mis ojos son azules". Esta respuesta probaba que la segunda esclava mentía, pues como ya he explicado anteriormente, la respuesta por fuerza debía ser: "Mis ojos son negros". Por lo tanto, la segunda esclava tenía ojos azules. Con esta información, me dirigí a la tercera esclava, a quien pregunté el color de los ojos de las dos compañeras ya cuestionadas. Su respuesta fue que la primera tenía ojos negros y la segunda ojos azules. Como yo ya sabía que la segunda tenía ojos azules, constataba de esta forma que la muchacha no mentía, y que por ello tenía ojos negros. Pero ella también me había dado la información clave: que la primera esclava interrogada tenía ojos negros. Por lo tanto ya tenía a las dos muchachas de ojos negros identificadas, y por ello resuelto el problema: las demás, por exclusión, tenían ojos azules.

El príncipe Cide Hamete Benengeli fue calurosamente felicitado.

VIII – 99 % ESTADÍSTICAS... Y CIERTAS PROBABILIDADES

8.1 Probabilidades

En el fondo, la teoría de probabilidades
es sólo sentido común reducido a cálculo.
(Laplace)

¿Qué probabilidad tenemos de morir de determinado riesgo o enfermedad? La probabilidad de "no" morir en un accidente de automóvil es de un 99 %, mayor que la de no morir en un accidente doméstico, calculada en un 98 %. Tenemos un 95 % de probabilidades de librarnos de una enfermedad pulmonar, un 90 % de escaparnos de la locura, un 80 % de no padecer cáncer y un 75 % de no morir de una afección cardiaca. Si la probabilidad de librarse de cada una de estas enfermedades por separado es alta, no lo es la probabilidad conjunta de librarse de alguna de ellas. Si suponemos que las desgracias anteriormente enumeradas son independientes, debemos multiplicar todas las probabilidades citadas, lo que nos arroja un 50 % de probabilidad de **no** perecer por cualquiera de los riesgos mencionados en tan corta lista. Lo cual ya no resulta tan optimista. La probabilidad se iría reduciendo a medida que aumentásemos los tipos de riesgo. Y si incluyéramos

TODOS los tipos de riesgo de muerte, sin excluir el deterioro por vejez, la probabilidad, como era de esperar, es del 100 %. Q.e.d. (¿o R.i.p.?)

Un objeto posible, aunque extremadamente improbable, debe realizarse en cualquier evento del espacio tiempo.
(Tulio Regge)

Como se infiere de la pequeña introducción, la probabilidad es la medición numérica de que ocurra o no ocurra un suceso. El cálculo de probabilidades nació en el siglo XVII como un medio para comparar el valor de distintas alternativas que se presentaban en los juegos de azar; pero muy pronto encontró aplicación dentro de la estimación de riesgos en el negocio de rentas vitalicias y seguros.

Sin embargo, más de uno se preguntará: ¿Para qué sirve conocer la probabilidad de que ocurra un suceso? Así de primeras, y retornando a su probable origen, se me ocurre que puede resultar útil para dirimir asuntos relacionados con el juego de pelota. Como en el siguiente ejemplo:

"Pepe y Paco están jugando a un juego de pelota. Existe una apuesta que asciende a 1.000 euros. Se han puesto de acuerdo en considerar ganador al primero que logre ganar 6 juegos. Ocurre un incidente y la partida se detiene, por mutuo acuerdo, cuando Pepe lleva ganados 5 juegos y Paco 3. ¿Cómo debería repartirse el monto de la apuesta? Un asistente propone que puesto que se han jugado 8 juegos, el dinero se reparta entre los jugadores en la proporción 5/8 y 3/8. ¿Es justo el reparto?

Si no se conoce la teoría de probabilidades, podría cometerse una injusticia en el reparto, como la mencionada y poco equitativa propuesta del asistente, de repartir 5/8 y 3/8. ¿Cuál sería el reparto justo atendiendo a un correcto cálculo de probabilidades?

Solución: La probabilidad de que Pepe ganase la partida es: 7/8: ½ + ¼ + 1/8 (le bastaría con ganar el siguiente juego, o el siguiente o el otro) y la de Paco 1/8 (tiene que multiplicar la probabilidad de ganar los tres siguientes juegos ½ * ½ * ½). El reparto justo de la apuesta debería hacerse, en consecuencia, dando siete partes a Pepe y una sola para Paco.

Por siempre Marilyn

¿Cuál es la probabilidad de que el lector (en este caso hombre), al hacer una inspiración profunda, inhale una de las moléculas que exhaló Marilyn Monroe en su último suspiro?

Las hipótesis de partida son que aquellas partículas (moléculas) aún están libres y uniformemente repartidas en la atmósfera. Pues bien, si hay N partículas en la atmósfera y las exhaladas por Marilyn fueron A, la probabilidad de que cualquier molécula inhalada por el lector NO proceda de las de Marilyn será:

1-A/N

*Pero, suponiendo igual capacidad pulmonar al lector que a Marilyn Monroe, el número de partículas aspiradas por el lector es A, luego la probabilidad de que **ninguna** proceda de la apetecible actriz es:*

$$(1 - A/N)^A$$

Sustituyendo los valores normales para A y N, esto es: A = 0,8 litros = 2,2 x 10^{12} moléculas, y N = 10^{44} moléculas, se obtiene que la probabilidad de que al menos una partícula de las inhaladas por el lector (preferiblemente hombre) provenga de la famosa sex symbol es:

$$P = 1 - (1-A/N)^A = (1 - (2,2 \times 10^{22})/10^{44})^{2,2 \times}$$

1022

que es aproximadamente 0,99, o lo que es lo mismo, un 99 %. ¿No es excitante?

Otra aplicación práctica de las probabilidades podría ser la de determinar el mejor momento para comprar lotería en el Estado de California. Con ello daríamos cumplida respuesta a una pregunta que debe pasar por la mente de todos los loteros californianos: ¿Por qué los habitantes de California compran sus boletos de lotería el día anterior al sorteo y no antes? Ello es debido a las estadísticas, y a las probabilidades que resultan de su aplicación. Y es que la probabilidad de ganar la lotería es 1 entre 18.000.000, que es aproximadamente la misma probabilidad que tiene un californiano de perecer arrollado por un coche en un período de 24 horas. Ello implica, por medio de un sencillo cálculo, que si compran el billete de lotería dos días antes del sorteo, la probabilidad de no recoger el premio por haber muerto arrollado por un vehículo es mayor que la probabilidad de obtener el premio. Luego la tendencia de los californianos a comprar el décimo de lotería justo el día anterior al sorteo es puro sentido común... probabilístico.

Acertijo

Es de noche. Herny no sabe dónde coño está el interruptor de la luz. Sumido en una enorme resaca, abre con dificultad el cajón de los calcetines donde sabe que tiene, sin emparejar, 10 calcetines negros y 10 calcetines grises. ¿Cuántos debe sacar como mínimo para estar seguro de que al menos un par de calcetines son del mismo color?

Solución: Basta con tres: si los dos primeros son de distinto color, el tercero será necesariamente del color de uno de los dos que ya ha sacado.

8.1.1 Una aplicación cotidiana del cálculo de probabilidades

La coincidencia de los cumpleaños

Un ejemplo interesante del cálculo de probabilidades es el denominado problema de la coincidencia de cumpleaños. Si alguien le preguntara si ha sido invitado a dos cumpleaños el mismo día, seguramente contestaría que semejante coincidencia es muy improbable ya que usted apenas si tiene 24 amigos de los que recibir esa clase de invitaciones y que los días del año son 365. Sin embargo, aunque parezca increíble, su juicio es erróneo. La verdad es que es muy probable que entre 24 personas exista un par, o varios, cuyos cumpleaños caigan en el mismo día. De hecho, hay más probabilidades de que ocurra esto a que se dé lo contrario.

Veamos cómo se llega a esta conclusión con unos simples cálculos de probabilidades. Primero calculamos la probabilidad de que entre 24 personas todo el mundo tenga un cumpleaños diferente. Acudimos donde el primer amigo y le preguntamos su fecha de nacimiento, que obviamente debe caer dentro de los 365 días del año. Ahora, ¿cuál es la probabilidad de que la fecha del segundo amigo al que preguntamos sea "diferente" de la del primero? Obviamente la probabilidad es de 364 oportunidades sobre 365 días ó 364/365.

Similarmente, la probabilidad de que la tercera persona posea un cumpleaños que no coincida con los otros dos sería 363/365, ya que han de excluirse dos días del año, ya ocupados por fechas conocidas. Repitiendo el proceso, las probabilidades de que los cumpleaños de los restantes amigos no coincidan con las fechas ya dadas, sería: 362/365, 361/365, 360/365… y así hasta el último de los 24 amigos, cuya probabilidad de que su fecha no coincida con ninguna de las anteriores es, obviamente:

$$(365-23)/365 \text{ ó } 342/365$$

Como lo que tratamos de averiguar es la probabilidad de que dos de estos cumpleaños coincidan, tenemos que multiplicar las fracciones anteriormente mencionadas, así obtendremos la probabilidad de que todos los amigos tengan fechas diferentes de cumpleaños:

$$364/365 \times 363/365 \times 362/365 \times… 342/365$$

Esto arroja que la probabilidad de que entre 24 amigos **NO** haya dos fechas que coincidan es de 0,46, o 46 %. Lo que a su vez, invirtiendo la cifra, nos dice que la probabilidad de que **SÍ** coincidan dos o más fechas es de un 54 % ó 0,54. ¿No es chocante? Por lo tanto, si tienes más de 25 amigos y nunca has tenido que partirte para acudir a dos fiestas el mismo día, puedes concluir con ciertas garantías que alguno de ellos se está escaqueando de la celebración.

Miles de historias que pronuncia, y cree, el ignorante, se desvanecen en el momento en que las toma en sus manos el calculista.

(Samuel Johnson)

8.1.2 Una aplicación no cotidiana del cálculo de probabilidades

La ruleta… soviética

Imagine que es usted un menchevique en manos de los bolcheviques. En aras de la nueva justicia revolucionaria ve usted forzado a jugar a la ruleta rusa con un revólver de seis tiros. Se le obliga a girar el tambor, colocar el cañón en la sien y apretar el gatillo. ¿Cuál es la probabilidad de que demuestre su culpabilidad horadándose la cabeza? La probabilidad es 1/6 ó 1,1666. Imaginemos que lo hace, y que suena un clic que le hace apreciar mejor los rostros semitártaros que le rodean. Pero ahí no acaba su ordalía, pues se le obliga a repetir la prueba. ¿Cuál es la probabilidad de que siga contemplando las maravillosas paredes de su celda después de esa segunda intentona? Para cálculos de este tipo, apropiados para suicidas impulsivos o reos de ciertas justicias revolucionarias, lo mejor es calcular la probabilidad de que el luctuoso suceso **NO** suceda, esto es 5/6 ó 0,83 para cada intento. Si multiplicamos seis veces por sí mismo esta cantidad, obtenemos 0,335. La probabilidad de que una bala te perfore el cráneo tras seis intentos es, por tanto, la inversa de esa cantidad, a saber: 1-0,335, o lo que es lo mismo: 0,665. Lo que indica que cuando introducimos la variable tiempo, las probabilidades aumentan.

Demos tiempo a lo posible, y ocurrirá.
(Heródoto)

8.1.3 Una aplicación peculiar del cálculo de probabilidades

La compañía de seguros y la lotería primitiva

Una mutua de seguros británica ofreció a cierta compañía un seguro contra la posibilidad de que alguno de sus empleados considerados imprescindibles ganase la Lotería Primitiva y, debido a ese golpe de suerte, abandonase la empresa. Así, a primera vista, sin cálculos previos, la propuesta les pareció interesante, sobre todo porque las primas a pagar no eran muy altas. Pero un matemático de la empresa, aficionado al cálculo de probabilidades, analizó el caso con detenimiento. Se preguntó: ¿cuál es la probabilidad de que un individuo gane el primer premio de tan apetecible lotería?

Como bien es conocido, en la lotería primitiva el jugador elige seis números de un total de 49. Imaginemos que la combinación es 2, 6, 12, 24, 27 y 41. ¿Cuál es la probabilidad de que uno de tus números salga en el sorteo? Claramente 6/49. Si el primer número que sale es uno de los tuyos, la probabilidad de que el segundo también lo fuera, sería 5/48. Y así sucesivamente. Luego la probabilidad de que una persona acierte los 6 números sería:

$$6/49 \times 5/48 \times 4/47 \times 3/46 \times 2/45 \times 1/44 = 1/1.398.3816$$

De lo que se deduce que la probabilidad de que alguien gane a la lotería primitiva en un sorteo determinado, es de uno dividido entre casi catorce millones.

Normalmente el bote de la primitiva puede llegar a 6 millones de euros. Una apuesta cuesta 0,6 euros. Con los datos anteriores, las expectativas de beneficio de un jugador, asumiendo un número elevado de jugadores y que sólo él ganase el primer premio, serían:

$$(6.000.000/13.983.816) - 0,6$$

Lo que, en términos profanos, y una vez realizado el cálculo, significa que cada persona experimenta una pérdida de 0,17 euros por apuesta.

Volviendo al caso del seguro contra la posibilidad de que una persona "imprescindible" para la empresa ganase el primer premio a la lotería primitiva, parece a todas luces excesivo asegurar riesgo tan pequeño. La probabilidad de que ese "irremplazable" ejecutivo perezca en un accidente de tráfico, es mucho mayor. Lo que aconsejaría invertir mejor en airbags para los coches de esos mismos ejecutivos que en primas contra los efectos desertores de la lotería primitiva.

En resumen, la empresa, so pena de pecar de incauta, debe rechazar la oferta de la mutua de seguros.

Los jugadores de lotería se nutren de la esperanza de ganar un gran premio que les retire, pero esa esperanza les impide formular y perseguir metas más realistas. Pagan doble por un sueño. Pierden dinero y oportunidades.

(A. K. Dewdney)

8.1.4 Una aplicación aún más peculiar del cálculo de probabilidades

La suerte de Villadicha

¿Qué es el peligro, sino probabilidad de desastre por unidad de tiempo?

(D. R. Hofstadter)

En la ciudad de Villadicha, un diablo reúne al pueblo y les dice: Tengo buenas y malas noticias para vosotros. Primero las malas. ¿Conocéis el reloj de la torre municipal que da la hora mediante campanadas? Bien, pues he arreglado el mecanismo para que cada vez que dé la hora exista una probabilidad entre 100.000 de que ocurra una cosa muy, pero que muy mala. Y es que he conectado al mecanismo que da la hora una mano robot con cinco dados que, en el momento de tocar la campana, los arrojará sobre una bandeja instalada al efecto. Si de la tirada saliesen cinco "7" una gran nube tóxica se cernería sobre Villadicha y acabaría con todos sus habitantes. Esa es la mala noticia.

Ahora la buena noticias. Los habitantes podéis prevenir que tal cosa suceda enviándome postales a la dirección de la torre. Y es que yo adoro las postales. Me chiflan. Eso sí, deben estar escritas a mano, no impresas, ni copiadas ni nada que las haga perder autenticidad. Cuantas más postales, mejor. Este es el trato. Estimo que cada postal cuesta 4 minutos escribirla. Por cada postal, o sea, por cada 4 minutos perdidos al día para hacerme feliz, ralentizaré el reloj del ayuntamiento un poquito durante ese día. Esto quizás desincronice sus relojes, pero lo considero un mal menor. Y ustedes se preguntarán, ¿por cuánto ralentizaré el reloj? Por un factor de 1,00001. Vale, ya sé que no parece mucho, pero imaginad que cada uno de los 20.000 habitantes de Villadicha me envía una postal. Esto representan 20.000 postales, y el factor de retraso será 1,00001 elevado a la potencia 20.000, lo que arroja 1,2, es decir, que el reloj dará las campanadas cada 72 minutos.

Sí, ya sé lo que me van a decir, que 72 minutos es apenas un poco más de una hora. Pero eso también depende de vosotros. Imaginad que recibo 160.000 postales. Bien, en ese caso, al día siguiente mostraré mi gratitud retrasando el reloj por un factor de 1,00001 elevado a la potencia 160.000, y eso es ya una cifra considerable, a saber, casi 5. Eso significa que las campanas horarias sonarán cada cinco horas, lo que significa que la mano siniestra sólo arrojará los dados cinco veces en un día en vez de las 24 veces que le correspondería. Y esas 160.000 postales no os costarían mucho esfuerzo, apenas 8 postales por habitante, nada, media hora de trabajo. En resumidas cuentas, a partir de este momento haré que el reloj dé las campanadas cada x horas, siendo x definida por la siguiente fórmula:

$$X = 1.00001^N$$

Donde N es el número de postales recibidas durante el día anterior. Si no recibo ninguna, N será cero y el factor permanecerá en 1,00001. Espero sus postales. Ah, antes de que se me olvide, no intentéis desarmar el brazo robot de la torre, porque inmediatamente el gas letal descenderá sobre vosotros. Y tampoco tiene sentido que os cambiéis de población, pues en cada uno de los pueblos del planeta he establecido el mismo peaje. Lo siento.

La gente al principio se alarmó, hubo reuniones en el ayuntamiento, algunos empresarios ofrecieron donaciones para pagar a escritores de postales. Todo era algarabía, alboroto y preocupación. Algunos jóvenes compraron postales y comenzaron a escribir de inmediato. Pronto las existencias de postales se agotaron.

Pero pasaron los días, las campanadas de la torre del ayuntamiento siguieron dando las horas como antes y no pasaba nada; la gente se fue olvidando del asunto. Y vinieron las fiestas patronales, y con ella los bailes y las ferias. La gente se divirtió de lo lindo. Pasadas las festividades, sólo media docena de personas seguían intentando recordar a la gente del peligro que corrían, pero se topaban con la indiferencia general: "total, de algo hay que morir", "siempre hemos vivido en peligro".

Un matemático de la población comprobó las matemáticas del diablo y llegó a la conclusión de que eran correctas. Incluso realizó más cálculos. Computó las horas que había en un mes: 720, lo que significa que hay 720 oportunidades al mes de que la nube de gas descendiese sobre Villadicha. Sabiendo que la probabilidad de esta ocurrencia es 1 entre 100.000, averiguó que cada mes la probabilidad de que la nube apareciera sobre Villadicha era apenas un poco menor que 1 entre 100. Siguiendo el cálculo, dedujo que en un año la probabilidad de que Villadicha resultase gaseada era de 1 entre 12. Para muchos de los habitantes, esa cifra todavía parecía poco apocalíptica, pero en un período de 8 años la probabilidad de que ocurriera el luctuoso suceso era de casi el 50 %, la misma probabilidad de que salga cara, o cruz, al arrojar una moneda al aire. Lo cual ya no constituía una perspectiva agradable. Pero los vecinos, vencidos por la rutina, dejaron pasar el tiempo.

Corolario descorazonador

Una organización elaboró hace unas décadas un índice de peligro con respecto a un holocausto nuclear. Denominó a su medición: **Boletín del reloj**, y medía el peligro de la destrucción nuclear del planeta en minutos que faltaban para la medianoche. Si faltase dos minutos, por ejemplo, la situación sería mucho más grave que si faltasen 10 minutos. Basándose en esos cálculos, Douglas R. Hofstadter elaboró una fórmula que transformaba esos números en lo que bautizó "Porcentaje Wald", y que supuestamente medía la probabilidad anual de una guerra nuclear. La tabla quedaría como sigue:

Boletín del reloj (minutos antes de medianoche)	Porcentaje Wald (probabilidad por año)
1 min	20 %
2 min	10 %
3 min	7 %
4 min	5 %

5 min	4 %
7 min	3 %
10 min	2 %
12 min	1.5 %
20 min	1 %

La ecuación que transforma una tabla en la otra es: $W=20/B$

Durante los períodos álgidos de la guerra fría, se calcula que estuvimos a dos minutos de la medianoche.

Marilyn vos Savan
y el problema de las puertas

Marilyn vos Savan es el ser humano vivo que ostenta el mayor índice de inteligencia del que se tenga noticia. Si usted, lector, o yo, como mucho podemos llegar a tener un índice (IQ) de aproximadamente 110 ó 120 (siendo generosos), y si a partir de 150 se considera a una persona en la frontera para ser considerada un genio, esta señora tiene 228. No se conoce un ser vivo con mayor coeficiente. Pues bien, Marilyn escribe una columna en la revista Parade, columna que se titula "Pregúntale a Marilyn" y que es muy popular. Su reputación como matemática no se benefició, sin embargo, con su libro The World's Most Famous Math Problems (Los problemas matemáticos más famosos del mundo) publicado en 1993, y donde cuestionaba no sólo la validez de la prueba de Wiles sobre el último Teorema de Fermat sino incluso la misma Teoría de la Relatividad.

Pues bien, en su columna del 9 de septiembre de 1990, vos Savan contestó a un conocido problema de probabilidades remitido por un lector. Hacía referencia a un concurso, Monty Hall, entonces popular en la televisión, donde al participante se le ofrecían tres puertas. Detrás de una de ellas había un coche y detrás de las otras dos una cabra (o premio de similar *significancia). El concursante elige, por ejemplo, la puerta 1, y el presentador, que sabe dónde se esconde el coche, le abre otra puerta, donde se ocultaba una cabra. Entonces el presentador le da la oportunidad de elegir entre las dos puertas restantes. El concursante se encuentra con el dilema de mantener la puerta elegida o cambiarla. ¿Qué debería hacer? Vos Savan aconsejaba, sin ninguna duda, cambiar de puerta. Argumentaba que mantener la puerta elegida proporciona 1/3 de probabilidades de ganar, pero que cambiando de puerta la probabilidad subía hasta los 2/3. Para convencer a sus lectores proponía que imaginaran un millón de puertas: "Usted elige la puerta número 1. Entonces el presentador, que sabe dónde se esconde el coche, abre todas las puertas excepto la nr. 777.777. Usted se cambiaría inmediatamente a esa puerta, ¿no es así? Esta solución, que **vos Savan** daba por evidente, por lo visto no lo era tanto. No bien apareció la solución en su columna, el correo la inundó con protestas de multitud de lectores, muchos de ellos matemáticos. Todos mantenían que las probabilidades eran las mismas para cada puerta, es decir, un 50%, no dos tercios a favor de cambiar de puerta. Las cartas remitidas por matemáticos eran las más ofensivas, acusándola de difundir errores matemáticos entre el público poco preparado en esta materia y le exigían que reconociese su error. Sostenían con tenacidad que, confrontado el concursante con dos puertas, las probabilidades de que el coche estuviera en una de las dos era sencilla, y obviamente, del 50 %.*

Como defensa de su tesis, *vos Savan* incluyó en su siguiente columna una tabla como la que a continuación presentamos:

Puerta 1	Puerta2	Puerta 3	Resultado
(eliges la puerta No.1 y la mantienes sin cambiar)			
Coche	Cabra	Cabra	Ganas
Cabra	Coche	Cabra	Pierdes
Cabra	Cabra	Coche	Pierdes

Puerta 1	Puerta2	Puerta 3	Resultado
(eliges la puerta No.1 y cambias)			
Coche	Cabra	Cabra	Pierdes
Cabra	Coche	Cabra	Ganas
Cabra	Cabra	Coche	Ganas

La tabla pretendía demostrar, en opinión de *vos Savan*, que "cuando cambias, ganas dos veces de cada tres y pierdes una vez de cada tres; pero cuando no cambias, los resultados son inversos: sólo ganas una vez de cada tres".

Pero la tabla no calló a sus detractores. De las miles de cartas que recibió, nueve de cada diez no estaban de acuerdo, destacando las de un estadístico del Instituto Nacional de la Salud y de un director del Centro por la Defensa de la Información. Algunos comunicados eran insultantes, comparando a **vos Savan** con una cabra y acusándola de sumir, más si cabe, a la población en la ignorancia matemática.

Vos Savan intentó otra forma de aproximación al problema. En otra de sus columnas sugirió que el lector imaginase que justo después de que el presentador abriese la puerta que mostraba la cabra, apareciese un platillo volante en el plató del que saliese un hombrecillo verde. Sin conocer qué puerta había elegido el concursante, se le pide que elija entre una de las dos puertas restantes. La probabilidad de que en una de ellas esté el coche sería, ciertamente, del 50 %, pero sólo porque el extraterrestre no contaba con la ventaja de saber lo que sabía el concursante con la ayuda del presentador: el contenido de una puerta anterior. Si el premio estuviera detrás de la puerta número 2, el presentador habría abierto la número tres; y si el coche estuviera detrás de la puerta número 3, hubiera abierto la número 2. Entonces, al cambiar, tú ganas si el premio se oculta tras la puerta número dos o número tres "¡esté en cualquiera de las dos!" Pero si no cambias, sólo ganas si el coche está detrás de la puerta número 1.

En resumen: como hubieron de admitir posteriormente los matemáticos, **Marilyn vos Savan** tenía razón. Como una demostración directa era excesivamente complicada, se realizaron pruebas por el método Montecarlo (consistente en realizar los *suficientes ensayos y de ahí generalizar los resultados) y, efectivamente, éstas dan la razón a **vos Savan**. O sea, que si usted acude a un concurso de la televisión y se encuentra con el dilema expuesto, no lo dude: ¡cambie de puerta!*

8.2 99 % Estadísticas

Dado que nací en Polonia pero fui educado
en Francia, en promedio soy alemán.
(Benoit Mandelbrot, matemático)

Las estadísticas son simples ristras de acontecimientos computados de tal manera que puedan extraerse de tales datos cálculos de probabilidades.

Todos manejamos datos estadísticos en nuestra vida común y en nuestra profesión. Los análisis que se presentan a la dirección de la empresa, por ejemplo, tienen multitud de porcentajes, los índices bursátiles se miden en tantos por ciento y los gráficos, ya sean en forma de tarta o de barras, llevan parejo el porcentaje correspondiente. Los médicos son algunos de los profesionales que las confeccionan y las utilizan, y gracias a ellos podemos conocer que en EE.UU., entre los objetos extraídos de los rectos de los pacientes atendidos en urgencias, se encontraban los siguientes: un gerbo (roedor) vivo, afeitado y desuñado; una botella de sirope marca Mrs. Butterworth; un mango de hacha; un vibrador de 50 centímetros con dos pilas en su interior; una espátula de plástico; una botella de agua de 38 centímetros; una botella de Coca Cola; una zanahoria de 43 centímetros; una varilla de antena; una bombilla de 150 vatios; un destornillador; cuatro bolas de caucho; un pisapapeles; una manzana; una cebolla; un palo de escoba de 40 centímetros; un mango de paraguas de 70 centímetros; un plátano enfundado en un preservativo; dos tarros de vaselina; una botella de whisky con un cordón atado; una taza de té; un bote de polvos talco; un tubo de ensayo; un bolígrafo; un nabo; un par de gafas; un huevo cocido...

Claro que para enfrentarse con las estadísticas hay que estar ojo avizor y que no nos cuelen gato por liebre ó 96 % por 17 %. Y es que como parece que dijo Disraeli: "Hay tres clases de mentiras: mentiras, putas mentiras y estadísticas". Vean, como curiosidad útil, cómo pueden mentir las estadísticas:

♦ Un tal Abundio caminaba de regreso a casa cuando se encontró un billete de 5 Euros. Se lo metió en el bolsillo, donde guardaba otro billete de 10 Euros, y se dijo: "Acabo de aumentar mi fortuna en un 50%". Lamentablemente cuando llegó a casa descubrió que tenía un agujero en el pantalón y que el billete de 5 Euros se le había perdido. Y se consoló así: "Bueno, no está del todo mal; primero he aumentado mi fortuna en un 50 % y ahora la he menguado en un 33 %. Sigo ganando un 17%".

♦ Cierta vez un consorcio eléctrico realizó una campaña de relaciones públicas que pretendía ilustrar el papel positivo que desempeñaba la iluminación eléctrica en la lucha contra el crimen.

El consorcio eléctrico anunciaba que el 96 % de las calles de Estados Unidos estaban mal iluminadas y, lo que era peor, el 88 % de los crímenes se cometían en calles insuficientemente iluminadas.

Para mucha gente esta correlación parecería indicativa de la seguridad que otorgaba la iluminación callejera. Pero sometidos ambos datos a un análisis más riguroso, surge la sorpresa. Aceptemos que ambos porcentajes son correctos. Entonces resulta que si usted vive en una calle pobremente iluminada debe sentirse más seguro que si lo hace en una bien iluminada. Veamos por qué: las calles iluminadas suponen sólo un 4 % del total de calles (100-96), pero de acuerdo con el ratio de crímenes, en ellas se perpetran el 12 % de fechorías (100-88), lo que implica que el mayor índice de crímenes se da en las calles bien iluminadas. Está claro que eso no es lo que querían indicar los promotores de la campaña. Pero o tienen malos matemáticos, o no les importa. Saben que el público, poco ducho en números, se quedará con la primera impresión, que ya hemos revelado que es falsa. Los verdaderos ratios de crimen por tipo de calle serían:

• Calles pobremente iluminadas: 88/96, o menos de un crimen por calle de promedio

• Calles bien iluminadas: 12/4 ó 3 crímenes por calle, de promedio.

♦ Los seres humanos conformamos junto con el resto de los animales, una población de entre 10 y 30 millones de especies. Pero sabemos también que el 99,9 % de todas las especies que alguna vez han existido están hoy extinguidas. Este singular hecho llevó a un estadístico bromista a decir: "Según una primera aproximación, todas las especies están extinguidas".

Estadísticas con moraleja

La estadística es esa parte de las matemáticas que nos dice que la persona típica tiene una teta y medio pene, o que la ciudad del vaticano tiene dos papas por kilómetro cuadrado. Entre otras cosas. Cosa como las que siguen:

• Un 10% de los hombres han hecho el amor por lo menos una vez en el ascensor, en las escaleras, o en la calle.

• Un 20% de las mujeres quisieran ser hombres.

• Un 35% de los niños están enamorados de su profesora.

• A un 45% de las mujeres les gusta los tíos con los ojos azules.

• Un 46% de las mujeres practican el sexo anal con su pareja.

• Un 50% de los hombres se acuesta sin lavarse los dientes.

• Un 65% de las mujeres prefiere hacer el amor por la mañana.

• Un 90% de los hombres afirma que nunca ha pensado tener relaciones homosexuales.

• Un 90% de las mujeres querría hacer el amor en la naturaleza.

• Un 99% de las mujeres nunca ha hecho el amor en la oficina.

CONCLUSIÓN DE LA ESTADÍSTICA:

Hay más probabilidades de tener sexo anal con una mujer en el bosque por la mañana sin haberse lavado los dientes la noche anterior, que follar por la tarde en la oficina.

No te quedes hasta tarde en el trabajo. ¡No compensa!

8.2.1 Estadísticas made in England

♠ **La eficacia de las plegarias**

Francis Galton, el inventor, filósofo y extravagante inglés sobrino de Darwin, realizó un estudio estadístico sobre la eficacia de las plegarias. Como evidencia de que estas no eran efectivas, calculó la edad media de la muerte de las personas por profesiones:

Profesión	Media de edad de defunción
Clérigo	66.42
Abogados	66.51
Médicos	67.04

Como la gente de iglesia no vivía más tiempo que las personas de otras profesiones, concluyó que las plegarias eran inútiles. También demostró que las oraciones públicas rogando por la vida de reyes, reinas y otros líderes eran completamente ineficaces porque los soberanos morían antes que otros privilegiados de la salud.

Posición social	Media de edad de defunción

Soberano	64.04
Aristocracia	67.31
Alta burguesía	70.22

Esta curiosidad matemática aparece en su trabajo: *Investigaciones estadísticas sobre la eficacia de las oraciones.*

> *La característica del hombre verdaderamente educado es ser profundamente conmovido por las estadísticas.*
>
> *(George Bernard Shaw)*

♠ Una encuesta muy particular

Geoffrey Nathaniel Pyke (1894–1948) fue un inglés excéntrico, inventor, filósofo, estratega militar, agente publicitario, estadístico, economista y muchas cosas más. Uno de sus mayores logros fue la invención de un nuevo material super-resistente llamado "pykrete", una forma endurecida de hielo que permitía construir con ella barcos y aviones. Pero aquí lo traemos a colación como promotor de una peligrosa encuesta. Para evitar la inminente guerra con Alemania, en 1939, Pyke ideó la realización de una encuesta en suelo alemán que demostrase que los alemanes no estaban a favor de la guerra. Suponía que una vez hechos públicos los resultados del escrutinio, Hitler recapacitaría. Como no podía hacer la encuesta abiertamente, alquiló estudiantes británicos que se hicieron pasar por turistas golfistas en Alemania. Su misión consistió en trabar conversación con la gente y preguntarles de forma indirecta su opinión sobre una inminente guerra. Así, disfrazados (la camisa era una camisa de pijama, y sobre ella una lazo hecho con un cordón de bota), diez estudiantes ingleses fueron enviados a Alemania. Tras varias semanas de indagaciones, alcanzaron las siguientes conclusiones:

• El 35 % de los alemanes estaban a favor de la persecución de los judíos.

• El 16 % de los alemanes creía que la conquista de nuevos territorios bien valía una guerra.

• El 40 % deseaba la guerra para recuperar aquellos territorios que les arrebató el Tratado de Versalles.

El estadístico

Cierto estadístico viajaba mucho porque vivía de dar conferencias. Este estadístico tenía pánico a los aviones; temía sobre todo que explotara una bomba en vuelo, pues últimamente se habían dado varios casos de acciones terroristas. Entonces calculó la probabilidad de que hubiera una bomba en un avión. Se quedó más tranquilo al comprobar que dicha probabilidad era razonablemente baja. No contento con el anterior resultado, calculó la probabilidad de que hubiera "dos" bombas en el avión.

> *Ésta era infinitesimal. Desde entonces el estadístico viajó con una bomba en la maleta.*

8.2.1 Estadísticas made in USA

♠ En los Estados Unidos uno de cada dos adultos (o sea, un 50 %) afirma haber sido objeto de abusos cuando era pequeño. El 70 % de las mujeres norteamericanas confiesan haber sido violadas en sus citas por sus galanes. Un 33 % de los portadores del virus del sida no se han molestado en comunicárselo a su amante o cónyuge. El 50 % de los norteamericanos sostiene que no hay motivo alguno para casarse, y el 82 % afirma que no se casaría con la misma persona de nuevo (a pesar de ello, sólo el 3% admite haber tenido líos de faldas). El 95 % no conoce a sus vecinos. El 89 % confiesa haber sido víctima de algún delito criminal. El 99 % está a favor de la pena de muerte, pero sólo el 2 % se prestaría a darle al interruptor de una silla eléctrica. (Fuente: Iglesia de los SubGenios)

♠ El 60 % de los norteamericanos acudió a la Iglesia durante la Semana Santa, pero un 25% de ellos ignoraba lo que representa tal festividad. El 85 % de los norteamericanos cree que existen reglas morales claras que permiten discernir el bien del mal y que son aplicables... *al prójimo*. El 75 % cree en el Cielo; de éstos, una mayoría piensa que entrará en él. El 60 % cree que existe el

301

Infierno, pero sólo un minúsculo 4 % es capaz de imaginarse en él. El 86,5 % de la población de los EE.UU. es cristiana, el 1,8 % es judía, el 7,5 % aduce no tener religión y un 2,2 % teme confesar cuál es su religión. El 82 % cree que la Biblia fue escrita por Dios, y el 50% admite haberla leído recientemente, aunque, al ser preguntados, la mitad no supo cómo se llamaban los cuatro evangelistas. (Fuente: una encuesta Gallup).

♠ El tiempo medio que el ciudadano norteamericano consume en revisar correo basura a lo largo de su vida se estima en 8 meses. El 93 % de las quinceañeras norteamericanas aseguran que su actividad favorita es ir de compras. En los EE.UU. cada día se llevan a las escuelas 135.000 pistolas. 3,7 millones de norteamericanos aseguran haber sido abducidos por alienígenas. En Estados Unidos, el tiempo medio que se les permite hablar a los pacientes antes de ser interrumpidos por los médicos es de 18 segundos. El número de veces al año que los hackers (piratas informáticos) entran en los ordenadores del Pentágono se calcula en 160.000.

Síndrome de Discalculia

*Ante la inundación de estadísticas y sondeos que los medios de comunicación nos brindan con harta generosidad, cada vez son más los que pasan de ellas. Según el **Instituto Nacional de Estadísticas no***

Impugnables, de EE.UU., frente a las estadísticas suelen tomarse las siguientes actitudes:

. Ignorarlas completamente

. Reaccionar visceralmente

. Aceptarlas alegremente

. No creerlas tras haberlas estudiado

. No entender o malinterpretar su significado

Según este mismo Instituto, el 88,48 % de los destinatarios de las encuestas adoptamos una de las anteriores reacciones 5,6 veces al día, lo que arroja una enorme "discalculia" por persona y año.

8.2.3 Más estadísticas

La palabra estadística fue utilizada en inglés por primera vez en 1770, y era una traducción de la palabra alemana Staatenkunde.

En 1830, el pionero belga de las estadísticas, Adolphe Quetelet, manifestó: "Podemos predecir cuantos individuos mancharán sus manos con la sangre de sus vecinos, cuántos de ellos cometerán falsificaciones, y cuántos se convertirán en envenenadores casi con la misma precisión que podemos predecir el número de muertes y nacimientos. La sociedad contiene dentro de ella el germen de todos los crímenes que se cometerán". Justo por estas fechas la manía de contar invadió Europa y los EE.UU. En ese furor estadístico se llegó a computar/calcular el número de novias en proceso avanzado de embarazo al tiempo de casarse (30-40 %), y un libro de estadísticas morales trató de contar el número de lágrimas derramadas por las mujeres de borrachos desde 1790: 15.000 por año, suficiente para permitir flotar sobre ellas a la marina de los EE.UU. A finales del siglo XIX *La Sociedad Neoyorquina para la Reforma Moral* contó el número de burdeles en los Estados Unidos (12.000), el número de prostitutas (120.000), y el número de quioscos que vendían fotos picantes, que ellos calificaban de "parafernalia de la destrucción". Y como las sociedades cuentan lo que temen, quieren y más necesitan, en este sentido, las estadísticas morales significan más que las amorales. Y, en manos de fanáticos y religiosos, poseen nefastas consecuencias. Este afán de medir y contar las cosas más pergrinas ha continuado hasta nuestros días. Así, sabemos, porque lo investigó el Dartmouth College, en EE.UU., que un buen matrimonio le proporciona la misma felicidad que un sueldo extra al año de 100.000 dólares. Y el Barómetro General de la Felicidad (Global Happiness Barometer) de 1999, encontró que el pueblo más feliz de la Tierra eran los daneses, con un 49 % de su población feliz. Le siguen los australianos (48 %), norteamericanos (46 %), a mucha distancia de los rusos, apenas con un 33 % de gente feliz.

Con relación al tiempo total que permanece despierto durante el ciclo de su vida, el tiempo de trabajo de un

> *asalariado en Europa representó el 70 % en 1850, el 43 %*
> *en 1900, sólo el 18 % en 1980 y el 14 % hoy. Mi*
> *nacimiento, me temo, se ha adelantado dos siglos.*
> *Lástima.*

Como colofón lúdico, expongamos una serie de anécdotas y despropósitos sobre estadísticas... y demás por cientos:

♣ El 97,3% de las estadísticas han sido claramente inventadas.

♣ - ¿Has oído ese chiste de estadísticos?

  - Probablemente...

♣ En realidad, volar en avión es muy seguro. La práctica totalidad de los fallecidos en accidentes aéreos han muerto al llegar al suelo.

♣ Durante la Segunda Guerra Mundial, a un despierto oficial se le ocurrió la idea de comprobar y anotar dónde habían sido tocados los aviones al volver de sus misiones con el fin de reforzar esos puntos. De esa forma se elaboraron estadísticas sobre aquellas zonas del avión que parecían estar más expuestas. Al analizar los resultados, sin embargo, se dieron cuenta de un pequeño detalle: ciertamente había que reforzar las zonas que recibían más impactos... pero de los aviones que **NO** volvían de sus misiones.

♣ En los accidentes ferroviarios, el mayor número de víctimas suele darse en el último vagón (el primero suele ser la locomotora, y allí no van pasajeros). Por lo tanto, una forma de salvar vidas humanas es retirar el último vagón de cada tren.

♣ El 33 % de los accidentes mortales de circulación involucran a personas que han bebido. Por lo tanto, el 67 % restante ha sido causado por alguien que no había bebido. En vista de estos datos, está claro que la forma más segura de conducir es ir borracho.

La normalidad es una curiosidad estadística, casi siempre injusta.
(Jorge Wagensberg)

♣ Comer pepinillos es fatal para la salud. Un reciente estudio demuestra que el 99% de aquellas personas que comieron pepinillos en 1901 han muerto.

♣ Claro que si los pepinillos son malos, imagínese los hospitales... todo el mundo sabe que las probabilidades de morir en un hospital son mucho mayores que las de morir en cualquier otro lugar.

♣ En Nueva York un hombre es atropellado cada diez minutos. El pobre tiene que estar hecho polvo.

♣ La tasa de natalidad es el doble que la tasa de mortalidad; por lo tanto, una de cada dos personas es inmortal.

♣ Cuando ocurre un incendio, el número de bomberos suele ser más elevado cuanto mayor sea el daño originado por el fuego. Por lo tanto, el número de bomberos influye en la magnitud del incendio.

♣ El año pasado, cerca de 600.000 personas tuvieron que renovar su carnet de identidad en Madrid. En el mismo período, 500 personas se fueron de vacaciones a Chipre. Por lo tanto, renovar el DNI es 1.200 veces más popular que irse a Chipre.

♣ Para los estadísticos, una persona típica tiene una teta y medio pene.

> *En una conferencia sobre humor, Larry Wilde, uno de los ponentes, propuso que todos los artículos o discursos que se presentaran durante la conferencia deberían ser al menos un 15 % divertidos. Lo dijo 100 % serio.*

♣ La inmensa mayoría de las personas tiene un número de piernas superior al promedio. Ello es cierto a condición de que al menos exista un cojo.

♣ La ciudad del Vaticano tiene dos Papas por kilómetro cuadrado.

♣ De los datos se desprende que las investigaciones en biología producen cáncer en las ratas.

♣ Cientos de niños mueren de hambre en el tiempo que dura una clase de matemáticas. Estudia filosofía.

♣ 9 de cada 10 médicos están de acuerdo en que 1 de cada 10 médicos es un idiota.

♣ Existe una fuerte correlación entre el tener los pies grandes y el saber multiplicar. (Por lo menos si la muestra incluye niños y personas mayores)

Es bien sabido que la estadística es una rama de las matemáticas aplicadas expresamente diseñada para reforzar conclusiones ya decididas previamente.

Estadísticas con moraleja

• *Un 10% de los hombres han hecho el amor por lo menos una vez en el ascensor, en las escaleras, o en la calle.*

• *Un 20% de las mujeres quisieran ser hombres.*

• *Un 35% de los niños están enamorados de su profesora.*

• *A un 45% de las mujeres le gusta los tíos con los ojos azules.*

• *Un 46% de las mujeres practican el sexo anal con su pareja.*

• *Un 50% de los hombres se acuesta sin lavarse los dientes.*

• *Un 65% de las mujeres prefiere hacer el amor por la mañana.*

• *Un 90% de los hombres afirma que nunca ha pensado tener relaciones homosexuales.*

• *Un 90% de las mujeres querría hacer el amor en la naturaleza.*

• *Un 99% de las mujeres nunca ha hecho el amor en la oficina.*

CONCLUSIÓN DE LA ESTADÍSTICA:

Hay más probabilidades de tener sexo anal con una mujer en el bosque por la mañana sin haberse lavado los dientes la noche anterior, que follar por la tarde en la oficina.

MORALEJA:

No te quedes hasta tarde en el trabajo. ¡No compensa!

6,28 en la escala del placer, 2,89 en la del dolor: ¡hagámoslo!

Jehová contra las estadísticas

Existe un caso en la Biblia donde se pone de manifiesto la antipatía de Jehová contra las estadísticas, en este caso contra el censo. El rey David, según fuentes ortodoxas instigado por el Diablo (éste probablemente de nacionalidad Palestina), quiso hacer un censo de Israel. Para tal fin ordenó David a Joab y otros príncipes que levantaran censo de su gente. Joab se opuso, advirtiéndole que tan novedosa empresa acarrearía castigo para Israel (¿era profeta, o estaría secretamente al servicio de Jehová?). David insistió. Joab recorrió las diferentes tribus y entregó a David el censo. No se sabe cómo se enteró Jehová de esto, pero le desagradó lo mandado por David y por ello castigó a Israel con la peste, que acabó con setenta mil hombres. De nada sirvió el arrepentimiento de David, Jehová fue implacable. ¿Una venganza de Jehová para dejar sin validez el recién elaborado censo? ¿Y cómo sabían

---

los escritores de la Biblia que murieron setenta mil (lo dice el Libro) si Jehová no permitía hacer censos? ¿Odiará también Jehová las otras ramas de las matemáticas? Misterios del Señor, te alabamos ídem.

8.3 Unas pinceladas de combinatoria

La combinatoria se define a veces como "el arte de contar sin contar", y es una rama de las matemáticas discretas, uno de cuyos objetivos principales es hacer recuentos de colecciones finitas de objetos o movimientos con características afines. Los matemáticos distinguen entre:

8.3.1 Combinaciones

Recibe este nombre el agrupamiento de p objetos tomados entre un conjunto de n objetos. El número posible de estas "combinaciones" se escribe de la siguiente manera:

$$C_n^p$$

y su cálculo equivale a:

$$n!/p! \, (n-p)!$$

Ejemplo: 10 caballos participan en una carrera. ¿Cuántas llegadas posibles tienen los 3 caballos de una misma cuadra? El número de combinaciones que pueden formar las llegadas de esos tres caballos entre los 10 participantes se calcularía así:

$$C^3{}_{10} = 10!/3!(10-3)! = 120 \text{ maneras distintas}$$

Además de ser útil en los hipódromos, la combinatoria proporcionó devino útil herramienta de trabajo para uno de los escritores más innovadores del siglo XIX: el francés Raymond Queneau. Este fundador y miembro activo de la OuLiPo (OUvroir de LIttérature POtentielle) escribió en 1961 el libro titulado *Cent mille milliards de poémes*. Consiste el libro, elaborado con paciencia y minuciosidad orientales, en diez sonetos, confeccionados de tal manera que el lector, combinando las tiras hábilmente dispuestas en la encuadernación, pueda llegar a componer, si logra sortear la muerte, el deterioro predecible y otros inconvenientes, hasta cien billones de poemas diferentes (10^{14}) que proporcionan -según constata su autor- lectura para 190.258.751 años más algunas horas y minutos (sin tener en cuenta los años bisiestos y otros detalles menores).

Recensión, breve, de un libro, hecha por Gian Carlo Rota:

Sphere Packings, Lattices and Groups
de J.H. Conway, N. J. A. Sloane
Springer, New York, 1988

This is the best survey of the best work in one of the best fields of combinatorics, written by the best people. It will make the best reading by the best students interested in the best mathematics that is now going on.

(*Este es la mejor investigación del mejor trabajo en uno de los mejores campos de la combinatoria, escrito por la mejor gente. Hará la mejor lectura de los mejores estudiantes interesados en la mejor matemática que se hace hoy en día*).

Combinatoria literaria

En 1607, Clavio, en su libro **In Spheram Ioannis de Sacro Bosco,** calculó cuántos términos podrían producirse con las veintitrés letras del alfabeto, combinándolas de dos en dos, de tres en tres, etcétera, hasta formar palabras de veintitrés letras. Un poco más tarde, en 1622, Pierre Guldin, en su obra **Problema arithmeticum de rerum combinationibus**, calculó todos los términos generables de un alfabeto, con extensiones variables de dos a veintitrés letras, que alcanzaban la cifra de setenta mil trillones de palabras, para cuyo almacenamiento en registros estándar de mil páginas, con cien líneas por página y sesenta caracteres por línea, estimó que harían falta 8.052.122.350 bibliotecas, cada una de 432 pies por lado. Marin Mersenne, el célebre matemático, en su libro **Harmonie universelle**, publicado en 1636, teniendo en cuenta, además de las palabras, también las secuencias musicales, calculó que los cantos que podrían crearse con veintidós sonidos, ascenderían a mil doscientos trillones. Lo cual significa que si se quisieran escribir todos estos cantos, mil al día, se necesitarían casi veintitrés mil millones de años. Por último, el alemán Harsdörfer, en su obra **Matematische und phílosophische Erquickstunden** (1651), proponía disponer 264 unidades (prefijos, sufijos, letras y sílabas) sobre cinco ruedas, para generar mediante su combinación 97.209.600 palabras alemanas, incluidas las *inexistentes. Pero antes de todos ellos, un mallorquín, Raimundo Lulio, fue pionero en este tipo de arte combinatoria. En 1274 Lulio se retiró a un convento para escribir su **Ars Magna**. Allí diseñó un dispositivo mecánico o ars combinatoria, una rudimentaria máquina lógica que facilitase el manejo de sistemas lógicos. Este artilugio despertó una enorme polémica en su tiempo.*

*Precisamente para mofarse de estos sueños combinatorios, Jonathan Swift propuso su antibiblioteca, esto es, una lengua perfecta, científica, universal, en la que no hubiera ya necesidad de libros, de palabras, de símbolos alfabéticos. Previamente ya se había burlado de este tipo de dispositivos en sus **Viajes de Gulliver**, al presentar a un viejo profesor de Laputa, inventor de una máquina del tipo de la de Raimundo Lulio, un artefacto de unos seis metros de lado de forma cuadrangular que contenía centenares de diminutos cubos enfilados en alambres. En cada una de las caras de los cubos estaba escrita una palabra del idioma laputano. Dando vueltas a un manubrio se hacían girar las caras de los cubos, produciendo combinaciones aleatorias de las caras. En cuanto una serie de palabras seleccionadas de esta manera daba para formar frases con sentido, eran copiadas. Luego, a partir de estas frases, el profesor componía eruditos tratados.*

8.3.2 Variaciones

Las variaciones son combinaciones que tienen en cuenta el orden de los objetos dentro de los grupos elegidos. El número de variaciones posibles de p objetos, dentro de un orden determinado y considerando un conjunto de n objetos, se rige por la siguiente fórmula:

$$V_n^p = \frac{n!}{(n-p)!}$$

Ejemplo: las 10 cartas del mismo palo de una baraja forman un paquete que, una vez barajado, se coloca sobre la mesa boca abajo. Descubriendo las 3 primeras cartas, ¿cuál es la probabilidad de que éstas sean, en dicho orden, sota-caballo-rey? Solución: una entre

$$V^3_{10} = 10!/(10-3)! = 720$$

Pues 720 son las combinaciones posibles al levantar tres cartas de un fajo de diez.

El problema de Ramsey

Este problema clásico de variaciones puede exponerse en términos de invitados a una fiesta: ¿Cuál es el mínimo número de invitados a un convite para que al menos tres de ellos se conozcan entre sí o al menos tres de ellos sean extraños los unos para con los otros? Se asume que la relación de conocer a alguien es simétrica. Si Hugo conoce a Pedro, Pedro conoce a Hugo. Con esta premisa, consideremos una celebración de seis personas. Llamémosle a uno de los invitados David. David debe al menos conocer a tres de ellos o no conocer a tres de ellos. Asumamos que conoce a tres de los invitados (el argumento funciona igual si hubiéramos elegido la otra opción). Consideremos ahora qué relación tienen entre sí las tres personas a quienes conoce David. Si dos cualesquiera de ellos tienen relación entre sí, ellos y David constituirían un grupo de tres que se conocen entre sí, y por lo tanto tendremos quórum. Eso deja sólo la posibilidad de que las otras tres personas sean desconocidas entre sí, con lo que también podríamos obtener quórum, que era la otra asunción del problema. Pero esto no sucede en una fiesta donde haya cinco personas, pues allí, si uno conoce a otras dos personas, no deja opción a que tres personas se desconozcan.

Paul Erdös, el famoso matemático, gustaba de contar una historia relacionada con este problema. Se trata de un espíritu perverso que gusta de las preguntas con secuelas dolorosas: si se *le contesta incorrectamente, destruirá a la humanidad. Supongamos, arguye Erdös, que decide preguntarte **el problema de Ramsey** para una fiesta pero considerando la opción de cinco personas que se conozcan o se desconozcan entre sí. La mejor táctica a emplear, a juicio del citado matemático húngaro, sería el coger a todos los matemáticos del mundo, pedirles que abandonen lo que tengan entre manos y que se pongan, a mero cálculo, a computar todos los posibles casos, que superan los 10^{200}, o sea, un diez seguido de 200 ceros. Pero si el maligno espíritu te plantea ese mismo problema para el caso de seis personas, el mejor método sería atacar al espíritu antes de que él te ataque a ti. La combinación de casos serían demasiado incluso para los ordenadores más potentes. El problema de la fiesta de Ramsey más complejo que se ha resuelto hasta ahora con ayuda de ordenadores, 100 de ellos funcionando en sincronía, es el del mínimo número de invitados que se necesitarían para que haubiera al menos cuatro amigos o cuatro extraños. Se resolvió en 1993 y el resultado fue 25.*

8.3.3 Permutaciones

Las permutaciones recogen todas las posibilidades de combinación entre los elementos elegidos como base de estudio.

Matemáticamente su signo es el de la exclamación: "!", y

representa la multiplicación de todos los números enteros desde el número a la izquierda de dicha exclamación hasta el 1. Por ejemplo:

6! = 6 x 5 x 4 x 3 x 2 x 1 = 720

Las permutaciones sirven para determinar, por ejemplo:

♠ De cuántas maneras se pueden escribir las tres letras A, B, C. Como se trata de 3 objetos, la solución es: 3!, que es igual a seis, a saber: ABC, ACB, BAC, BCA, CAB, CBA.

♠ Con las cuatro cifras de 3.752 se pueden escribir 24 números distintos, es decir 4!

♠ Si *n* personas se sientan en un banco corrido, el número de posiciones posibles es, también, el factorial de *n*! Eso significa que 7 personas pueden sentarse en un banco corrido de 5.040 maneras distintas.

♠ Pero si estas mismas *n* personas se colocan "alrededor" de una mesa, el número de permutaciones posibles es (*n* -1)! (Para 7 personas, habría 6! = 720 maneras distintas).

La Torre de Brahma

En el gran templo de Benarés, bajo la cúpula que señala el centro del mundo, descansa una lámina de bronce en la que hay fijadas tres agujas de diamante, cada una de aproximadamente medio metro de altura y de grosor parecido al del cuerpo de una avispa. En una de estas agujas, desde la creación, Dios colocó 64 discos de oro puro, el disco más largo descansando sobre la lámina de bronce y los otros en orden ascendente, de forma que cada disco fuera menor que aquel sobre el que reposa. Así hasta completar los 64 discos. A la aguja que contenía los 64 discos se la conocía como La Torre de Brahma. Día y noche los sacerdotes transferían los discos de una aguja de diamante a otra de acuerdo a leyes fijas e inmutables dictadas por Brahma, que requieren que el sacerdote de servicio no debe mover más de un disco a la vez y que debe emplazar el disco en la nueva aguja de tal manera que no exista un disco de menor tamaño debajo de él. Cuando los 64 discos sean transferidos desde la aguja en que por primera vez fueron colocados por Dios a una de las otras dos agujas, la torre, el templo y los propios sacerdotes se convertirán en polvo, y con un estruendoso ruido, el mundo se desvanecerá.

Esta leyenda no dice, empero, el tiempo que se necesitaría para completar la labor descrita. Pero las matemáticas sí nos lo dicen. Y su respuesta es tranquilizadora. Los sacerdotes brahmines necesitarían: $2^{64} - 1$ movimientos para completar la tarea. En *cómputo entendible, 18.446.744.073.709.551.615 movimientos. A razón de un movimiento por segundo, sin parar ni equivocarse, y teniendo en cuenta que hay 31.557.600 segundos en un año de 365,25 días, se necesitarían más de 584 millardos de años, exactamente 584.542.046.090 años, 7 meses, 15 días, 8 horas, 54 minutos y 24 segundos. Un período tranquilizador.*

8.4 Las matemáticas visitan el casino

Jugar es ir eligiendo entre lo posible.
Ganar, una buena elección.
(Jorge Wagensberg)

Todo el mundo ha soñado alguna vez con acudir a un casino y, por medio de un método infalible, burlar a la suerte (y a los *croupiers*) y ganar una gran fortuna. Y no es raro encontrarse en las noticias a tipos que, por haberlo intentado, fueron expulsados de los centros de juego llevándose sus libretas y sus aparatos de escucha. Y las películas, seguramente al servicio de los grandes casinos, fomentan esta posibilidad con el fin de atraer incautos. La banca, caballeros, siempre gana. Y no sólo la de los casinos. Pero sí es cierto, y de eso va este capítulo, que en ciertas apuestas sencillas el apostante puede ganar retirándose a tiempo. Veámoslo.

Existe una modalidad de apuesta en la que un jugador, suponiendo que se retire a tiempo y posea suficiente efectivo, puede ganar siempre. Se trata de un tipo de apuesta similar al rojo y negro de los casinos, pero un poco maquillada, para que apreciemos mejor los resultados. El juego consiste en que tú apuestas y recibes, en caso de ganar, 5 euros por cada euro apostado; si pierdes, pierdes lo puesto. Es decir, apuestas 2 euros: si ganas, la casa se queda con tus 2 euros pero te da 10 euros. Si pierdes, la casa se queda con tus 2 euros. La teoría matemática dice que si te retiras después de haber ganado una jugada, fuera ésta la primera o la número 20, siempre que se vaya duplicando la apuesta, el saldo es positivo a tu favor.

Veamos la tabla que recoge, de forma creciente, lo que acabamos de decir:

Apuesta (euros)	Pérdida acumulada	Posible ganancia en esta apuesta
1	1	4
2	3	8
4	7	16
8	15	32
16	31	64
....	....	....
2^n	$2^{n+1} - 1$	2^{n+2}

Como 2^{n+2} es mayor que la pérdida acumulada $2^{n+1} - 1$, está claro que en cualquier momento en que ganes la apuesta, si te retiras, ganas dinero. Por supuesto, si te quedas sin fondos antes de que puedas ganar una última vez, pierdes todo. Para ganar con este método se precisa tener fondos suficientes y saber retirarse después de una ganancia, factores ambos muy poco comunes.

El azar quizá sea un poliedro insurrecto.

(C. J. Cela)

Ahora apliquemos este modelo teórico al pedestre "rojo y negro" de los casinos tradicionales:

Apuesta	Pérdida acumulada	Posible ganancia en esta apuesta
1	1	2
2	3	4
4	7	8
8	15	16
16	31	32
....	....	....
2^n	$2^{n+1} - 1$	$2^n \times 2$

A diferencia del caso anterior, en esta modalidad que permiten los casinos, se gana menos, apenas un euro si te retiras tras ganar una apuesta. Una manera, dentro de esta variante, de hacer crecer la diferencia de las ganancias con respecto a lo apostado, sería no duplicar la apuesta tras cada pérdida, sino cuadruplicarla. El nuevo cuadro de pérdidas y ganancias sería así:

Apuesta	Pérdida acumulada	Posible ganancia en esta apuesta
1	1	2
4	5	8
16	21	32

| 32 | 53 | 64 |

....

Aquí se aprecia que, de retirarse uno después de ganar una mano, la ganancia es mayor que en el caso de simplemente duplicar la apuesta.

Abstenerse ludópatas.

La principal diferencia entre los corredores de bolsa y los casinos es que los primeros no saben que pertenecen al negocio del juego. Pero como los casinos, hacen mucho dinero.

(A. K. Dewdney)

8.5 Para una explicación de las "Coincidencias"

La rareza, por sí misma, conlleva publicidad y eso
hace que los sucesos raros parezcan corrientes.
(J. A. Paulos)

Carl G. Jung y el premio Nobel de física Wolfgang Pauli colaboraron en el desarrollo de una teoría de las coincidencias que bautizaron con el nombre de "Sincronicidades". A Pauli le atraía el asunto porque él mismo se sentía perseguido por singulares coincidencias, sucesos que sus colegas, malignamente, denominaban "efecto Pauli". Pauli, físico más bien teórico que experimental, pasaba poco tiempo en laboratorios, pero cuando lo hacía, acontecían inexplicables roturas de aparatos o imprevistas averías de instrumentos. Estos sucesos ocurrían con mayor frecuencia de lo que la mera casualidad podía explicar. Ni siquiera tenía que suceder el incidente junto a él, bastaba con que estuviera presente a diez o veinte metros. Jung y Pauli concluyeron que existían dos clases de principios de conexión en la naturaleza. El primero era la causalidad ordinaria, lo que la ciencia normalmente estudia. Esta causalidad se estructura de forma lineal: si A causa B, entonces para que se dé B, debe ocurrir primero A. El otro principio de conexión era el acausal. Este principio fue denominado por Jung y Pauli "sincronicidad" porque asumieron que, contrariamente al principio de causalidad, los acontecimientos acausales se estructuraban en el espacio y no necesitaban para relacionarse el concurso del tiempo. O lo que es lo mismo: la sincronicidad admite que dos hechos se relacionen simultáneamente. Su lógica, si de lógica puede hablarse, es la lógica de la psique profunda, la lógica que sólo se halla en los sueños y en los mitos.

Veamos algunos ejemplos de lo que los dos pensadores entendían por coincidencias o sincronicidades:

♦ Cierto día, en Zurich, analizando Jung con una paciente el sueño de ésta última, que se relacionaba con el regalo de un escarabajo de oro, algo golpeó en la ventana de su gabinete. Jung fue a ver qué era y al abrir la ventana penetró en el cuarto un escarabajo, un *scarabeide cetonia aurata*, lo más próximo a un escarabajo de oro que puede encontrarse en nuestras latitudes, especie emparentada con el mítico escarabajo de oro egipcio motivo de los sueños de su paciente y objeto de las actuales reflexiones del psicólogo.

♦ En 1958, el novelista William Burroughs, que residía en Tánger, mantuvo cierto día una conversación con un tal capitán Clark, quien le mencionó que había estado navegando por el estrecho 23 años sin ningún percance. Ese mismo día el capitán Clark sufrió su primer accidente grave. Esa misma tarde, mientras comentaba el suceso, Burroughs escuchó un boletín de la radio donde se informaba de un accidente aéreo ocurrido en Florida. El número de vuelo resultó ser el 23 y el piloto respondía al nombre de capitán Clark.

♦ Un tal señor Deschamps relata que, de niño en Orleans (Francia), un huésped de la familia llamado señor de Fortgibu le ofreció un trozo de pudín de ciruelas. Años más tarde, el señor Deschamps ya mozo, pidió pudín de ciruelas en un restaurante de París. El camarero le anunció que la última ración acababa de servírsela a un caballero, caballero al que señaló discretamente y que no era otro que el señor de Fortgibu. Muchos años después, en una cena donde al señor Deschamps se le ofreció pudín de ciruelas, aprovechó éste la oportunidad y narró sus experiencias con dicho manjar y el señor de Fortgibu. Acabado el relato, y mientras deglutía su pudín de ciruelas, Deschamps manifestó que lo único que faltaba era la presencia del señor de Fortgibu. En ese momento la puerta se abrió y apareció el señor de Fortgibu, ahora un anciano desorientado, quien se excusó alegando que se había equivocado de puerta.

Sirva las muestras anteriores como ejemplo de lo que Jung y Pauli entendían por "sincronicidades". Y ahora viene la pregunta crucial: ¿tan extraordinarios son esos acontecimientos que su ocurrencia haya obligado a lucubrar teorías situadas al borde de la ciencia?

¿Son esos hechos, en realidad, tan extraordinarios? ¿Qué probabilidad existe de que en nuestra vida cotidiana experimentemos una coincidencia extraordinaria? Algunos matemáticos han creído interesante investigar este punto. Veamos cómo han procedido.

Supongamos que un suceso memorable, una coincidencia de esas que sólo ocurren una vez en la vida, la definimos como aquella cuya probabilidad de que ocurriera hoy fuese una entre un millón, y que durante el transcurso de un día existiesen unas 100 oportunidades de que una de estas extremas coincidencias le ocurriera a usted (número, a todas luces, conservador). Dicho sencillamente: nos referimos a la probabilidad de que a usted le toque el cupón de la ONCE, o que conduciendo por una provincia extraña tenga un pequeño accidente de coche y resulte que el ocupante del otro vehículo sea un primo suyo al que no veía desde hace muchos años.

Para comenzar, y por mor de facilitar la comprensión, lo más práctico es calcular la probabilidad de que tamaña coincidencia "no" ocurra.

¿Cuál es la probabilidad de que "ninguna" de estas fantásticas coincidencias le ocurra a usted mañana? Para una probabilidad entre un millón, esta equivale a 0,999999. Como hemos dicho que tenemos 100 ocasiones diarias de que semejante evento suceda, la probabilidad de que dicho evento **no** se nos presente mañana, o un día en concreto, es 0,999999 multiplicado por sí mismo 100 veces, lo que viene a ser 0,9999 [ó 9.999 entre

10.000]. En otras palabras: la probabilidad de que mañana le suceda una coincidencia extraordinaria, es 1 entre 10.000. Poco probable.

¿Y qué decir de la probabilidad de que el suceso memorable le ocurra durante la semana siguiente? Calculamos como antes: 0,9999 x 0,9999 x 0,9999... siete veces. Obtenemos aproximadamente 0,9993. Esto significa 9.993 entre 10.000 de tener una semana aburrida y 7 entre 10.000 de que nos ocurra una fantástica coincidencia.

Continuando en esta línea, la probabilidad de que cada semana del próximo año sea aburrida es:

0,9993 x 0,9993 x 0,9993... 52 veces. O sea, 0,964, que equivale al ratio 29/30. De repente esto comienza a ponerse interesante.

Demos otro paso más. La probabilidad de que "no" le ocurra ninguna coincidencia interesante en los próximos veinte años es:

0,964 x 0,964 x 0,964... veinte veces. Lo que nos da 0,48, ó un 48 % de probabilidad.

De acuerdo con este somero y aproximado cálculo, la probabilidad de que en los próximos veinte años usted experimente una coincidencia extraordinaria es del 52 %. Estos datos significan también que, de 20 personas que usted conozca, existe una probabilidad superior al 50 % de que uno de ellos posea una historia fantástica que relatar durante el transcurso de un año. Quizás la vida no sea tan aburrida a pesar de todo.

1024 diablos para un alma

Imagínese que un día se le presenta un señor que dice llamarse Doctor Mefistófele. Le ofrece, a cambio de firmar un pequeño contrato, toda la suerte que pueda desear en la vida. Y como prueba de su buena fe, antes de que se comprometa desea demostrárselo. Le inscribe en un torneo de lanzamiento de monedas donde habrá de competir contra 10 contrincantes. El doctor Mefistófele le informa que merced a su intercesión usted ganará los diez encuentros. Usted, intrigado por la propuesta, acepta. Se enfrenta con el primer contrincante, y gana. La segunda vez también gana. En la tercera, la cuarta, y así hasta la novena confrontación, diga usted cara o cruz, la moneda, lanzada por un árbitro neutral, sale del lado que le da ganador. Sólo queda la final. El último lanzamiento. Usted casi no puede creer en tanta suerte. Antes de proceder a la última jugada, el Doctor Mefistófele le recuerda que si gana, ha de firmar con un poco de su sangre un pergamino que casualmente lleva encima. Usted medita un poco y, como es algo ducho en matemáticas, reflexiona sobre las probabilidades de acertar en un concurso de "cara o cruz" diez veces seguidas. Y se dice: "Ganar la primera vez no era difícil, la probabilidad de que saliera lo que yo dijera era del 50 %. Ganar dos veces seguidas era más complicado, pues la probabilidad era 50 % x 50 %, o lo que es lo mismo 0,5 x 0,5 = 0,25, una probabilidad entre 4. Siguiendo este desarrollo resulta que la probabilidad de acertar 10 veces seguidas lo que va a salir en un lanzamiento de monedas es: 0,00097656 %, o lo que es lo mismo, una posibilidad entre 1024".

Pasado el primer atisbo de incredulidad, le dice al Doctor Mefistófele que acepta y procede con la última suerte del torneo. Y gana. La moneda obedece a sus designios. Convencido de que tan ínfima probabilidad sólo puede deberse a la intercesión sobrenatural de su patrocinador, firma el contrato que le presenta. La pequeña herida en el brazo apenas le ha dolido pensando en lo que podrá conseguir con semejante don que acaba de adquirir. No repara, claro, en los 1023 jugadores que ha ido dejando en la estacada, en cómo a su vez estos jugadores tenían un patrocinador con barbita parecida a la de su Doctor Mefistófele y que desaparecía cada vez que su protegido perdía. Y es que los diablos saben muchas matemáticas y saben que diciéndole lo mismo a 1024 jugadores, uno de ellos (no tendría que haber sido usted, pero siempre habría un "usted") sería el ganador. Las matemáticas no dice quién será ganador, pero sí que habrá un ganador. Y los diablos lo saben. Y saben que sólo se necesitan 1024 incautos para conseguir un alma, en este caso la suya. ¡Desconfíe de la suerte, y de las probabilidades! Sobre todo si con ellas pretende seducirle un señor bien vestido, de ademanes educados... y barba de chivo.

IX – MATEMÁTICAS Y COTIDIANEIDAD

Las matemáticas impregnan nuestra sociedad.
La mayoría de nosotros no lo notamos porque
en su mayor parte actúa detrás del escenario.
(Ian Stewart)

Después de este periplo poco metódico, bastante azaroso, pero espero que entretenido, por distintos reinos o parajes de las matemáticas, uno termina siempre por preguntarse: pero en la vida cotidiana, ¿para qué sirven las matemáticas, dónde se aplican? A esta pregunta vamos a tratar de responder con una selección de situaciones cotidianas o materias prácticas donde las matemáticas pueden ser útiles, cuando no necesarias.

Para comenzar este apartado de utilidades corrientes de las matemáticas permítaseme elegir un asunto con reminiscencias escolares: la divisibilidad. En la escuela es muy útil tener unas reglas para conocer a primera vista, o con un sencillo cálculo mental, cuándo una cifra es divisible por otra. Puede avisarnos de que un problema cuyo resultado ha de ser entero no puede tener determinadas soluciones. Afortunadamente los matemáticos se han preocupado de proporcionar reglas sencillas a este respecto. Puede resultar útil para colegiales, como ya hemos dicho, pero también para los adultos. Piénsese en aquellos casos en los que tenemos que repartir regalos u objetos entre mucha gente, y deseamos saber a primera vista si alcanza para dar lo mismo a cada persona. Con un simple cálculo mental sabremos si es posible satisfacer a los presentes o convendría sustraer algunos objetos del montón para hacerlos divisibles. También sirve, ya que estamos, para asombrar a los amigos en determinadas ocasiones, quienes, ajenos a lo sencillo de las reglas, creerán que poseemos una excepcional capacidad de cálculo mental.

9.1 Reglas de divisibilidad

Divisibilidad por 2:

Un número es divisible por dos si, y sólo si, el último número es par. Es la segunda regla más sencilla.

Divisibilidad por 3:

Se suman las cifras del número en cuestión. Si el resultado posee más de una cifra, se vuelven a sumar. Así se continúa hasta obtener un número de una sola cifra. Si esta cifra final (llamada raíz) es un múltiplo de 3, el número es divisible por tres.

Ejemplo: 192, ¿es divisible por tres? Veamos: $1 + 9 + 2 = 12$; $12 = 1 + 2 = 3$. Luego sí es divisible.

Divisibilidad por 4:

Un número es divisible por cuatro si, y sólo si, el número formado por sus dos últimas cifras es divisible por 4.

Divisibilidad por 5:

Un número es divisible por cinco si, y sólo si, termina en 0 ó en 5. Ésta regla es la tercera más sencilla.

Divisibilidad por 6:

Un número es divisible por seis si, y sólo si, es un número par cuya raíz (ver divisibilidad por 3) es divisible por 3

Divisibilidad por 8:

Un número es divisible por 8 si, y sólo si, el número formado por sus tres últimas cifras es divisible por 8. Esta regla, a veces no tan sencilla, puede simplificarse sabiendo que:

. Un número es divisible por 2 si su último dígito es divisible por 2

. Un número es divisible por 4 si los dos últimos dígitos forman un número divisible por 4

Entonces podemos construir un atajo y decir: "De las tres últimas cifras de un número, cualquier número (puede tener los dígitos que quiera), añade a los dos primeros dígitos la mitad de su último dígito. Si la suma es divisible por 4, el número es divisible por 8".

Ejemplo: Sea el número 15.592. Con sus tres últimas cifras (592), procedemos como hemos indicado: $59 + 1 = 60$; $60/4 = 15$; luego es divisible por 8. Comprobación: $15.592 : 8 = 1.949$.

Divisibilidad por 9:

Un número es divisible por 9 si, y sólo si, su raíz numérica (ver divisibilidad por tres) es 9.

Divisibilidad por 10:

Un número es divisible por diez si, y sólo si, termina en 0. El colmo de la sencillez.

Divisibilidad por 11

Se suman los dígitos en posición par (segundo, cuarto, etc.) y los de posición impar (primero, tercero, etc.). Si la diferencia entre ambas sumas es 0 ó múltiplo de 11, el número es divisible por 11. En cualquier otro caso, no.

Divisibilidad por 12

Es divisible por doce cualquier número divisible a la vez por 3 y por 4.

Divisibilidad por 15

Es divisible por quince cualquier número divisible a la vez por 3 y por 5.

Divisibilidad por 22

Es divisible por veintidós cualquier número divisible a la vez por 2 y por 11.

Divisibilidad por 25

Es divisible por veinticinco cualquier número terminado en 00, ó en 25, 50, ó 75.

Os habréis percatado de una omisión en la lista, la del número 7. El siete es el único número para el que no se ha encontrado una regla práctica de divisibilidad. Se han diseñado curiosas pruebas del 7, pero llevan tanto tiempo que resulta más breve, y sencillo, realizar la división y comprobarlo.

Divisibilidades especiales

Para agotar el tema de la divisibilidad, exponemos a continuación unas reglas para saber cuándo ciertos números son divisibles por otros.

♣ Un número formado por 3 dígitos idénticos *(a a a)* es divisible por 3 y por 37 (números primos), ya que este número es el resultado de multiplicar *a* por 111, y 111 = 3 x 37.

♣ Un número de 2 dígitos escrito tres veces seguidas forma un número de 6 dígitos *(a b a b a b)* que es divisible por 3, por 7, por 13 y por 37 (números primos), ya que este número *a b a b a b* es igual a *a b* x 10.101, y 10.101 = 3 x 7 x 13 x 37.

Este número de 6 dígitos es también divisible por 21, por 39, por 91, por 111, por 259, por 273, por 481, por 777, por 1.443, por 3.367 y por 10.101, que son productos de los cuatro números primos mencionados anteriormente.

♣ Un número de 3 dígitos escrito dos veces seguidas forma un número de 6 cifras *(a b c a b c)* que es divisible por 7, por 11 y por 13 (números primos), ya que este número de 6 cifras *a b c a b c* es igual a *a b c* x 1.001, y 1.001 = 7 x 11 x 13.

Este número de 6 dígitos es también divisible por 77, por 91, por 143 y por 1.001, que son combinaciones, por multiplicación, de los tres números primos mencionados.

Tiempo de acertijos

En el estanque de la casa de los García, las lilas crecen tan deprisa que cada día duplican el área que cubrían el día anterior. Después de 30 días todo el estanque está cubierto de lilas. ¿Después de cuántos días el área del estanque se encontraba sólo cubierto hasta la mitad?

Solución: 29 días. Esto ocurre con los crecimientos exponenciales. El día 29 el área del estanque estaba en su mitad cubierto, y como duplica su extensión cada día, el día 30 estaría completamente cubierto.

El calculista y la herencia de camellos

Presintiendo el fin de sus días, un anciano camellero del desierto convocó a sus hijos y anuncioles cómo debían repartir los camellos que dejábales en herencia:

-El mayor recibirá la mitad de mi manada de camellos; el segundo, un tercio y el menor, una novena parte.

Muerto el anciano árabe, los hijos se encontraron con que no era tan sencillo cumplir la voluntad de su progenitor, pues la manada de camellos constaba de 17 animales. Los hijos dieron mil vueltas al problema sin hallarle solución. Finalmente acudieron a un anciano nómada con fama de calculista y le plantearon el problema. El anciano, tras meditar unos instantes, les dijo:

-Id a buscar mi camello amarrado junto a mi tienda y añadidlo a vuestra manada. De esta manera haremos 18 unidades. Que el mayor se quede con la mitad, es decir 9 animales, que el segundo coja un tercio, es decir 6, y que el menor tome 1/9 del total, es decir 2 camellos. Esto arroja: 9 + 6 + 2 = 17 animales. Ahora, cumplida la voluntad de vuestro padre, devolvedme mi camello, el que hace el número 18.

Con este reparto los tres hermanos se sintieron felices y con la sensación de haber obtenido algo más que la parte que les correspondía.

9.2 Consejos para multiplicar sin esfuerzo

Así como hemos convenido que es útil en nuestro diario transcurrir saber ciertas reglas de divisibilidad, no resultan menos provechosos unos cuantos consejos para multiplicar sin ayuda de calculadoras o lápiz y papel. Estos son nuestros consejos:

♠ Un número entero se multiplica por 10, por 100, por 1.000... etc., añadiendo al número en cuestión tantos ceros como contenga el multiplicador.

$$83 \times 10.000 = 830.000$$

♠ Un número decimal se multiplica por 10, 100, 1.000... desplazando la coma hacia la derecha 1, 2, 3... o tantas posiciones como ceros contenga el multiplicador:

$$3,71 \times 1.000 = 3.710$$
$$0,043 \times 100 = 4,3$$

♠ Para multiplicar por 5, se aconseja multiplicar por 10 y del resultado tomar la mitad.

$$46 \times 5 = (46 \times 10) : 2 = 460 : 2 = 230$$

♠ Para multiplicar por 20, 30, 40 ... basta con multiplicar por 2, 3, 4... y al resultado añadirle luego un 0.

♠ Para multiplicar por 50 es preferible multiplicar por 100 y del resultado tomar la mitad.

♠ Para multiplicar un número por 9, se aconseja multiplicarlo por 10 y luego restar ese número del total:

$$16 \times 9 = (16 \times 10) - 16 = 160 - 16 = 144$$

♠ Para multiplicar por 11

a) si se trata de una sola cifra: se procede a doblarla.

$$7 \times 11 = 77$$

b) si se trata de un número de dos cifras: sumar las dos cifras y colocar el total entre ambas.

$$43 \times 11 = 473$$

Si la suma total de las dos cifras fuera mayor que 9, el guarismo de las unidades se ponen en el medio y el uno de la decena se suma al primer número.

$$39 \times 11 = 39 + 12 \text{ , pero de la forma:}$$

$$
\begin{array}{r}
3 \; 9 \\
+ 1 \; 2 \\
\hline
4 \; 2 \; 9
\end{array}
$$

c) si se trata de un número de tres cifras o más: multiplicar por 10 y luego sumarle el número inicial.

$$351 \times 11$$
$$351 \times 10 = 3.510 + 351 = 3.861$$

No lo olvidemos: las buenas matemáticas siempre encontrarán buenas aplicaciones. Sólo es cuestión de tiempo.

(G.C. Rota)

♠ **Miscelánea final:**

Para multiplicar por:

0,5:	tomar la mitad
0,25 :	tomar una cuarta parte.
2,5:	multiplicar por 10 y tomar una cuarta parte.
25:	multiplicar por 100 y tomar una cuarta parte.
0,75:	tomar 3 /4
7, 5:	multiplicar por 10 y tomar 3/4

Tiempo de Acertijos

Un ganso solitario volaba en dirección opuesta a una bandada de gansos. Al pasar, les saludó:

-¡Hola 100 gansos!

El jefe de la bandada de gansos respondió:

-"No somos 100. Si duplicas nuestro número y luego le sumas la mitad de nuestro número, luego le añades un cuarto de nuestro número y finalmente te añades tú, entonces sí seríamos 100. Con esos datos, averigua cuántos somos".

El ganso solitario reflexionó sobre el acertijo pero finalmente tuvo que recurrir a una cigüeña que encontró en su camino, quien se lo explicó. ¿Cuántos gansos formaban la bandada?

Solución: Era una bandada de 36 gansos. 36+36+18+9+1 = 100

Aplicación matemática no recomendada

*Un tipo que se hace pasar por asesor financiero imprime, con el logotipo de la supuesta empresa **InvestRich,** 32.000 cartas en papel de lujo y las envía a otros tantos potenciales inversores de bolsa. Las cartas hablan del elaborado sistema informático de la compañía **InvestRich**, de la experiencia financiera de sus gestores y de sus contactos. En 16.000 de las cartas se pronostica que las acciones de un determinado valor subirán y en las otras 16.000, que bajarán. Tanto si las acciones elegidas suben como si bajan, el timador envía una segunda carta pero sólo a las 16.000 personas que recibieron la "predicción" correcta. En 8.000 de ellas se pronostica un alza del mismo valor para la semana siguiente y una caída en las 8.000 cartas restantes. Ocurra lo que ocurra, 8.000 personas habrán ya recibido dos predicciones acertadas. El tipo manda entonces una tercera carta, ahora sólo a esas 8.000 personas que recibieron dos pronósticos acertados, con una nueva predicción para la semana siguiente: 4.000 cartas predicen una bajada de la cotización del susodicho valor y 4.000 un alza. Pase lo que pase, 4.000 personas habrán recibido cartas de **InvestRich** con tres predicciones consecutivas acertadas. El presunto asesor continúa con el plan hasta que 500 personas hayan recibido seis "predicciones" correctas seguidas. En la siguiente carta se recuerda a estos 500 elegidos lo acertado de las* *predicciones y se les informa que para seguir recibiendo una información tan valiosa por séptima vez habrán de aportar 1.000 euros. Si todos pagan, nuestro asesor se saca la bonita suma de 500.000 euros (más de 80 millones de las antiguas pesetas) con apenas inversión. Todo un negocio que dejaría a los de **Gescartera** como vulgares paletos del timo.*

9.3 Las matemáticas y el arte

Las proporciones de la belleza son simples: 100 %.

(S. J. Lec)

Michael Holt, en su libro **Matemáticas en el arte** (*Mathematics in art*), nos advierte de los muchos puntos de contacto entre el arte y las matemáticas. Eso es obvio en aquellas artes que recurren al espacio o al plano, objetos geométricos o figuras sujetas a la ley de la proporción. Como ejemplo de la pintura matemática destaca a Cézanne, quien sostenía que toda la Naturaleza puede ser representada "por el cilindro, la esfera y el cono". Mondrian, Klee, Escher (el cual decía que las leyes de la simetría eran una de las más ricas fuentes de la creación artística), Duchamp, son otros claros ejemplos. También el op-art, que según el autor referido "se preocupa, por medio de la geometría menos euclidiana, por negar el ojo, por no ser mirado". Por último está el *Arte mínimo o minimalista* pretende reducir el arte al esqueleto puro que es la matemática. Antes de estos ejemplos tan recientes, advierte el autor la deuda matemática de Leonardo da Vinci, en especial en *La última cena*, o de Durero, el cual anticipó, con su *Esquema geométrico del movimiento humano*, los postulados del moderno constructivismo.

Un caso paradigmático de lo que trato de expresar lo constituye el proyecto reciente (1993) del artista Lessick y que él, acertadamente, bautizó: "Nuevas matemáticas". Lessick y unos colegas trazaron, por medio de afeitado, símbolos matemáticos en los lados del cuerpo de un rebaño de ganado lanar en Crest, Francia. El carnero llevaba afeitado un cero en su lado izquierdo y un signo de multiplicación en su lado derecho; la oveja llevaba el signo del infinito afeitado en su lado izquierdo y el signo de división en el derecho. Los demás corderos llevaban rapados un signo + en su lado izquierdo y un − en su lado derecho. Cuando el carnero empezaba a andar, la oveja y los corderos le seguían, de tal manera que si se dirigía a la izquierda, la ecuación mostraría del cero al infinito, mientras que si se dirigía a la derecha, el mensaje "multiplica y divide".

Desvelado el nexo, examinemos la relación de las matemáticas con formas concretas de expresión artística.

9.3.1 Las matemáticas y la literatura

No es de hoy la relación entre literatura y matemáticas. Recuérdese que Descartes y D'Alembert, en Francia, fueron a la vez escritores y matemáticos. En Alemania, Schopenhauer (***El mundo como voluntad y representación***) ya vislumbra, y sugiere, la similitud entre la conceptualización poética y matemática. Goethe, por ejemplo, en una de sus obras (creo que en ***Las Afinidades*** *electivas*), pone en boca de un personaje esta frase que evoca a una ecuación matemática:

-Usted, querido amigo, limítese a tener cuidado con D. ¿Qué sería de B si le quitaran C? [...] Volvería junto a su A, que es su alfa y su omega.

Jonathan Swift recurre al cálculo en su relato ***Hospital para incurables***, donde hace un cómputo del dinero que se necesitaría para mantener diariamente a doscientas mil incurables, y que desglosa de la siguiente manera:

Imbéciles incurables: 20,000, a un chelín cada uno =1.000 libras

Bribones incurables: 30,000, a un chelín cada uno = 1.500 libras

Gruñones incurables: 30,000, a un chelín cada uno = 1.500 libras

Escritores de pacotilla: 40,000, a un chelín cada uno = 2.000 libras

Petimetres incurables: 10,000, a un chelín cada uno = 500 libras

Infieles incurables: 10,000, a un chelín cada uno = 500 libras

Mentirosos incurables: 30,000, a un chelín cada uno = 1.500 libras

Incurablemente envidiosos: 20,000, a un chelín cada uno = 1.000 libras

Incurablemente presumidos: 10,000, a un chelín cada uno = 500 libras

Total de mantenidos: 200,000 ; Gasto total = 10.000   libras

El monto anual, multiplicando el gasto diario por 365 días, ascendía a 3.650.000 libras, cifra considerable en su época.

La novelista victoriana Mrs. Henry Wood, hace decir a uno de sus personajes, dirigiéndose a la chica Pleasaunce: "Ahora te beso

> *tres veces en la mejilla y cuatro veces en la boca. ¿Cuánto suman?". La chica susurró: "siete". "Eso es aritmética", respondió triunfante el muchacho. "Dios mío", exclamó Pleasaunce, "jamás lo hubiera pensado".*

Leopoldo Hugo, primo de Víctor Hugo, y también escritor, en 1877 publicó el libro: ***Teoría hugodecimal o los fundamentos científicos y definitivos para una aritmeticología universal que contenga... geometría panimaginaria en l/m dimensiones, aritmética en cifras l/m, un Decreto Presidencial Ecuménico relativo al fundamento hugodefinitivo de notación decimal.*** Sobran, creo, explicaciones.

Pero es quizás Lewis Carroll quien mejor ejemplifica el nexo entre matemáticas y literatura, pues combinó ambas especialidades de forma magistral. En el siglo XX, Valéry estudió matemáticas como "un modelo de los actos de la mente".

Pero fue en los años 1960, con la **OuLiPo** (OUvroir de LIttérature POtentielle), de la mano de François Le Lionnais y Raymond Queneau, cuando la literatura se implicó de forma más profunda en las matemáticas. Precisamente fue Lionnais quien primero utilizó el término *literatura combinatoria*, en el epílogo a la obra de Queneau ***Cien mil millardos de poemas*** (Ver sección 8.3.1). Queneau, que también produjo Haikus booleanos, fue el máximo exponente de esta relación literario-matemática. Su experimento más osado, a mi juicio, fue la traducción de uno de sus relatos a lenguaje matemático. Este era el relato:

Una mañana a mediodía, junto al parque Monceau, en la plataforma trasera de un autobús casi completo de la línea S (hoy el 84), observé a un personaje de cuello muy largo que llevaba un sombrero de fieltro rodeado de un cordón trenzado en lugar de cinta. Este individuo interpeló de repente a otro pasajero, acusándole de que le pisoteaba adrede cada vez que subían o bajaban viajeros. Pero abandonó súbitamente la discusión para lanzarse sobre un sitio que había quedado vacío. Dos horas más tarde, volví a verlo delante de la estación de Saint-Lazare, conversando con un amigo que le aconsejaba disminuir el escote del abrigo haciéndose subir el botón superior por un buen sastre.

Y esta es la traducción al idioma matemático que hiciera el mismo Queneau:

En un paralelepípedo rectangular que se movía a lo largo de una línea que representa la solución integral de una ecuación diferencial de segundo grado:

$$y'' + PPTB (x)y' + S = 84$$

dos homínidos (de los cuales, el homínido A mostraba un elemento cilíndrico de largura $L > N$ circundado

por dos ondas de seno de período ~ inmediatamente bajo su hemisferio de corona) no puede aguantar el contacto en ningún punto de sus extremidades inferiores sin proceder a establecer asimetrías en su conducta. Posteriormente, el cruce tangencial de dos homínidos origina el pequeño pero significativo desplazamiento de todas las diminutas esferas dispuestas tangencialmente con respecto a una perpendicular de largura l < L sobre la parte frontal de una prenda embutida sinoidalmente en el homínido A.

En 1965, un tal Saporta escribió y publicó una novela factorial, cuyas páginas, sin pegar al lomo, podían intercambiarse en cualquier orden, de acuerdo con el capricho del lector.

Fórmula personal de un personaje de Juan Filloy, en su obra
Caterva:

$$(Familia/Amor) + X\ tedio + X\ odio + X\ asco = 0\ ilusión$$

Pero no todos los literatos gustan de practicar o reconocer este nexo entre literatura y matemáticas. Hay autores que odian las matemáticas, o no las entienden, o quizás ambas cosas a la vez. Es el caso de nuestro célebre dramaturgo Enrique Jardiel Poncela, quien desarrolló un odio profundo por las matemáticas y la geometría. Jardiel manifestó en 1929: "Nunca pude admitir el que la suma de los ángulos de un triángulo fuera igual a dos rectos. Aún hoy me resisto a admitirlo". Sin embargo, en privado, reconocía tener un gran respeto por las ciencias exactas, y también lo manifestó, con el humor que lo caracterizaba, en cierta ocasión: "Admiro a esos hombres que suman y restan deprisa y que multiplican sin equivocarse. En cuanto a los hombres que saben dividir, a ésos los miro con tanto respeto que, por grande que haya sido nuestra amistad, nunca me he atrevido a tutearlos".

ARITMETICUS:

Si a una bola de cañón le tomaría 3 1/3 segundos viajar 4 millas y 3 3/8 segundos recorrer los siguientes cuatro, y 3 5/8 los cuatro siguientes, y si el ratio de progreso continúa disminuyendo en la misma proporción, ¿cuánto tardaría en recorrer mil quinientos millones de millas?

MARK TWAIN:

No lo sé.

9.3.1.1. Escritura y programación

Lo último en la frontera de las matemáticas y la literatura consistiría en programar máquinas con algoritmos para que produjeran o modificaran textos artísticos. Esto es lo que sucedió cuando el Centro Pompidou patrocinó el proyecto A.R.T.A., un proyecto que pretendía enlazar la ciencia de la computación y la creación literaria; el fin era lograr una "Literatura algorítmica". Dentro de este proyecto, Dominique Bourguet programó la obra de Raymond Queneau **Una historia a tu gusto,** de tal manera que el lector fuese escogiendo el progreso de la lectura mediante el recurso de proporcionar dos elecciones. El ordenador, que sigue ciegamente las instrucciones del lector, va mostrando (o imprimiendo) el texto según sus preferencias.

Las opciones eran del tipo:

1. ¿Deseas escuchar la historia de los tres guisantes alertas?

Si "sí", vaya a 4

Si "no", vaya a 2

2. ¿Prefiere escuchar la historia de los tres postes delgados?

Si "sí", vaya a 16

Si "no", vaya a 3

3. ¿Prefiere la historia de los tres arbustos mediocres?

Si "sí", vaya a 17

Si "no", vaya a 21

De elegir la primera opción, el programa llevaría al lector al punto cuatro, donde aparecía escrito: "Érase una vez tres guisantes vestidos de verde..."

Considerando el nivel en el que se encuentra hoy la informática, en concreto la sutileza y complejidad del logicial al servicio de la creación, es obvio que surja la pregunta: ¿no podrían los ordenadores, adecuadamente aleccionados (programados), crear textos tan buenos como los de nuestros más dotados autores? De hecho ya existe un programa de ordenador que genera "tormentas de ideas" para ayudar a los escritores. Se denomina **ParaMind** y vendría a ser una versión informatizada del *Ars Combinatoria* de Raimundo Lulio. El **ParaMind** produce ideas de tus ideas, es decir, origina combinaciones de situaciones en función de la carga literaria que se le haya introducido. Y yendo más allá, ¿por qué no pedirle a un programa informático "alimentado" con las principales obras de la literatura universal, que produzca un texto original a imagen y semejanza de esos textos canónicos? Claro que de este frío reducto de creación podría surgir lo que recoge la siguiente anécdota, que algunos toman por ocurrencia real:

Un programador dio instrucciones a un ordenador para que inventara un relato breve que contuviera los siguientes ingredientes: una alusión religiosa, un personaje distinguido, una referencia al sexo y un poco de misterio. La historia lucubrada por la máquina fue la siguiente:

"¡Dios mío!", exclamó la duquesa. "Estoy embarazada; ¿quién habrá sido?"

(Sin tanto bagaje cibernético, ya se venden en las librerías libros para jóvenes con distintos argumentos y desenlaces mediante el simple

procedimiento de indicarte la página donde debes ir en función de la opción elegida).

La cuarta dimensión en la literatura

o

Hay vida tetradimesional después de Abbott

*Después del éxito de **Planilandia** (1884), la ficción que recurría a la cuarta dimensión o incluso dimensiones superiores, se desbocó. El matemático Charles H. Hinton, que ya había escrito sobre un universo bidimensional y de los seres que lo habitan en varios artículos de principios de la década de 1880, a raíz del éxito de Abbott escribió una novela titulada **An Episode of Flatland, or How a Plane Folk Discovered the Third Dimension** (Un episodio de Planilandia, o cómo un ciudadano corriente descubrió la cuarta dimensión). Este escritor y matemático vivió toda su vida obsesionado con poder ver la cuarta dimensión. Escribió Hinton varias obras más con personajes geométricos. A Hinton se le conoce sobre todo por acuñar la palabra teseracto (tesseract en inglés) para su sistema de visualización de geometrías en varias dimensiones.*

*Pero antes de **Planilandia**, quizá como un precursor, el psicólogo alemán Gustav Fechner (1801-1887), publicó un relato corto titulado **El espacio tiene cuatro dimensiones**, en el que un hombre-sombra era proyectado en una pantalla vertical por un proyector opaco, y donde el mito de la caverna de Platón se entrelaza de alguna manera con la cuarta dimensión.*

Dionys Burguer (1892-1987), al hilo de la moda desatada

por **Planilandia**, *escribió* **Sphereland, A Fantasy About Curved Spaces and an Expanding Universe** *(Esferalandia, una fantasía sobre espacios curvados y el universo en expansión), donde el protagonista es un Hexágono, nieto de Cuadrado (Cuadrado es el protagonista de la obra de Abbott), en una sociedad que ha evolucionado socialmente.*

Pero es quizás el escritor británico H. G. Wells el que más utiliza el concepto de cuarta dimensión en sus novelas, siendo la más conocida **La máquina del tiempo** *(1895). En ella, Wells considera que el tiempo es la cuarta dimensión, pero no en el sentido relativista (que surgiría varias décadas después) sino el espacio-tiempo estático, como era considerado en aquellos años. El protagonista es un científico que ha estado trabajando en la geometría de la cuarta dimensión y que construye una maquina con la que poder desplazarse a través de la dimensión temporal. He aquí un breve extracto de la novela donde explica lo que entiende por cuarta dimensión:*

"Evidentemente -prosiguió el Viajero a través del Tiempo- todo cuerpo real debe extenderse en cuatro direcciones: debe tener Longitud, Anchura, Espesor y... Duración. Pero debido a una flaqueza natural de la carne, que les explicaré dentro de un momento, tendemos a olvidar este hecho. Existen en realidad cuatro dimensiones, tres a las que llamamos los tres planos del Espacio, y una cuarta, el Tiempo. Hay, sin embargo, una tendencia a establecer una distinción imaginaria entre las tres primeras dimensiones y la última,

porque sucede que nuestra consciencia se mueve por intermitencias en una dirección a lo largo de la última desde el comienzo hasta el fin de nuestras vidas".

*La siguiente novela de Wells, **La visita maravillosa**, también publicada en 1895, recurre a universos tridimensionales paralelos adyacentes dentro de la cuarta dimensión y en la visita de hiperseres. Un ángel cae de su universo celestial, que él denomina el mundo de los sueños, al nuestro, que según él mismo dice "están tan cerca como dos páginas en un libro". El ángel, consciente de la realidad tetradimensional del universo donde se halla, juega el papel de la esfera de **Planilandia**, mientras que los habitantes del pueblo inglés donde éste ha ido a parar son el análogo al Cuadrado del mundo de Abbott. Esta misma idea es utilizada también en su libro **Hombres como dioses** (1923). Hay más novelas de Wells que explo(r/t)an este concepto multidimensional, pero sería prolijo consignarlas todas.*

*Lewis Carroll, nada ajeno a las matemáticas, la geometría y las dimensiones, en su obra **Silvia y Bruno** (1889) introduce un dispositivo, un reloj, que permite, bajo ciertas limitaciones, viajar en el tiempo. Pero como Carroll conocía la obra de Riemann y Lobachevski, sus elucubraciones geométricas poseen complejidades ajenas a la sencillez de **Planilandia**. En su libro **A través del espejo y lo que Alicia encontró allí** (1871) utiliza la idea de «cortes» de Riemann, agujeros de gusano que conectan dos universos, que en el caso* de esta historia serían el nuestro y el país de las maravillas, conectados ambos a través del espejo. Pero, además, en esta obra Carroll trabaja con el concepto de cambio de orientación que se produce al viajar a través del espejo. Antes de atravesarlo, Alicia se encuentra con su gato frente al mismo, y le comenta: «¿Te gustaría vivir en la casa del espejo, gatito? Me pregunto si te darían leche allí; pero a lo mejor la leche del espejo no es buena para beber...». En efecto, no lo era, ya que las moléculas pueden ser dextrógiras (tienen la propiedad de hacer girar el plano de la luz polarizada hacia la derecha) o levógiras (hacia la izquierda), y al pasar a través del espejo las dextrógiras se convertirían en levógiras y al revés. Otro ejemplo más evidente y visual sobre el cambio de orientación lo encontramos cuando, al cruzar al otro lado del espejo, Alicia observa que los libros de la biblioteca están escritos «del revés», como cuando los ponemos frente al espejo. Así, el poema GALIMATAZO ella lo está viendo escrito así: OZATAMILAG.

También Oscar Wilde, en su relato **El fantasma de Canterville** (1887), juega con la idea de que los fantasmas son seres que viven en la cuarta dimensión y que pueden entrar y salir a su antojo de nuestro universo: "No había tiempo que perder, luego adoptando rápidamente la cuarta dimensión del espacio como un medio para escapar, el fantasma desapareció como a través de la pared y la casa quedó en calma". Es decir, que no atraviesa la pared sino que pasa a una cuarta dimensión.

La novela **Viaje al país de la cuarta dimensión**, del francés Gastón de Pawlowski (1874-1933), sigue los pasos de H. G. Wells y se vale de la ficción sobre la cuarta dimensión para discutir sobre temas sociales. Sin embargo, aunque en esta obra se trate el viaje en el tiempo, Pawlowski se acerca más al concepto espacial propio de Abbott y Hinton que al de H. G. Wells. Incluso Marcel Proust (1871-1922), en su magna obra **En busca del tiempo perdido**, introduce este concepto geométrico al describir una iglesia: "Era un edificio ocupando, por así decirlo, un espacio tetradimensional -siendo el Tiempo la cuarta dimensión-, extendiendo a través de los siglos su nave, de bóveda en bóveda, de capilla en capilla, parecía vencer y franquear no sólo unos cuantos metros, sino épocas sucesivas, de las que iba saliendo triunfante, ocultando las escabrosas barbaridades del siglo decimoprimero en el espesor de sus muros".

Otro apasionado de la temática de la cuarta dimensión fue el poeta mexicano Amado Nervo, fallecido en 1919, que escribió un artículo sobre la cuarta dimensión en el que podemos leer: "Nuestra conciencia no está, como nuestros sentidos, construida según la visión del mundo de tres dimensiones, sino que, al contrario, nos descubre esa "cuarta dimensión", que no es en suma otra cosa que el complemento necesario de una comprensión total del universo entero".

La popularidad de la cuarta dimensión también llamó la

361

atención del escritor británico Rudyark Kipling, que empleó la expresión «cuarta dimensión» en al menos dos de sus relatos. En *Un error en la cuarta dimensión*, esta alusión se queda en el título, pues este concepto no aparece en el relato, lo contrario que en *El chico de la leña* (1895), donde se narra las aventuras que experimentan sus dos protagonistas en el mundo de los sueños, que Kipling también denomina cuarta dimensión: *"Corrió desesperadamente hasta que se encontró totalmente perdido en la cuarta dimensión del mundo, sin esperanza de regresar"*.

El escritor sueco Lars Gustafsson, en su obra más célebre, *Muerte de un apicultor* (1978), menciona una característica que produce el cambio de dimensión hasta ese momento sólo prevista por Lewis Carroll: el cambio de orientación espacial. Así se expresa el protagonista: *"Tengo la sensación de que durante los últimos meses he estado caminando alrededor de mi propia vida en un misterioso y fantástico laberinto, y ahora he vuelto exactamente al mismo lugar donde comencé. Pero, como me he movido fuera de las dimensiones normales, derecha e izquierda de algún modo se han permutado. Mi mano derecha es ahora mi izquierda, mi mano izquierda, la derecha. He vuelto al mismo mundo y ahora lo veo como si fuera feliz"*. El escritor ruso nacionalizado estadounidense Vladimir Nabokov también juega con el cambio de orientación que se produce en el giro dimensional en la novela *¡Mira los arlequines!* (1974).

En la novela **Lilith** *(1895), del escritor y poeta escocés George MacDonald, el protagonista, mediante la manipulación de espejos, crea una puerta dimensional entre nuestro universo y otro paralelo donde habitan los espíritus de los muertos. El inglés Ford Madox Ford y el británico de origen polaco Joseph Conrad escribieron* **Los herederos** *(1901), como denominan a unas criaturas de la cuarta dimensión que quieren apoderarse de nuestro mundo. En el relato* **The Hall Bedroom** *(1905), de la estadounidense Mary Wilkins Freeman, la protagonista pasa a la cuarta dimensión mirando un extraño cuadro. En la novela del escritor, también estadounidense, Francis Scott Fitzgerald,* **Hermosos y malditos** *(1922), se lee: "Le parecía a ella que todo en la habitación estaba tambaleándose en grotescos giros tetradimensionales a través de planos de intersección de un azul difuso".*

El escritor estadounidense Ambrose Bierce, en su colectánea **Desapariciones misteriosas** *(1893), relata diferentes casos de personas que son transferidas desde nuestro espacio a otro no-euclidiano donde se pierden y caen en una especie de extraños bolsillos inaccesibles para el resto de los humanos. Vamos, que puede formar parte de los amigos de la cuarta dimensión.*

Jorge Luis Borges no podía faltar a la cita tetradimensional. En su relato **Tlön, Uqbar, Orbis, Tertius**, *se menciona que la carta que elucida el misterio de Tlön apareció en «un libro de Hinton» (ver los párrafos dedicados a este*

matemático de la cuarta dimensión en este mismo apartado).
También se hace referencia a este matemático (por lo visto una
constante en las lecturas del escritor argentino) en el relato
*fantástico There are More Things, de **El libro de arena**, donde*
el tío del protagonista le presta a éste «los tratados de Hinton,
que quiere demostrar la realidad de una cuarta dimensión del
espacio, que el lector puede intuir mediante complicados
ejercicios con cubos de colores». La cuarta dimensión también
se menciona en el relato Abenjacán el Bojarí, muerto en su
*laberinto, dentro de **El Aleph**. Allí se puede leer: «Opté por*
olvidar tus absurdidades y pensar en algo sensato. -En la teoría
de los conjuntos, digamos, o en una cuarta dimensión del
espacio -observó Dunraven».

Son muchos los escritores contemporáneos que todavía
siguen la estela de Abbot. Por ejemplo, en el libro de Abbott,
cuando la esfera atraviesa Planilandia, Cuadrado ve secciones
planas de la misma, lo que en términos bidimensionales se
equiparan a sacerdotes, pues observa círculos. Pero ¿qué
verían los habitantes de este universo bidimensional si un
humano lo cruzase? Eso es lo que se muestra en el relato del
escritor de ciencia ficción norteamericano Rudy Ruckern
*titulado **Mensaje encontrado en una copia de Planilandia***
(1983), cuyo protagonista cae a través de Planilandia, que
resulta estar situado a una yarda del suelo en el sótano de un
restaurante pakistaní. Los planilandeses sólo ven secciones
planas del cuerpo del humano, en su mayor parte anillos cuya

circunferencia se forma con piel y pelos, o polígonos de tela. Si atravesaran Planilandia los dedos de una mano, ellos observarían cinco pequeños discos irregulares con piel y pelos en su perímetro circular. Rudy Rucker también ha hecho otras incursiones narrativas con fundamento tetradimensional, como **Spaceland: A Novel of the Fourth Dimension** (Espaciolandia: una novela de la cuarta dimensión), donde el protagonista es un tal Joe Cube (José Cubo). En esta novela el personaje principal, al utilizar un aparato tomado de la oficina, abre sin querer una puerta a la cuarta dimensión, desde la cual es contactado por una mujer llamada Momo. También recurre Rucker a la cuarta dimensión en su novela **The Sex Sphere** (La esfera del sexo). Incluso el célebre divulgador matemático Ian Stewart no ha podido resistirse a revisitar Planilandia, a la que ha dedicado una versión anotada y hasta una secuela, **Flatterland, Like Flatland Only More So** (Masplanilandia, como Planilandia sólo que más). La protagonista del libro, Victoria Lane, una descendiente del Cuadrado de Abbott, hace un recorrido por conceptos más modernos, como la dimensión fractal, las dimensiones espaciales ocultas, la geometría hiperbólica, etc.

Otros escritores conocidos de ciencia ficción que han tocado el tema de la cuarta dimensión a lo largo del siglo XX, son: Isaac Asimov, Arthur C. Clarke, H. P. Lovecraft, Frederik Pohl. Pero de entre todas las obras que hablan de la tetradimensionalidad es de destacar el relato corto **Y construyó una casa extraña**, de Robert A. Heinlein, en el cual un *arquitecto construye una casa que es el despliegue en tres dimensiones de un hipercubo, y que, una vez construida, se pliega en la cuarta dimensión, atrapando al arquitecto en su interior.*

9.3.2 Las matemáticas y la poesía

"El poeta, sea todo lo refractario a las matemáticas que quiera,
está obligado de todas maneras a contar hasta doce
a la hora de componer un alejandrino".
(Raymond Queneau)

La poesía, de acuerdo con el poeta y crítico Louis Zukofsky, puede definirse como una ordenación de palabras que, en cuanto a tono y movimiento, tiende en diverso grado al arte sin palabras como a una especie de límite matemático. El mismo Zukofsky cita al matemático George H. Hardy, quien dijera envidiar a la poesía su finura de lógica inmediata.

Las matemáticas no sólo influyen en la ordenación de las palabras, en su azar combinatorio, como ocurre con los **Cien millardos de poemas**, de Queneau, sino también puede aportar materia en bruto, asunto poético, veta lírica, como en el siguiente ejemplo donde el poeta transforma un martirio en una virtuosa demostración de geometría:

Fue de Cruz su martirio; pues la rueda
hace, con dos diámetros opuestos,
de la Cruz la figura soberana,
que en cuatro se divide ángulos rectos.

Sor Juana Inés de la Cruz, la poetisa mexicana, también aunó poesía y matemáticas. Así, en la loa número 380 al cumpleaños de Mariana de Austria, en una tenebrosa metáfora enlaza astronomía, geometría y numerología mediante rimas esdrújulas: "Sólo en la sesquiséptima / proporción tripla el círculo se hallara". La sesquiséptima es, según el *Diccionario,* la unidad más una séptima parte: 1 1/7. Esta cifra, aclara Méndez Plancarte, triplicado produce el 3,1416, el número *pi*. Si se multiplica *pi* por el diámetro, se tiene la medida del círculo, en este caso el día del nacimiento de Mariana (**22** de diciembre), un día perfecto como el círculo.

En el siglo XVII, Harsdörfer publicó en sus *Récréations*, pareados factoriales del tipo:

Ehr, Kunst, Geld, Guth, Lob, Weib und Kind
Man hat, sucht, fehlt, hofft und verschwind!

Las diez palabras en cursiva pueden permutarse entre sí por el hablante sin alterar el ritmo (pues son monosilábicas), dando un potencial de 3.628.800 poemas distintos. Con n palabras para permutar, el número de posibilidades sería el factorial de n, o n!: 1 x 2 x 3 x 4... x n.

> *Cuando Tennison escribió* **The Vision of Sin***, Babbage, matemático y diseñador de la primera máquina de calcular, lo leyó y luego le envió al autor la siguiente carta:*
> *"En su por otra parte bello poema, hay un verso que reza:*
> *Every moment dies a man / Every moment one is born.*

> *(En cada instante muere un hombre, En cada instante otro nace)*
> *Debo manifestarle que, de ser eso cierto, la población de mundo*
> *hubiera permanecido estable. De hecho, el ratio de nacimientos es*
> *un poco superior al de muertes. Sugeriría que en una nueva*
> *edición de su poema, éste dijera:*
>
> *Every moment dies a man / Every moment 1,03 is born.*
> *(En cada instante muere un hombre, En cada instante nacen 1,03*
> *hombres)*

Y especificaba el matemático: "Para ser exactos, eso tampoco sería correcto. La cifra real supone un decimal tan largo que no cabría en la línea, pero creo que 1,03 es suficientemente preciso para la poesía".

Una aplicación reciente, y atrevida, de las matemáticas en la poesía ha consistido en el intento de remodelar los sonetos de Shakespeare con la ayuda de la combinatoria. La cosa funciona de la siguiente manera. Se toma, por ejemplo, el siguiente soneto:

Shall I compare thee to a summer's day?
Music to hear, why hear'st thou music sadly?
That time of year thou may'st in me behold
Farewell! thou art too dear for my possessing

Se reduce cada línea a cuatro palabras dominantes; el resto se consideran auxiliares y se muestran entre paréntesis.

I, compare, summer, day   (shall, thee, to a)
music, hear, thou, music   (why, sadly)
time, year, thou, behold   (that, of, in me)
farewell, thou, art(dear), possessing (too, for my)

Utilizando a nuestro capricho las palabras dominantes y sirviendo de argamasa las palabras auxiliares, podemos formar un diferente edificio poético de cuatro líneas, como si fueran cuatro comienzos de cuatro ocultos sonetos de Shakespeare:

The music of the years, too dear for me
The summer's music sadly thou beholdest
Today thou may'st in me hear the farewell . . .
Possessing thee, why doth my Time compare

Empleando la misma técnica, podemos recomponer los versos tantas veces como queramos:

Shall I, sadly hearing the year's farewell .
Possessing me, thou hast beheld my summer
Too dear a music for a day thou art . . .
Music thou art of Time, that doth compare thee

*Ezra Pound, en su **Espíritu del romance**, declaró que "la poesía es un tipo de matemáticas inspirada".*

Otra forma de poesía combinatoria son los poemas "fibonaccianos". Por ese nombre se conocen aquellos fragmentos líricos que previamente han sido divididos en elementos (frases, palabras), y que uno recita o compone utilizando elementos que no estén yuxtapuestos en el texto original. Se llaman "fibonaccianos" porque, con n elementos, el número de poemas que se pueden crear sigue la serie de Fibonacci:

$$F_n = 1 + \frac{n!}{1!(n-1)} + \frac{(n-1)!}{2!(n-3)!} + \frac{(n-2)!}{3!(n-5)!} + \frac{(n-3)!}{4!(n-7)!} + \ldots$$

«Pensad en un número,
duplicadlo, triplicadlo,
elevadlo al cuadrado.
Y canceladlo».
(MacNeice, poeta de Belfast, hoy olvidado)

"La poesía es geometría por excelencia".
(Lautréamont)

9.3.3 las matemáticas y la música

De antiguo viene la relación entre matemáticas y música. En la Grecia antigua, y como ya hemos comentado al comienzo del libro, Pitágoras inició una escuela secreta de carácter místico, religioso y filosófico, para quienes el número era la esencia última de las cosas. El universo era para ellos "cosmos", un orden que se contraponía al caos informe, un orden regido por la armonía de las proporciones numéricas y geométricas. El pitagorismo traspasó el umbral de mera doctrina para convertirse en forma de vida dedicada a la contemplación de la armonía del universo.

Centrándonos en lo que atañe a este capítulo, Pitágoras sintió algo parecido a una revelación cuando descubrió que las longitudes de las cuerdas de un instrumento musical, correspondientes a intervalos consonantes, cumplen relaciones numéricas simples: la octava, 2 a 1; la quinta perfecta, 3 a 2; la cuarta perfecta, 4 a 3... A partir de esta forma de armonía dedujo que las distancias a y entre los planetas guardaban esas proporciones simples, produciendo sus esferas invisibles una maravillosa música celestial, inaudible para los mortales, lo que después se poetizó en la expresión "música de las esferas".

Pitágoras no fue el único matemático interesado por la relación de los números y la música. Los manuscritos de Newton muestran que dedicó muchos esfuerzos al estudio de las relaciones numéricas en la escala musical, que conocía a la perfección. Hasta el Renacimiento se usó la escala pitagórica, que tenía un fallo fundamental, debido a la incompatibilidad mutua de las consonancias simples.

9.4 Matemáticas del
sentimiento

La irracionalidad es la raíz cuadrada del mal.
(D. R. Hofstadter)

Hay parcelas de la vida que parecen ajenas por completo a la medición matemática, como los sentimientos. ¿Podría, por ejemplo, medirse el amor, cuantificarse las escalas de su pasión, calcularse los grados exactos de su intensidad? ¿O cuánto vale una hora de tiempo del ser humano? ¿Puede hallarse la fórmula de la conciencia? Parecen cuestiones poco o nada sujetas al cálculo numérico, pero las matemáticas no se arredran ante tamaños retos, para su afán no hay cortapisas. Y si no me creen, vean los siguientes ejemplos.

Cálculo de la duración del amor

El estudio matemático del amor pareciera actividad quimérica, ilusoria, pero no han faltado esforzados. Si quiere usted saber si su pareja le ama, comience a multiplicar por k_2...

Según expuso Paul Diffloth en su libro ***Ensayos sobre la matemática del amor***, allá por 1907: "La duración de un amor depende de la importancia relativa de los dominantes: corazón, sentidos, espíritu. Cuanto más sensual es un amor, tanto menos dura. Los amores de cabeza son vanos y fugitivos. Sólo el corazón es prenda de fidelidad. Esta ley puede representarse por la fórmula siguiente: siendo D la duración del amor: k_2 una constante positiva; C, S, E, las proporciones respectivas de Corazón, Sensualidad y Espíritu, que entran en la constitución de este amor, obtenemos la ecuación:

$$\text{Duración} = k_2\ C/\ S \times E$$

Basta reemplazar las letras por los valores correspondientes de cada una de las variables y se obtiene la duración de cada una de estas pasiones:

. Amor vanidoso (E = 70, C = 10, S = 20); Duración = k_2 10/ (70 x 20) = k_2/140

. Amor "flirt" (E = 65, C = 0, S = 35); Duración = k_2 x 0/ (65 x 35) = 0

. Amor platónico (E = 30, C 70, S = 0); Duración = k_2 70/ (30 x 0) = infinito

El mismo autor clasificó así los amores según su duración

Amor verdadero...	infinito
Amor platónico..	Infinito
Amor pasión ...	k_2 x 1/5
Amor romántico..	k_2 x 1/4
Amistad amorosa....	k_2 x 1/50.
Amor vanidoso...	k_2 x 1/140
Amor "flirt"....	0

Añadía el autor que los resultados obtenidos matemáticamente concordaban con los datos obtenidos utilizando los métodos psicológicos.

> *Las matemáticas del sexo se detienen en algún lugar de la región del soixante-neuf; y no hay series trascendentes.*
> *(George Steiner)*

Pero no se detienen ahí las matemáticas, para ella parece no haber valladar infranqueable. Vean, si no, el siguiente cálculo:

Fórmulas matemáticas de la felicidad

La psicología y disciplinas afines, como antes dijéramos de la sociología, también han querido aprovecharse del prestigio que emana de las matemáticas. Los psicólogos británicos Carol Rothwell y Pete Cohen, luego de haber entrevistado a más de mil personas, aseguraron haber hallado la fórmula de la felicidad. Veámosla:

$$\text{Felicidad} = P + 5E + 3A$$

Según estos psicólogos, y siempre referido a un individuo, **P** corresponde a Personal (características de su percepción vital: sistema de creencias, capacidad de aguante, capacidad de adaptación), **E** a Existencia (salud, amistades, estabilidad económica) y **A** representa las necesidades prioritarias (autoestima, expectativas, ambiciones).

Pero los psicólogos británicos anteriormente mencionados no han sido los únicos en tratar de dar con la fórmula de la felicidad. Uno de nuestros más célebres divulgadores científicos de la actualidad, Eduardo Punset, también proporciona en el libro *El viaje a la felicidad*, su propia ecuación de la felicidad. Es ésta:

$$\text{Felicidad} = E\,(M+B+P)\,/\,R+C.$$

Las variables las subdivide Punset en tres categorías:
FACTORES SIGNIFICATIVOS (S)
E= Emoción al comienzo y final del proyecto, o "la felicidad se encuentra en la sala de espera de la felicidad", en palabras del propio Punset.
M= Mantenimiento y atención al detalle.
B= Disfrute de la búsqueda y la expectativa.
P= Relaciones Personales.
FACTORES REDUCTORES DEL NIVEL DE FELICIDAD (R)
Ausencia de desaprendizaje. Recurso a la memoria grupal. Interferencia con los procesos automatizados. Predominio del miedo.

CARGA HEREDADA (C)

Mutaciones lesivas. Desgaste y envejecimiento. Ejercicio abyecto del poder político. Estrés imaginado.

También británicos (se ve que es un asunto que interesa a esta sociedad), investigadores del University College de Londres (UCL) han ahondado en el cálculo felicífico. La felicidad momentánea de más de 18.000 personas de todo el mundo se ha podido predecir con éxito mediante una ecuación matemática ideada por estos investigadores. Los resultados del trabajo, que fue publicado en la revista PNAS, muestran que el estado de ánimo feliz se relaciona no solo con el hecho de que las cosas vayan bien, sino que lo hagan mejor de lo esperado.

La investigación arrancó pidiendo a 26 personas que realizaran una tarea de toma de decisiones, de tal forma que sus respuestas determinaban ganancias o pérdidas monetarias. En cada momento se les preguntaba por su nivel de felicidad, además de medir su actividad neuronal mediante imágenes de resonancia magnética funcional. Con estos datos se construyó un modelo computacional y una fórmula en la que la felicidad que uno mismo valora en un momento determinado se puede predecir en función de las últimas recompensas recibidas y expectativas experimentadas.

El modelo predictivo se probó con éxito en 18.420 participantes de diversos países que respondieron al juego

¿Qué me hace feliz? mediante una aplicación para móviles desarrollada por la propia UCL, llamada **The Great Brain Experiment**, donde se ganan puntos en lugar de dinero.

La fórmula desarrollada por estos investigadores incluye tres términos, uno para un valor fijado, otro para la recompensa media, y un tercero para la diferencia entre lo recibido y lo esperado; así como un factor de olvido -cuanto más atrás nos vamos en el tiempo se olvida más- , un 'peso' para cada sumando y un w_0 que viene a ser como un *background* de la física:

$$\text{Happiness}(t) = w_0 + w_1 \sum_{j=1}^{t} \gamma^{t-j} CR_j + w_2 \sum_{j=1}^{t} \gamma^{t-j} EV_j + w_3 \sum_{j=1}^{t} \gamma^{t-j} RPE_j$$

La ecuación considera las expectativas, las recompensas y los resultados pasados para predecir la felicidad. Creen sus elucubradores que la cuantificación de los estados de felicidad subjetivos podría ayudar a los médicos a comprender mejor los trastornos del estado de ánimo, al poder observar cómo fluctúan las valoraciones personales en respuesta a eventos como pequeñas victorias y derrotas en un juego para el móvil. El modelo también podría ayudar a los gobiernos a implementar e informar mejor sobre medidas de bienestar para la población.

Pero aún he encontrado otra fórmula de la felicidad. Indagando por Internet he dado con el blog de un tal Diego, de Bogotá, que proporciona una peculiar ecuación para medir el grado de felicidad. Como quien hubiera conocido el exilio, para Diego la felicidad viene determinada por la distancia entre el lugar actual donde se vive y el lugar deseado, más un valor f(v) o función de vida. Ésta es la fórmula:

FELICIDAD= (1/(Ld-La) + f(v)

Donde:

La: lugar actual de residencia

Ld: lugar deseado donde vivir

f(v): función de vida

La clave, según su elucubrador, o usufructuario, está en la función de vida f(v), una función que hace que, aunque estemos muy lejos de nuestro lugar deseado y el primer término de la fórmula sea casi cero, nuestra felicidad total nunca llega a desaparecer; la función de vida es esa energía que nos permite seguir viviendo a pesar de estar muy lejos de nuestro lugar soñado. Por otra parte, el autor reconoce que si el lugar deseado y el lugar actual son iguales, la felicidad sería infinita, lo que supondría una gran tristeza, ya que no tendríamos sueños ni objetivos y por lo tanto ya no importaría ser feliz o no serlo. O de la morriña como factor felicífico.

No obstante el disfraz aritmético de los anteriores intentos por dar con la fórmula de la felicidad, da la impresión de estar construidas con precarios ligámenes de materiales dispersos, variables tan variables que, es de temer, lo único que demostrarán es que el dinero no da la felicidad, algo que venían sosteniendo de antiguo nuestros rústicos con sentido común… denominador.

Un último, o primer, intento del cálculo felcifico

Jeremy Bentham, pensador y sociólogo inglés, se atrevió a calcular la felicidad de un individuo por medio de la variable placer y la dificultad o facilidad de su logro. De esta manera ideó una fórmula "felicífica" en función de la cantidad de placer que podía anticipar un individuo. La fórmula considera siete variables, siete rasgos o características del placer anticipado, a saber:

. *Intensidad del placer esperado*

. *Duración*

. *Certeza (probabilidad esperada)*

. Lejanía (cuanto hay que esperar para su disfrute)

. Pureza (por si existiera algún dolor mezclado con el placer)

. Extensión (cuántos otros pueden compartir el placer)

A partir de estas variables, y su correspondiente cuantificación, la fórmula procedía por acumulación y, en su aplicación, por comparación.

Dios más Dios son cuatro

*El diario El Pais del domingo 7 marzo 2004 daba cuenta de la siguiente noticia: La **Revista de la Real Academia de Ciencias Exactas, Físicas y Naturales** había publicado un trabajo de 13 páginas cuyo autor, Baltasar Rodríguez-Salinas (1925), catedrático ya jubilado de Análisis Matemático de la Universidad Complutense de Madrid, se proponía un doble, y singular, propósito: probar que el Universo tiene un número finito de elementos y demostrar matemáticamente la existencia de Dios. El artículo se titulaba **Sobre los big bangs y el principio y el final de los tiempos del Universo** y estaba compuesto de 17 teoremas y un corolario. La peculiar finalidad del trabajo no dejó indiferentes a los miembros de la **Real Academia de Ciencias Exactas, Físicas y Naturales**. Tres académicos del consejo editorial retiraron su nombre de la mancheta de la revista porque no deseaban legitimar el artículo en cuestión. Semejante plante no había sucedido nunca en los más de 150 años de vida de la revista.*

En cuanto al primer objetivo del autor, después de una exposición donde mezcla, en extraña amalgama, el lenguaje científico y el religioso, concluye que el Universo U ha tenido un principio A y tendrá un final Z; y compara los resultados con las cinco vías de Santo Tomás (los cinco argumentos de la Summa Teologica que aluden a la divinidad). Para su segundo objetivo, el más ambicioso, se dice, entre otros atrevimientos: "En el caso de que U sea el linaje humano y E = hijo de, como consecuencia se prueba la existencia de un Ser Superior que, directa o indirectamente, y fuera de la Naturaleza, ha intervenido en la creación de los seres humanos de forma que, si hay evolución, ésta es brusca y no procede de la ley natural, y, por tanto, es milagrosa".

*No falta en el artículo la nota supersticiosa, incluso con alusiones a su vida privada: "Es una cosa muy curiosa que nuestra empleada del hogar, Paula Aparicio, fuera la que me proporcionó una cinta sobre el **Cosmos** de Carl Sagan en la que se cita a Aristarco de Samos (...). Y, seguidamente, a los pocos días, Paula nos trajo dos recordatorios del funeral de una hermana suya con la imagen del Cristo de la..."*

Felicitemos al señor Rodríguez-Salinas por esta preciada muestra de matemática celtibérica. Y recemos porque el nuevo catecismo incluya una nueva tabla de multiplicar: Dios x Dios = 4.

9.5 Matemática y ciencia

Para un físico, las matemáticas no son sólo una herramienta

por medio de la cual calcular los fenómenos; es la fuente principal

de conceptos y principios a partir de los cuales las nuevas

teorías pueden ser creadas.

(Freeman Dyson)

Las matemáticas, no es ningún secreto, constituyen la herramienta fundamental en las ciencias, sobre todo de la física, su actual rama estrella. Es cierto que a veces los avances científicos obligan a los matemáticos a desarrollar nuevos teoremas, pero por lo general las grandes conquistas de la física de los últimos tiempos se han debido a que anteriormente se habían desarrollado las matemáticas adecuadas, matemáticas que, utilizadas por el genio de turno, sirvieron para crear nuevos paradigmas científicos. Así ocurrió con la Teoría de la Relatividad, de Einstein, quien dispuso de las matemáticas en espacios curvos de Riemann; así ha vuelto a ocurrir con la moderna Teoría de Cuerdas, o Supercuerdas, que ha podido ver la luz gracias a las matemáticas del italiano Gabriele Veneziano. Entre las matemáticas que han servido para el avance de la ciencia, tenemos, sin agotarlas, las siguientes.

- Teoría de los números reales
- La geometría euclidiana.
- El cálculo y las ecuaciones diferenciales

- Las ecuaciones diferenciales parciales

- La geometría Riemanniana y Minkowskiana

- Los números complejos

- El espacio de Hilbert

- Integrales funcionales

- Las dimensiones fraccionadas (fractales)

Y si concretamos los campos de aplicación, tenemos que:

⊗ La mecánica newtoniana puso la base de la moderna astronomía.

⊗ La teoría de números, en concreto la factorización de grandes números primos, ha tenido y aún posee una influencia decisiva en la construcción de códigos secretos. También ha servido para estudiar la eficiencia de los sistemas de telefonía.

⊗ La teoría de grafos sirve para mejor extraer minerales de las minas.

⊗ La simetría, otro concepto matemático, permite entender el funcionamiento interno de los hornos de arco eléctrico.

⊗ Los números imaginarios, aquellos números que multiplicados por sí mismos dan −1 (se les confiere el símbolo √-1, ver sección 3.2.5), después de haber sido desdeñados por los primeros matemáticos que se enfrentaron con ellos, han resultado tener aplicación dentro de la teoría y práctica de las corrientes alternas; gracias a diagramas imaginarios es posible calcular, calibrar y controlar artilugios tan prácticos en nuestra vida cotidiana como los estatores de los alternadores o transformadores de electricidad.

⊗ También existen aplicaciones de la teoría de conjuntos a la cristalografía, y posteriormente a las teorías del caos y teoría de nudos.

⊗ La matemática de los fractales sirve para confeccionar mapas y estudiar el relieve de las costas.

⊗ La hipótesis de Riemann, todavía uno de los problemas sin resolver de los expuestos por Hilbert en 1900 (ver capítulo 6), se ha aplicado en pirometría, concretamente al estudio de la temperatura interna de los hornos.

⊗ La física estadística estudia las leyes que rigen las transiciones entre comportamientos regulares y caóticos. Estos hallazgos se usan en el estudio de las células del corazón, en los semiconductores y en ciertas reacciones químicas.

⊗ La Teoría General de Sistemas, que halla isomorfismos o correspondencias de estructura entre fenómenos diversos, se aplica también a los modelos científicos. Un ejemplo de isomorfismo es la similitud de estructura que se da entre fenómenos superficialmente muy diferentes, como el crecimiento de población de una ciudad, el número de átomos que se descomponen en un elemento radiactivo, el crecimiento de la renta nacional y la propagación de un virus. Estos cuatro procesos o sistemas son descritos por una fórmula matemática común

$$dP/dt = KP$$

donde P es población o número de átomos o renta nacional o número de virus; t es el tiempo y K una constante propia de cada proceso.

> *Las estructuras matemáticas se cuentan entre los más bellos descubrimientos hechos por la mente humana. Los mejores de estos descubrimientos poseen tremendo poder explicativo y metafórico, saltando entre fronteras disciplinarias, iluminando simultáneamente muchas áreas del pensamiento.*
>
> *(D. H. Hofstadter)*

Otras veces es la ciencia quien acude al rescate de las matemáticas, como en el conocido problema del viajante, a saber, el recorrido óptimo que debe hacer un viajante por diversas ciudades para minimizar su tiempo. Este problema es muy difícil de calcular cuando las ciudades sobrepasan cierto número no muy alto. Los ordenadores convencionales tardan meses, años o siglos, dependiendo de la complejidad del problema. Pero la ciencia ha dado con un método que permite acelerar los cálculos de forma asombrosa: en vez de silicio utilizar hebras de ADN. Recientemente el norteamericano Leonard Adleman descubrió un camino para resolver el problema del viajante utilizando hebras de ADN. El ADN consiste en dos hebras de constituyentes químicos conocidos como nucleótidos. Los hay de cuatro tipos, identificados como A, C, T y G. Algunos pares de estos se unen (en concreto el A con el T y el C con el G) otorgando al ADN su característica forma de doble hélice.

Adleman representó cada ciudad a visitar por una secuencia sobre una simple hebra. Si Xin Xout es la hebra para la ciudad X y Yin Yout es la hebra de la ciudad Y, entonces un vuelo de X a Y se representaría por xout dyin. Mezclando las hebras de las ciudades con las hebras de los viajes, utilizó técnicas simples de laboratorio para dar con dobles hebras que incluyan todas las ciudades. En un corto espacio de tiempo, este sencillo método (sencillo dentro de la complejidad de la genética) encuentra la ruta ideal de un viajante que con instrumentos de cálculo tradicionales (léase ordenadores) se tardaría muchos años.

Este sagaz acercamiento permite pensar en la posibilidad de crear, en un futuro cercano, artefactos de computación de baja potencia, pequeños… y rápidos.

La asombrosa precisión de las matemáticas en la naturaleza

. *La geometría euclidiana posee un margen de error inferior al que representa el ancho de un átomo de hidrógeno con relación a un metro. Es el efecto de la Teoría de la Relatividad la causante de que no sea totalmente precisa.*

. *La mecánica newtoniana posee un margen de error inferior a uno entre 10^7. De nuevo es el efecto de la Teoría de la Relatividad la causante de este mínimo margen de error.*

. *La electrodinámica de Maxwell posee un margen de error que se mueve en escalas del tamaño de las partículas, cuando se combina con la mecánica cuántica, y una precisión macroscópica que alcanza, en mediciones del tamaño de galaxias, un margen de error de uno entre 10^{35}.*

. *La Teoría de la Relatividad de Einstein posee un margen de error de aproximadamente uno entre 10^{14}, la mitad que la mecánica newtoniana.*

. *La mecánica cuántica es una teoría asombrosamente precisa. Dentro de esta microscópica especialidad existen efectos cuya precisión supera la escala de uno entre 10^{11}.*

Matemáticas y ciencia... ficción
Cálculos espacio-tiempo

Las matemáticas ha sido la herramienta fundamental de la física y la amiga siempre al quite. No importa que Einstein descubriera (o inventara) esa realidad llamada espacio-tiempo. Los matemáticos acudieron prestos a dotar a esta nueva realidad de los adecuados instrumentos de medida y cuantificación. Es así de sencillo:

Supongamos que alguien deseara conocer el intervalo de espacio-tiempo entre Nueva York a la una de la tarde y Londres a las dos. Minkowski nos proporciona la forma de medirlo. Primero se toma la diferencia de tiempo y se multiplica por la velocidad de la luz. Eso transforma las unidades de tiempo en unidades de espacio. Así, un segundo se convierte en 300.000 Km. El siguiente paso consiste en elevar al cuadrado el resultado. Tercer paso: elevar al cuadrado la distancia en kilómetros. Cuarto paso: restar el primer número del segundo. Es este un proceder inusual, pues normalmente cuando se combinan distancias, estas se suman; sin embargo, cuando interviene el tiempo se resta. Paso final: Hallar la raíz cuadrada de la resta. Así se obtiene el intervalo de espacio-tiempo entre dos sucesos, expresado en kilómetros.

Si todo lo anterior le ha parecido un galimatías, no se acobarde. Lo verá claro con el siguiente ejemplo:

Como la velocidad de la luz es muy grande, un poco de tiempo equivale a una enorme cantidad de espacio, por lo que conviene medir lugares muy lejanos entre sí. Por ejemplo, calcular el espacio-tiempo entre la Tierra a la una de la tarde y el Sol a la una y cinco minutos. La distancia del Sol a la Tierra es de 150 millones de kilómetros, así que elevándolo al cuadrado obtenemos 22,5 billones de kilómetros cuadrados. Cinco minutos multiplicados por la velocidad de la luz son 90 millones de kilómetros, que elevado al cuadrado da 8,1 billones de kilómetros. Ahora hacemos la resta. 22,5 − 8,1 = 14,4 billones de kilómetros. Finalmente hallamos la raíz cuadrada de 14,4 billones y obtenemos que el intervalo espacio-tiempo entre la Tierra a la una de la tarde y el Sol a la una y cinco minutos es de 120 millones de kilómetros. (Nótese que esto es menos que la distancia espacial en kilómetros, que como ya hemos indicado es de 150 millones de Km.)

El problema surge cuando la diferencia de tiempo excede de 8 1/3 minutos. Supongamos que la hora del Sol a comparar es la 1:10. El cuadrado de la diferencia temporal es ahora 32,4 billones de kilómetros. En este caso el paso tres del anterior ejemplo daría como resultado – 9,9 billones de kilómetros, un número negativo, lo que significa que al hacer su raíz cuadrada obtenemos un "número imaginario". Pero no nos abrumemos. Ello simplemente significa que entre los puntos estudiados la distancia temporal es mayor que la espacial. El ejemplo más sencillo lo tenemos cuando queremos medir dos eventos sucesivos en el mismo lugar. Ahí la distancia espacial es cero, luego la respuesta ha de ser imaginaria. Entre Nueva York a las 1:00 y Nueva York a la 1:05, la separación espacio-temporal es de 90.000.000i Km.

9.6 Cálculos de la cotidianeidad... u ociosidad

Ahora es completamente legal para una mujer católica
evitar el embarazo recurriendo a las matemáticas, aunque
todavía le está prohibido recurriendo a la física o a la química.

(H. L. Mencken)

9.6.1 Datos de interés pueden calcularse mediante las matemáticas

Aparte de hacernos saber que el número de muertos por tabaco equivale aproximadamente a tres aviones jumbo estrellándose cada día o que el número de muertes causadas por el tabaco cada año son siete veces mayor que el número de muertos en toda la Guerra del Vietnam, las matemáticas proporcionan la herramienta imprescindible para averiguar otros datos de interés, como, por ejemplo:

♥ El volumen total de sangre humana existente en el mundo

¿Nunca se han preguntado hasta dónde nos conduciría una sociedad de donantes suicidas, o, lo que es lo mismo, cuanto cubicaría hoy toda la sangre de los seres humanos junta? Seamos un poco morbosos. El macho adulto almacena unos cinco litros de sangre, la hembra adulta un poco menos, y los niños bastante menos. Así, si estimamos que en promedio cada uno de los seis mil millones de habitantes de la tierra contiene unos 4 litros de sangre, se concluye que existen unos 24 mil millones (24×10^9) de litros de sangre circulando en estos momentos por las venas y arterias de la humanidad viva. Como sabemos que en cada metro cúbico caben 1.000 litros, no es difícil calcular que esos litros representan aproximadamente 24×10^6 metros cúbicos de sangre. La raíz cúbica de 24×10^6 es 286, por lo tanto ¡toda la sangre del mundo cabría en un cubo de unos 286 metros de largo! ¿No es sorprendente? ¿O deprimente?

♥ Descubrir falacias en libros venerados.

El Génesis asegura que durante el Diluvio "...quedaron cubiertos todos los montes sobre la faz de la tierra..." Si se toma este aserto literalmente, resulta que la capa de agua sobre la tierra tendría entre 5.000 y 6.000 metros de grosor, lo que equivale a más de 2.500 millones de metros cúbicos de agua. Como la misma fuente nos informa que el Diluvio duró 40 días con sus noches, ó 960 horas, la tasa de caída de agua debería ser no inferior a 5 metros cúbicos por hora, suficiente para derribar un avión y, con mayor motivo, para echar a pique un arca cargada hasta los topes de animales.

♥ ¿Cuantos árboles necesitan ser cortados para producir la edición dominical del *New York Times*?

De este dominical se tiran un par de millones de ejemplares, cada uno de los cuales pesa 4 libras, lo que arroja 8 millones de libras de papel, ó 4.000 toneladas. Si un árbol da para confeccionar aproximadamente una tonelada de papel, obtenemos que se necesitan, hoja arriba, hoja abajo, 4.000 árboles. Y todo para que algunos ni siquiera rellenen el crucigrama…

¿Cuántos asesinatos se cometen en la región de Los Angeles cada año? ¿Cuántas en el Japón? Bonito contraste: en Los Angeles 2.000, en todo el Japón unos 900.

♥ Lo que duran un millón de segundos.

Un millón de segundos duran aproximadamente 11 días, mientras que para que transcurran mil millones de segundos hay que esperar casi 32 años. La total desaparición de la variante Neandertal del primitivo *homo sapiens* ocurrió hace sólo un billón de segundos.

♥ Demostrar que el cielo está más caliente que el infierno

La temperatura del cielo puede calcularse mediante datos disponibles. La autoridad de la que provienen es de las mejores posibles, pues las proporciona Dios mismo a través de su libro, más conocido como Biblia.

En Isaías 30:26, se lee: "Es más, la luz de la luna será como la luz del sol, y la luz del sol será siete veces la luz de siete días".

Entonces el cielo recibe de la luna tanta radiación como la que nosotros recibimos del sol y además, siete veces siete (49) veces la que nosotros recibimos del sol, o 50 veces la cantidad recibida del sol. Ahora bien, la luz que recibimos de la luna equivale a diez entre mil de la luz que recibimos del sol, por lo que podemos despreciarla. Con estos datos podemos calcular ya la temperatura del cielo.

La radiación que cae sobre el cielo lo calentará hasta el punto donde el calor perdido por la radiación se iguale con el calor recibido por la radiación. En otras palabras, el cielo pierde 50 veces más calor que el que pierde la tierra. Usando la conocida fórmula de Stefan-Boltzmann: $(H/E)^4 = 50$, donde H es la temperatura absoluta del cielo y E es la temperatura absoluta de la tierra (300 ºC), eso da que H, o la temperatura del cielo es de 525 ºC.

La temperatura exacta del infierno no se puede calcular, pero debe ser inferior a 444,6 ºC, la temperatura a la que el azufre o sulfuro cambia de líquido a gas. Pues así lo dice la Biblia: Revelaciones 21:8: "Pero el temeroso y el infiel... tendrán sus cuerpos sumergidos en un lago de azufre y fuego". Un lago de azufre líquido significa que su temperatura debe ser inferior al punto de ebullición, que es de 444,6 ºC. A partir de esa temperatura sería vapor y no podría hablarse de lago.

Tenemos pues que la temperatura del cielo es de 525º C mientras que la del infierno no sobrepasa los 445º C. Luego el cielo está más caliente que el infierno. Q.e.d.

♥ Número de protones en el universo

En 1938, el astrónomo y físico inglés Arthur Eddington (1882-1944) dio a conocer con total seriedad el resultado de sus cálculos cósmicos, según los cuales el número exacto de protones que forman el universo (y correspondientemente, el de electrones) ascendía a:

15747724136275002776056539611815554680447179145271167093662314250761856310 31296

Ni uno más ni uno menos. Como era de prever, nadie aceptó este cálculo y su hipótesis no tuvo más consecuencias que alguna que otra broma en el mundillo científico.

♥ Gritos necesarios para calentar una taza de café

El departamento de física de una universidad norteamericana ha calculado que el tiempo que se tendría que estar gritando para producir suficiente energía como para calentar una taza de café es de 8 años, 7 meses y 6 días.

♥ Los latidos que nos quedan

El corazón humano late aproximadamente 72 veces por minuto, luego en un año late 37.843.200 veces. ¿Cuánto tardará el corazón en llegar a mil millones de latidos? 26,4 años. ¿No es impresionante? Si la media de vida del ser humano está en unos 74 años, nuestro corazón latirá la nada despreciable cifra de

2.800.396.800 veces. Lo malo es que se trata de una maquinaria que no tiene garantía, y en cuanto se estropea, adiós muy buenas.

♥ Hasta dónde alcanza nuestra vista cuando nos hallamos a orillas del mar

Situémonos junto al mar. Midamos la altura a la que quedan nuestros ojos con respecto al nivel del agua. Llamemos a esa altura, en metros, *h.* Pues bien, la distancia que alcanzará nuestra vista en el horizonte, que llamaremos *d*, y mediremos en kilómetros, viene dada por la fórmula:

$$d = 3{,}57\ \sqrt{h}$$

♥ Cuánto vale una hora de tiempo:

Un profesor de la *London School of Economics* dedicó muchos años de su vida a calcular lo que valía, en el mundo occidental, una hora de un ciudadano cualquiera. Tras laboriosas elucubraciones, produjo la siguiente fórmula:

$$V = W\ (1 - t/100)\ /\ C$$

Donde las variables significan:

V= valor de una hora de tiempo

W = Salario por hora

t = unidad de tiempo

C = Coste de la vida (tasa de inflación)

Así, cuando alguien nos haga perder el tiempo, podemos echarle en cara, con cifras, su derrochador proceder.

Fórmulas Ramonianas

Ese gran maestro de la vida que se llamó Ramón Gómez de la Serna nos legó unas importantísimas fórmulas matemáticas de inequívoco significado. Son estas:

$0^2 0$ = *La bicicleta*

T+T+T+T = Un cementerio

¡AS! + ¡AS! + ¡AS! = Gritos detrás de ladrones

P + M + h + h + h + h + h + h = Familia numerosa

V + 11.000 = Las once mil vírgenes

1,2,3... 1,2,3... 1,2,3... = Ejercicios militares

D + r = Un fatuo o un sabio

D + r + m + m + m = Dentista

C + L = Desayuno

5 + A = Un lustro

X + X + X = La novela

YYY = Ejercicios gimnásticos

P + P = Sereno

N + S + E + O = La veleta

R + G + S = Ramón Gómez de la Serna

♥ Cuánta tierra firme nos correspondería a cada humano

De los 148.923.000 Km^2 de tierras no sumergidas por el agua, el 40 % (es decir, 59.569.200 Km^2) no son habitables, porque están cubiertas por hielos perennes, tundra inhóspita, desiertos abrasadores o montañas de cumbres desoladas. Si el 60 % restante (tierras habitadas, cultivables, bosques, sabanas, estepas), es decir 89.353.800 Km^2, se repartiera equitativamente entre los individuos que pueblan la Tierra (6 mil millones), a cada uno le correspondería una superficie de 14.892,3 m^2, es decir un cuadrado de 122 metros de lado. Pero el reparto actual se ha hecho sin tener en cuenta a las matemáticas, y así nos va.

♥ Cómo instalar a la población mundial en el Gran cañón del Colorado

El Gran Cañón del Colorado tiene 217 millas de largo, que equivalen a 347,2 km. Varía en anchura entre 4 y 18 millas (6,4 y 28,8 km) y tiene hasta una milla (1,6 km) de profundidad. Tomando únicamente 9,6 km de anchura promedio y 0,48 como profundidad media, su volumen sería 1599,8976 km^3. Este volumen dividido por el número de habitantes del planeta, nos dice el espacio dentro del Gran Cañón del Colorado que le tocaría a cada uno de los individuos que componen la humanidad, a saber:

$$(1599,8976 \times 10^9) / 6000 \times 10^6 = 266,65 \text{ m}^3$$

Como la raíz cúbica de 266,65 es 6,44, quiere decirse que podrían construirse 6.000 millones de apartamentos cúbicos de 6,44 m de lado -lo que permitiría hacerlos de dos pisos con 40,96 m^2 de superficie cada piso- y alojar cómodamente a la población mundial en este pintoresco paraje estadounidense. ¿Sorprendente?

♥ Calcular el número de seres humanos diferentes que pueden llegar a existir.

Se trata de un número bestial: $(10^{10})^9$. Un uno seguido de mil millones de ceros. Sirva para hacernos una idea de la suerte que hemos tenido de estar aquí.

♥ Calcular lo que tardaría Adán en llegar a las estrellas.

En 1245, Gossoin de Metz, calculó que si Adán, el día que fue creado, hubiera comenzado a caminar a una velocidad de 25 millas al día, todavía tendría que caminar otros 713 años para alcanzar las primeras estrellas.

♥ Cuánto crece el cabello humano

Tampoco es baladí conocer que el cabello humano crece aproximadamente a razón de 1,6 x 10^{-8} kilómetros por hora.

¿Cuánto suman n números?

¿No ha sentido nunca la curiosidad de saber cuánto suman todos los números del uno al cien, o del uno al dos mil? Las matemáticas permiten acceder, de forma sencilla, a este tipo de curiosidades. Sólo hay que utilizar la fórmula:

$$n \, (n + 1) \, / \, 2 = S$$

*Donde **n** es el límite por arriba de ese conjunto de números. Por ejemplo: suma de los primeros 32 números:*

$$(32 \times 33) \, / \, 2 = 528$$

¿Y si lo que le interesaría saber es lo que suman todos los números comprendidos entre dos números determinados? También es fácil. Sólo hay que utilizar la fórmula:

$$((n_1 + n_2) \, / \, 2 \,) \, (n_2 - (n_1 - 1)) = S$$

*Donde **n_1** y **n_2** son los límites de la serie elegida.*

Por ejemplo, ¿cuánto suman todos los números comprendidos entre 11 y 32, ambos inclusive?:

$$((11 + 32) / 2)(32 - 10) = 473$$

Y por último, ¿Cómo averiguar cuál sería el número **n** de cualquier serie creada con los números naturales? Por ejemplo, ¿nunca le ha intrigado saber cuál sería el miembro número 100 de la serie 7, 11, 15, 19, 23...? ¿No? Bueno, está bien. No tiene por qué sentir esa curiosidad. Pero sepa que es fácil saberlo, sólo hay que aplicar la fórmula siguiente:

$$S_n = s_1 + (n-1)\ d$$

Donde **s₁** es el primer número de la serie, **n** el lugar que ocupa el número que queremos averiguar y **d** la diferencia entre los números de la serie.

Por ejemplo: ¿Cuál sería el número que ocupa el décimo lugar de la serie de los números naturales: 1, 2, 3, 4, 5, 6...? Aplicamos la fórmula:

$$S_n = 1 + (10-1)\ x\ 1 = 10$$

Pero ese cálculo es fácil. No merece la pena el esfuerzo. Más mérito conlleva calcular el número que hemos puesto de ejemplo al principio, el lugar número cien de la serie 7, 11, 15, 19, 23... Aplicamos la fórmula:

$$S_n = 7 + (100-1)\ x\ 4 = 7 + 396 = 403$$

El lugar centésimo de la serie referida lo ocuparía el número 403. ¿No se fían y quieren cerciorarse? Pues sigan la serie hasta el miembro número cien y lo comprobarán.

♥ **¿Quiere saber a cuánta distancia puede ser lanzada una jabalina en Júpiter?**

Las matemáticas le evitan un problemático viaje espacial. Sólo hay que enchufar la ecuación correspondiente, dar a g un valor de 27 m sec^{-1} y ya está. (La actual plusmarca olímpica de aproximadamente 85,9 metros, sería en Júpiter de unos 33,5 metros).

♥ **Calcular lo que daría de sí una cadena humana**

En nuestro planeta hay más de 6.000.000.000 de habitantes. El perímetro de la Tierra mide 40.000 km. Por consiguiente, si todas las personas que habitan nuestro globo se dieran la mano, suponiendo que cada uno de nosotros representara un eslabón de 1 metro, obtendríamos una cadena humana que podría rodear 150 veces la Tierra.

El Ahorro del tiempo

Frank Gilbreth fue un albañil que se convirtió en constructor y luego en empresario de publicidad y posteriormente en consultor. Por medio de un detallado análisis y sus correspondientes cálculos, Frank Gilbreth logró reducir el número de movimientos que se necesitaban para colocar ladrillos, aumentando la colocación de 1.000 a 2.700 al día. A la edad de 27 años tenía oficinas en Nueva York, Boston y Londres, un yate y miles de cigarros puros. Gilbreth estaba obsesionado por las mediciones.

Descomponía cualquier actividad manual en lo que el denominaba "therbligs" (Gilbreth escrito al revés). Se abotonaba el abrigo de abajo arriba porque tardaba cuatro segundos menos que hacerlo de arriba abajo. Redujo 17 segundos el tiempo de afeitado al utilizar dos brochas. Utilizar dos navajas reducía el tiempo 44 segundos, pero se cortó y perdió dos minutos buscando una tirita, por lo que desestimó la innovación. Instaló en los baños de su residencia cuadros gráficos con procesos de las diferentes funciones, que sus hijos debían rellenar con los tiempos que requerían cada día. Cada uno de sus hijos (12) tenía que pesarse antes de ir a la cama y escribirlo en la planilla correspondiente.

♥ **Para no equivocarse en la celebración de efemérides**.

En los años 30 (siglo XX) Italia celebró tres bimilenarios casi seguidos: en 1930 el bimilenario del nacimiento de Virgilio, en 1935 el del nacimiento de Horacio y en 1937 el del nacimiento de Augusto. Hubo de ser un tímido profesor británico quien advirtiera a las abochornadas autoridades fascistas que, como Virgilio, Horacio y Augusto habían nacido respectivamente en los años 70, 65 y 63 antes de nuestra era, las fastuosas celebraciones correspondería haberlas hecho en los años 1931, 1936 y 1938. Y es que, en el calendario que nos rige, el año cero no existió. Se pasa del menos uno al año uno. La culpa la tuvo el inventor de la era cristiana, el monje Dionisio el Pequeño (*Dionysius Exiguus*). Este monje calculó en el año 525 que el nacimiento de Cristo correspondía al 25 de diciembre del año 753 de la fundación de

Roma, y llamó año uno (y no año cero) de la nueva era al año siguiente, es decir, al año 754. Además, para mayor bochorno, el monje *Dionysius Exiguus* se equivocó en cinco o seis años. Es decir, Cristo, según las fuentes históricas que se utilizan en estos momentos, parece ser que no nació hace 2004 años, sino hace ya 2008 ó 2009.

Por cierto, el número de pelos en las cabezas de toda la población mundial, según cálculos de un aficionado, es aproximadamente:
(125.000 x 6.000.000.000 = 750.000.000.000.000 ó 75 x 10¹³)

♥ Las matemáticas también permiten conocer que cada día mueren en la Tierra unas $2,5 \times 10^5$ personas y cada año se fuman aproximadamente 5×10^{11} cigarrillos en los EE.UU. O saber que si todos los seres humanos fueran colocados uno encima de otro, la fila formada alcanzaría para ir a la luna y volver ocho veces.

En matemáticas hay que ser conciso, preciso e inciso, y no confuso, profuso ni difuso.

♥ **Evitar cálculos infinitos**

Sin lo que se ha dado en llamar "inferencia matemática", cuando se quería probar que en el mundo existían al menos dos personas con el mismo número de pelos en la cabeza, había que proceder, más o menos, de la siguiente forma: buscar a la persona con menor número de pelos en la cabeza y comprobar que no existe ninguna otra persona con el mismo número de pelos. Si lo hay, la prueba concluye. Si no, se toma a la siguiente persona con el siguiente menor número de pelos en la cabeza y se procede de la misma manera. En un momento determinado, se encontrará a una persona que posea el mismo número de pelos. Mas he aquí que la inferencia matemática acude en nuestra ayuda y nos dice:

. Ningún ser humano alcanza a tener más de mil millones de pelos en la cabeza.

. Hay más de mil millones de seres humanos en la Tierra.

. Dos de ellos, como mínimo, han de tener el mismo número de pelos en la cabeza.

La prueba es concluyente y evita despiojar inútilmente cabezas ajenas.

Números redondos

Es difícil saber la razón, pero a los humanos les gustan los números redondos, con muchos ceros. ¿Quién no recuerda, cuando era pequeño e iba en un coche cuyo cuentakilómetros se acercaba a la cifra de 20.000 Km.? Todos en el coche aguardaban, conteniendo el aliento, a que los dígitos pasaran de 19.999,9 a 20.000. Todos los niños aplaudíamos.

♥ Conocer los números de la democracia

En las elecciones de 1986 en los Estados Unidos, cerca de 112 millones de ciudadanos tenían derecho a voto, aproximadamente un 50 % de la población. En esas elecciones votó un 37 %, lo que equivale a unos 42 millones de ciudadanos, o un 19 % de la población. Pero resultó que el 20 % de los votos no llevaban ninguna marca, lo que los hizo inválidos, y redujo el número de votantes reales a 34 millones, o un 15 % de la población. El ganador de las elecciones raramente consigue más del 55 % de los votos válidos, lo que lleva a concluir que es elegido con apenas los votos del 8 % de la población. ¿No es sorprendente? ¿Puede un presidente elegido con tan exiguo porcentaje de votantes considerarse el representante de la voluntad de su pueblo? Pero el asunto empeora si desvelamos que la mitad de los votantes en los EE.UU. confiesan no tener ningún entusiasmo por la persona a la que votan. Conclusión: el mandatario de la nación más poderosa del planeta es elegido por la voluntad de apenas un 4 % de la población. ¿Democracia o aristocracia?

♥ Garantizar la seguridad de los espías

John McCarthy, cuando trabajaba en el desarrollo del programa Fortram, le puso a su compañero y colega Michael O. Rabin el siguiente problema: "Dos países están en guerra. Un país envía espías al otro país. Los espías hacen su trabajo y luego vuelven a su patria. Pero corren el peligro de ser abatidos por los guardias fronterizos de su propio país cuando tratan de cruzar la frontera.

Para evitar esta eventualidad se necesita crear un sistema de contraseñas que permita a los espías cruzar sanos y salvos la frontera y que los enemigos no puedan introducir sus propios espías usando estas contraseñas. Las asunciones son 1) que los espías son gente preparada y capaz de guardar un secreto, y 2) los guardias fronterizos son unos charlatanes que terminan su jornada en un bar cercano, por lo que los enemigos pueden enterarse de cualquier cosa que se les diga. Se trata, en resumen, y observando las anteriores premisas, de desarrollar un método por el cual el espía pueda entrar con seguridad por su frontera impidiendo al mismo tiempo que los espías enemigos se infiltren utilizando la información que consiguen de los guardias".

Rabin ideó una solución que él denominó "función de una sola vía". Las funciones de una sola vía pueden tratarse como un simple programa. Son fáciles de computar en una dirección pero difícil de hacerlo en la otra. Por ejemplo, triplicar un número es una función de dos vías, pues es fácil calcular 3 x 5, y al mismo tiempo calcular 15 / 3. Rabin usó la función de una sola vía que fuera desarrollada anteriormente por John von Neumann.

Tomamos un número de 100 dígitos (X) y lo elevamos al cuadrado. Es fácil de hacer con ordenador. Se obtiene un número de 200 dígitos. Del número de 200 dígitos resultantes, cogemos los 100 que quedan en la mitad. A este número lo llamamos Y. Ahora, dado un número X se puede calcular Y pero si te damos Y y pedimos que calcules X, tendrías que probar todos los posibles X o números de 100 dígitos, una labor ingente, casi infructuosa. Luego "mediar potencias" es una función fácil de calcular pero difícil de invertir. La solución consistiría entonces en dar esta contraseña al espía. Porque supongamos que los guardias saben cómo calcular la mitad de una potencia y supongamos que poseen una lista de valores Y, una por cada espía. Cuando un espía llega a la frontera le da al guardia su valor X y su nombre. El guardia comprueba que la mitad de ese número elevado al cuadrado es Y para ese espía y le deja entrar. Un posible impostor nunca sería capaz de encontrar el X apropiado, incluso aunque los guardias les proporcionasen una lista con todos los números Y de que dispusieran.

♥ Conocer, por último, nuestra medida

Si en un magno holocausto se lanzara a toda la población mundial (excepto una persona encargada de tomar las medidas) dentro del lago Victoria (situado entre Uganda y Tanzania), el nivel de las aguas sólo se elevaría 4 mm (exactamente 4,1116 mm). Este hipotético cálculo se basa en el supuesto de que el cuerpo humano tuviera un volumen medio de 50 litros y que las orillas del lago fueran verticales; como éste no es el caso, la elevación del nivel del agua sería en realidad muy inferior. ¿No es curioso... y desalentador? Sólo unos pocos milímetros; no habría que modificar los mapas y la Tierra seguiría girando, libre de griteríos.

El inabarcable número de los muertos

Por hacer un cálculo que satisfíciese a mi imaginación, deseosa de calcular el número de muertos, comencé a escribir una cantidad:

77.000.000.000.000.000.000.000.000.000,

y siempre los ceros eran pocos en la procesión inaudita.

(Ramón Gómez de la Serna)

9.6.2 Otras aplicaciones no sólitas de las matemáticas

♣ El valor de la venganza

Afirma el Dr. Wilson que la venganza es una fuente de confusión semántica para muchos primates que hablan de "expropiar a los expropiadores", "un crimen total pide una pena total", "ellos me lo hicieron a mí luego yo puedo hacérselo a ellos". Aplican, se aprecia claramente, la matemática emocional del "uno más uno igual a cero" ($1+1=0$). Añade el Dr. Wilson que estos primates son tan tontos que no se percatan de que uno más uno es igual a dos ($1+1=2$), o lo que es lo mismo, que un asesinato más otro asesinato equivale a dos asesinatos. Les falla la matemática de la justicia.

Una de las cosas más notables del comportamiento del mundo es cómo parece estar fundamentado matemáticamente hasta un grado extraordinario de precisión.

(Roger Penrose)

♣ La fórmula de la conciencia

Algunos científicos han llegado a elaborar una supuesta ecuación de la conciencia:

$$C = f1\ (n)\ f2\ (s)$$

Donde la conciencia (C) en el ámbito celular es representada por una función relacionada con el número de neuronas (n) y su conectividad (s).

♣ Ecuación para evaluar objetivamente la calidad estética de un culo

David A. Holmes, del departamento de psicología de la Universidad Metropolitana de Manchester (Inglaterra), formuló una ecuación para evaluar objetivamente la calidad estética de un culo. Los parámetros utilizados son los siguientes:

Sea **S** el factor general de forma, que mide la caída del culo o desparramamiento de las carnes.

C es la esfericidad o redondez de los glúteos.

B representa el factor rebote o bamboleo muscular, que mide la capacidad del culo para menearse.

F es la firmeza o resistencia a la deformación.

T la textura de la piel, que tiene en cuenta la presencia de celulitis.

V es el ratio entre cadera y cintura, o simetría del culo. La fórmula para las mujeres sería:

$$i = \frac{(S + C) \times (B + F)}{T} - V$$

Cada atributo se puntuaría de 1 a 5 ó de 1 a 4 con valores siempre enteros. Veamos la manera de puntuar.

Factor **S**: Desde 1 para culos con forma de buñuelo aplastado hasta 5 para aquellos con forma de melocotón.

Factor **C**: Desde 1 para culos cuadrados hasta 4 para aquellos con forma de pomelo. Los culos con forma de huevo tendrían un factor de 2.

Factor **B**: Desde 1 para culos que tiemblan durante al menos 30 segundos cuando reciben una palmadita hasta 5 para aquellos que no se mueven ni durante las prácticas coitales según la postura del perrito.

Factor **F**: Desde 1 para culos-blandiblú hasta 4 para aquellos duros como una pelota de baloncesto.

Factor **T**: Desde 1 para culos lisos y suaves como el de un bebé hasta 5 para aquellos que presentan piel de naranja.

Factor **V**: Desde 1 para los que son simétricos como un par de tetas prietas y tienen una proporción cadera-cintura de 0.7 (cintura 30% más estrecha que la cadera) hasta 5 para aquellos que parecen un cono de tráfico.

Conforme a las anteriores escalas, la máxima puntuación es de 80, y se obtiene para la combinación de valores: V=1, T=1, F=4, C=4, B=5 y S=5. Según Holmes, las posaderas perfectas habrían de tener una cierta dureza al tacto y la firmeza suficiente para prevenir el bamboleo excesivo o el salto vertical, además de una apariencia suave y una piel impecable. De acuerdo con sus estimaciones, Kylie Minogue merecería una puntuación de 80 mientras que el rotundo culo de Jennifer López no llegaría a la perfección por ser demasiado prominente.

He aquí el culo perfecto, o una reproducción fidedigna:

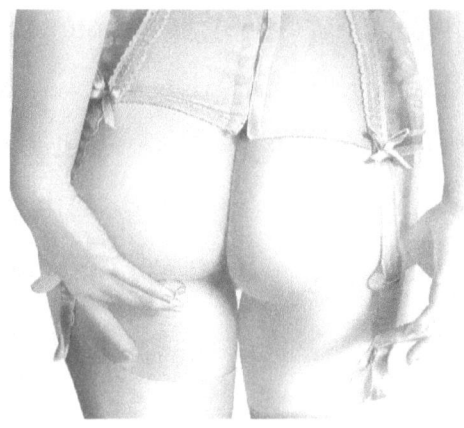

(**N.d.A: El elucubrador de este científico método de evaluar culos no ha desarrollado ninguna ecuación para evaluar culos masculinos. O al menos no me ha llegado noticia de ello).**

♣ Fórmula para calcular la fecha del fin del mundo

El famoso astrólogo y numerólogo profesor Umbugio predice el fin del mundo para el año 2141. Tal predicción se basa en profundas investigaciones históricas y matemáticas. El profesor Umbugio ha calculado ese valor mediante la fórmula:

$$W = 1492^n - 1770^n - 1863^n + 2141^n$$

Aplicó la formula a los valores de n = 0, 1, 2, 3, y así hasta 1945, y halló que todos los números obtenidos a lo largo de muchos meses de cálculos laboriosos son divisibles por 1946. Téngase en cuenta que los tres primeros números incluidos en la fórmula (1492, 1770, 1863) corresponden a fechas memorables: el descubrimiento del Nuevo Mundo, la masacre de Boston y el Alegato de Gettysbutg. ¿Qué importante fecha tendría que ser la de 2141? Umbugio concluye que esta fecha no puede ser otra que la del fin del mundo.

El efecto anclaje en los cálculos

Cuando se pide a la gente una estimación numérica, por ejemplo el número de habitantes de una ciudad o país, si se les proporciona una cifra de partida, esta cifra produce un efecto de anclaje que hace que la estimación no traspase ciertos límites, límites que podríamos definir como "área de influencia" de ese número. Veamos un ejemplo. A una serie de personas divididas en dos grupos se les preguntó que estimasen cuál era la población de Turquía. Al primer grupo se les puso la cifra de partida de 5 millones y se les pidió que dijeran si la población era mayor o menor y que estimaran su número. Este grupo estimó como media una población de 17 millones de habitantes. Al segundo grupo se le dio la cifra de partida de 65 millones de habitantes, y la media estimada que surgió del grupo fue de 35 millones. Claramente se observa el efecto de anclaje que produce el proporcionar una cifra de partida. Por cierto, Turquía cuenta aproximadamente con 50 millones de habitantes.

9.6.3 Salteado de cálculos curiosos

• Número de estrellas en el firmamento: unos 200 millardos ([1]), ó 2 x 10^{11}, sólo en nuestra galaxia.

• El número de veces que la Tierra ha girado sobre sí misma desde que existe, suponiendo que la rotación fuera regular:

(365,25 x 4.600.000.000 = 1.680.150.000.000 ó 1,68015 x 20^{12})

• El número de granos de arena del desierto del Sahara, suponiendo que sus 8 millones de Km^2 estuvieran cubiertos de arena y estimando una media de 2 millardos de granos por m^2, sería:

$$2.000.000.000 \times 8.000.000.000.000 =$$
$$16.000.000.000.000.000.000.000$$

ó

$$16 \times 10^{21}$$

• Un día tiene 1.440 minutos y un año 525.960 minutos. Desde la muerte de Cristo hasta 1934 transcurrieron un millardo de minutos.

• Si quisiéramos contar hasta un millardo, a razón de 10 horas diarias, todos los días del año (incluidos los festivos), al ritmo de un número por segundo (algo fácil al principio, pero que se complica cuando llegamos a cifras como, por ejemplo, "quinientos ochenta y siete millones cuatrocientos setenta y tres mil trescientas

---

[1] Un millardo son mil millones, lo que los norteamericanos denominan un billón.

noventa y ocho"), terminaríamos al cabo de 77 años. Es conveniente, como puede apreciarse, empezar desde muy joven...

• La fórmula matemática de la vida

José de Letamendi, médico español de finales del siglo XIX, elaboró lo que en su día fuera la controvertida fórmula matemática de la vida, cuya ecuación es la siguiente:

$$V = f(lc)$$

donde la vida (V) es una resultante de la función (f) derivada de las relaciones entre la Energía individual (l) y el Cosmos (c). Mediante esta fórmula Letamendi reduce la esencia de la vida a una incógnita (V), donde la relación funcional entre los datos (l,c) es indeterminada al ser variable para cada caso. La teoría letamendiana levantó una gran polémica en su época, manifestándose contrarios a ella numerosos autores; el más apasionado contradictor fue el entonces joven Ramón Turró, que escribió en *El Siglo Médico* (1879-1880) unas "Cartas a Letamendi" basadas en un positivismo radical que no acepta incógnitas ni funciones indeterminadas.

• El matemático John von Neumann estimó que toda la memoria almacenada en el cerebro de una persona durante toda una vida se aproximaría a 280 quintillones americanos: $2,8 \times 10^{20}$. Lo que ignoro, pues no lo decía la fuente, es la unidad en la que está medida.

• Robert Bacon quiso medir el ángulo exacto del arco iris en su laboratorio; también calculó que alguien andando a un promedio de 20 millas al día tardaría 14 años, siete meses y 29 días en alcanzar la luna.

• El matemático escocés John Craig, en sus *Theologiae Christianae Principia Mathematica* (Londres, 1699), partiendo de la hipótesis de que con el tiempo se debilitan las creencias basadas en el testimonio humano, aseguraba que las revelaciones del Cristianismo serían nulas en el año 3150 si antes Cristo no bajaba de nuevo a la tierra. Su discípulo Petersen sostuvo *(Animadversiones,* 1701) que la fecha era 1789.

• Santo Tomás de Aquino aseguró, imperturbable, que al final de los tiempos sólo 144.000 personas entrarán en los cielos. Pues para él el mil significaba perfección y 144 era el número de los apóstoles multiplicado por sí mismo.

¿Cuántos colores se necesitan para colorear un mapa?

En 1852 Francis Guthrie, un graduado del Colegio Universitario de Londres, escribió a su hermano pequeño Frederick una carta en la que le mencionaba una duda que le había asaltado cuando trató de colorear un mapa con los territorios de Inglaterra. La duda era: "¿Puede un mapa de territorios ser coloreado con cuatro o menos colores de tal manera que no existan dos regiones con frontera común que tengan el mismo color?" Francis Guthrie no pudo resolver el problema por lo que se lo preguntó a su profesor, el distinguido matemático Augustus De Morgan. En octubre de 1852 De Morgan confesó en una carta al todavía más distinguido matemático William Rowan Hamilton, que se veía incapaz de encontrar una vía de acceso para tratar el problema.

En 1879 un tal Kempe creyó haber probado que la respuesta era 4, pero 11 años más tarde se descubrió que sus cálculos no eran correctos. No obstante, gracias a éste y parecidos esfuerzos se desarrollaron valiosos conceptos en la teoría de grafos.

En 1890 P. J. Heawood probó que con 5 colores siempre bastaba, pero no probó que 5 era el número mínimo de colores que se precisaban.

Minkowski, una importante figura matemática del siglo XIX, manifestó en una ocasión a sus alumnos que la única razón de que el problema no hubiera sido resuelto era que sólo había sido tratado por matemáticos mediocres. "Creo que puedo probarlo", anunció. Algún tiempo más tarde tuvo que reconocer humildemente ante sus alumnos: "El cielo ha querido castigar mi arrogancia. Mi prueba tampoco es válida".

La solución final se consiguió en 1976 y se debió a Wolfgang Haken y Kenneth Appel, de la Universidad de Illinois, que transformaron el problema en una serie de subproblemas que podían ser comprobados en el ordenador. Sin embargo, no fue fácil: se emplearon 1.200 horas de ordenador y el razonamiento era excesivamente largo. La solución dada por el ordenador era: cuatro colores. Algunos matemáticos creen que el problema sigue sin resolver, pues los cálculos son tan largos y complejos que resultan casi inverificables. No obstante, hoy, casi tres décadas después, la comunidad matemática reconoce la validez de la prueba. Pero sigue habiendo escépticos que esperan una demostración más sencilla.

Durante más de dos siglos la conjetura de "los cuatro colores" constituyó uno de los grandes problemas sin resolver de las matemáticas. Y algunos matemáticos, como hemos indicado en el párrafo anterior, consideran que aún no ha sido solucionado satisfactoriamente.

X – LOS MATEMÁTICOS Y SUS ANÉCDOTAS

Un matemático es una máquina
que por medio de café produce teoremas.
(Paul Erdös)

Hasta ahora hemos visto demostraciones de teoremas, planteamientos curiosos y anécdotas numéricas; también hallazgos e intuiciones geniales. Pero apenas si hemos hablado de los seres que los han descubierto, propiciado o lucubrado. ¿Cómo son los matemáticos que conciben tan singulares propiedades de los números, que idean tan ingeniosos e intrincados teoremas? ¿Son seres angélicos que no se tratan con el resto de la humanidad, excéntricos inaccesibles, o por el contrario son tipos normales, simpáticos, buenos convecinos y ciudadanos? Trataré de saciar esta curiosidad en el presente capítulo.

Como este libro no es una enciclopedia, ni pretende servir de texto ni nada parecido, traeré a colación unas pinceladas de las vidas de cerca de una veintena de matemáticos, siempre a remolque de una anécdota curiosa o divertida. Conociendo un poco de estas vidas, pueden ustedes columbrar, por deducción, como son las de los demás. Tampoco he querido someterme a la dictadura de la cronología, de ahí que se mezclen personajes de diversa época sin orden... pero sin desconcierto.

10.1 Anécdotas con nombres propios

1. Paul Erdös (1913-1996)

El lema de Erdös no era "otra ciudad, otra chica"
sino "otro techo, otra prueba".

El matemático Paul Erdös reunía todos los clichés del sabio distraído y del genio desorganizado. Comenzó su fama como niño prodigio en Hungría. A la edad de 4 años, Paul le dijo a su madre: "Si sustraes 250 de 100, obtienes 150 bajo cero". A esa edad Erdös podía ya multiplicar cifras de tres y cuatro dígitos solo de cabeza.

A los 18 años, Erdös causó sensación en los círculos matemáticos de Hungría al presentar una prueba sencilla del teorema de Euclides, a saber, que entre cualquier número entero y su doble siempre se puede encontrar un número primo. Esta prueba ya existía, la había proporcionado en 1850 el ruso Pafnuty Lvovitch Chebyshev, pero la prueba del ruso era demasiado extensa para poder figurar en los libros de texto. Lo que hizo Erdös fue proporcionar una prueba sencilla y simple.

Un día, en Hungría, Erdös llamó a la puerta de una zapatería, costumbre tan extraña allí como en cualquier otra parte del mundo. La empleada salió a abrir. Después de las mínimas frases de introducción, Erdös le dijo a la dependienta: "¿Dígame un número de cuatro cifras". La dependienta dijo: "2532". Erdös contestó: "Su cuadrado es 6.411.024" Y añadió: "Lo siento, estoy perdiendo facultades, no puedo decirle el cubo". Y sin tiempo para la réplica preguntó a la dependienta: "¿Cuántas pruebas del teorema de Pitágoras conoce?". La dependienta contestó: "Una". "Yo", replicó Erdös, "conozco treinta y siete". Y aún continuó un rato haciéndole preguntas sobre matemáticas.

Cuando Erdös habla, los matemáticos escuchan.
(Sheldom L. Glashow, premio Nobel de física)

Ya de adulto, se dice que sólo pensaba en matemáticas, aunque estuviera realizando cualquier otra actividad. Escribió solo o en colaboración 1475 artículos académicos, muchos de ellos imprescindibles y todos valiosos. Hizo matemáticas en más de 25 países diferentes, completando importantes teoremas en lugares remotos y algunas veces publicándolos en revistas poco conocidas. En su época se decía que alguien no era un verdadero matemático si no conocía a Paul Erdös.

A Erdös le fascinaban los problemas que eran fáciles de plantear pero difíciles de resolver. Tal era su peculiar manía matemática que, cuando entraba en una habitación, su primera observación era del tipo: "Cuatro paredes dividido por dos ventanas..." Sus cartas empezaban normalmente con un: "Supongamos que x es..."

Erdös no tenía ocupación laboral estable, daba clases aquí y allá, y conferencias, y así iba tirando. Tampoco domicilio fijo; vivía en casa de distintos amigos allí donde le tocaba enseñar o disertar. Y conservó siempre su nacionalidad húngara. Erdös poseía un peculiar lenguaje, que hoy diríamos erdösiano: los niños eran "épsilon", dar clases era "predicar", el matrimonio una "captura" y Dios era para él FS (fascista supremo); las mujeres eran "jefes", los hombres "esclavos", los casados "atrapados"; la música era para él "ruido" y el alcohol "veneno"; para hablar de los EE.UU. decía "Sam" y para nombrar a la URSS decía "Joe". Cuando decía que alguien había muerto significaba que había dejado de hacer matemáticas.

A comienzos de los años 70, Erdös comenzó poniendo delante de su nombre las iniciales P.G.O.M., que significaba "Poor Great Old Man" (Pobre gran hombre viejo). A los 60 años, el prefijo pasó a ser P.G.O.M.L.D., donde el añadido L.D. quería decir "muerto viviente" (Living Dead). Cuando cumplió 65 años, escribía delante de su nombre P.G.O.M.L.D.A.D., donde el añadido AD significaba "Archeological Discovery" (Descubrimiento arqueológico). A los setenta años el prefijo creció hasta P.G.O.M.L.D.A.D.L.D., donde LD estaba por "Legally Dead" (oficialmente muerto). A los 75 años Erdös era P.G.O.M.L.D.A.D.L.D.C.D., donde el añadido CD significaba "Counts Dead" (dado por muerto).

> ### *Erdös y el problema en la pizarra*
>
> *En 1976, George Purdy y otros matemáticos estaban tomando café en el salón de la universidad de Tejas. En la pizarra que quedaba a sus espaldas había un problema de análisis funcional, un campo extraño para Erdös. Purdy sabía que dos matemáticos acababan de dar con una solución del mismo, solución que habían condensado en treinta páginas. Erdös miró hacia la pizarra y dijo: "¿Qué es eso? ¿Es un problema?" Purdy le dijo que sí. Entonces Erdös se acercó a la pizarra y se concentró en los enunciados. Hizo unas cuantas preguntas sobre qué representaban los diferentes símbolos y luego, sin esfuerzo, escribió debajo una solución de dos líneas. Los presentes se quedaron como si hubieran asistido a una sesión de magia.*

Con 485 co-autores, Erdös colaboró con más gente que cualquier otro matemático en la historia. Esos 485 afortunados colaboradores se dice que tienen el número 1 de Erdös. Si el número de Erdös fuese el 2, eso significaba que el poseedor de ese rango había publicado un trabajo matemático con alguien que había publicado con Erdös. Si alguien ostenta el número 3 de Erdös, significaba que había colaborado en un trabajo matemático con alguien que había colaborado con alguien que había colaborado con Erdös. Por ejemplo, Einstein tenía un número de

Erdös 2, y el número de Erdös más grande del que se tiene noticia es un 7. Aquellos que nunca han escrito un trabajo matemático con nadie relacionado con Erdös, ostentan el número de Erdös = ∞ . Erdös solía terminar sus sesiones de trabajo en colaboración con la frase "Continuaremos mañana si todavía estoy vivo".

Erdös tenía verdadera obsesión contra los gérmenes, de ahí que no dejase de lavarse las manos. Lo curioso era que no se limpiaba con toallas, de las que no se fiaba, sino que lo hacía sacudiéndose las manos, dejando los cuartos de baño que utilizaba hechos un asco.

Cierta vez Erdös, que rechazaba toda religión organizada, fue a dar una clase a una escuela católica. A la salida, comentó: "La única cosa que me molestaba era que hubiera tantos signos "más" (+) en las paredes". En otra ocasión, cuando le preguntaron "¿Qué le dirías a Jesucristo si te lo encontrases en al calle?", Erdös contestó que le preguntaría si la hipótesis del continuo era verdad. Y añadía que existían tres posibles respuestas por parte de Jesús: a) Gödel y Cohen ya han dicho todo lo que hay que saber sobre este asunto, b) Sí, existe una respuesta pero desgraciadamente tu cerebro no está lo suficientemente desarrollado para entenderla, y c) el Padre, el Hijo y yo hemos estado lucubrando sobre el particular desde mucho antes de la Creación, pero todavía no hemos llegado a ninguna conclusión. Erdös opinaba que esta última respuesta sería la más amable.

2. G.H. Hardy (1877-1947)

Cualquier tonto puede hacer preguntas
sobre los números primos que el más sabio
de los hombres sería incapaz de responder.
(G. H. Hardy)

Hardy es el típico matemático inglés: soltero, dedicado a la enseñanza y maniático. Entre sus manías se encontraban los espejos. En su habitación no había espejos y cuando viajaba, cubría con toallas los de las habitaciones donde se hospedaba. Odiaba que le sacasen fotos. Y eso que era bien parecido.

♦ Hardy gustaba decir que si una familia de nobles matemáticos necesitara un lema heráldico, no existiría otro mejor que *"quod erat demostrandum"*.

♦ Cierta vez Hardy visitó en el hospital a su protegido, el matemático indio Ramanujan. Sólo por darle conversación, Hardy señaló que el número del taxi que le había traído, el 1729, era un número bastante soso, a lo que Ramanujan replicó inmediatamente: "¡No, Hardy! ¡No! Se trata de un número muy interesante. Es el número menor que puede expresarse como suma de dos cubos de dos maneras distintas".

♦ Entre las prioridades de Hardy en la vida, anotadas en una postal que envió a un amigo, figuraban: probar el teorema de Riemann, ser proclamado primer presidenta de la URSS de Gran Bretaña y Alemania, matar a Mussolini, encontrar una prueba de la no existencia de Dios que convenciese a la gente corriente…

♦ A Hardy le gustaba clasificar a los matemáticos en una escala de 1 al 100. Él se daba un 25. A su colaborador Littlewood, le daba un 30. Al gran matemático alemán Hilbert, un 80, y a Ramanujan, un 100.

Fuchs, Hardy y la vocación

Se dice que durante unas jornadas para científicos y matemáticos en 1937, en un bar de la ciudad donde se celebraba el encuentro, tuvo lugar la siguiente conversación entre el físico alemán Klaus Fuchs y G. H. Hardy.

Fuchs: Sabes, Hardy, yo estudie hace años teoría de números, pero lo dejé por la física.

Hardy: ¿Ah, sí? Y ¿por qué?

Fuchs: Porque aunque yo era capaz de discernir lo que era cierto de lo que era falso, era incapaz de decidir qué resultados eran importantes.

Hardy: Sabes, Klaus, me sorprende esto que me cuentas, porque cuando yo estudié física me ocurría lo contrario.

Fuchs: ¿Qué le sucedía, Hardy?

Hardy: Era incapaz de decir cuál de los resultados importantes era cierto.

3. David Hilbert (1862-1943)

Si me despertase después de un sueño

de mil años, mi primera pregunta sería:

¿Se ha probado ya la hipótesis de Riemann?

(David Hilbert)

David Hilbert, nacido en 1862 en la ciudad de Königsberg, fue uno de los matemáticos más importantes del siglo XX. En 1895 fue nombrado profesor en Gotinga, donde se retiró en 1930. Cuando, ya retirado, el ministro nazi de Educación le preguntó cómo se desarrollaban las matemáticas después de la expulsión de los judíos, Hilbert contestó: "Ya no existen matemáticas en Gotinga".

Durante una conferencia celebrada en París en 1900, pronunció una de las frases más célebres de toda la historia de las matemáticas:

Wir müssen wissen, wir werden wissen! In der Mathematik gibt es kein Ignorabimus. (*)

Durante ese famoso encuentro en París también planteó 23 cuestiones o retos matemáticos que en su época quedaban por resolver. (Ver cap. **VI**, pag. 155).

Se cuenta que un día David Hilbert notó que un estudiante de su clase no atendía como antes. Inquirió sobre el particular y le dijeron que el muchacho había decidido dejar las matemáticas para

---

* "¡Debemos saber y sabremos! En matemáticas no hay *ignorabimus*.

dedicarse a la poesía. Al oírlo, Hilbert comentó: "Vaya, el pobre carece de la suficiente imaginación para ser matemático".

Otra anécdota de David Hilbert tiene que ver con el despiste de los científicos, sus mentes generalmente ocupadas en abstracciones y a mucha distancia de lo cotidiano. Cierta vez este ilustre matemático y su esposa dieron una fiesta. En un momento de la celebración, Hilbert se manchó la corbata y su mujer le dijo que subiera arriba a cambiarse. Como pasara el tiempo y Hilbert no regresara a la fiesta, su mujer fue a buscarle y se lo encontró metido en la cama y dormido. Lo que ocurrió fue que el matemático, al quitarse la corbata, mecánicamente siguió desvistiéndose; luego se puso el pijama y se acostó.

En un congreso donde se hablaba de las matemáticas puras y las aplicadas, se le pidió a David Hilbert que dirigiese unas palabras a los asistentes para quitar cierta fricción que parecía existir entre los dos grupos de matemáticos. Hilbert les habló así: "a menudo se nos dice que las matemáticas puras y las aplicadas son hostiles entre ellas. Eso no es verdad. Las matemáticas puras y aplicadas nunca han sido hostiles entre sí. Las matemáticas puras y aplicadas nunca serán hostiles entre sí. Las matemáticas puras y aplicadas no pueden ser hostiles entre sí porque, de hecho, no tienen nada en común".

El hotel de Hilbert y la paradoja de las series infinitas

Hilbert describe un hotel con un número infinito de habitaciones, numeradas 1,2,3… Una tarde, el hotel completamente lleno, arriba un cliente inesperado buscando alojamiento. El director del hotel, no queriendo perder clientela, determina hacer hueco para el nuevo huésped mudando a cada cliente a la habitación que lleve un número superior, esto es, al huésped de la habitación 1 le conducirá a la habitación 2, el inquilino de la habitación 2 es trasladado a la número 3, y así sucesivamente. De esta forma, la habitación 1 queda libre para el nuevo huésped. Al día siguiente, un autobús inmenso trae al hotel un número infinito de clientes. El director decide entonces trasladar al huésped de la habitación 1 a la habitación 2, al cliente de la habitación 2 a la habitación 4, al de la habitación 3 a la habitación 6… al de la habitación n a la $2n$. Como resultado de la "movida" se liberan todas las habitaciones con número impar que, como son infinitas, pueden albergar a los infinitos pasajeros recién llegados. Procediendo de esta manera el hotel puede dar cabida a un número infinito de nuevos clientes. Estas paradojas surgen siempre que se trabaja con infinitos.

4. John von Neumann (1903-1957)

Jacob Bronowski definió a John von Neumann como el hombre más listo que había conocido, sin excepción.

John von Neumann nació en Budapest el 28 de diciembre de 1903. Desde su niñez, von Neumann estuvo dotado de memoria fotográfica. A los seis años de edad era capaz de bromear con su padre en griego clásico. La familia Neumann entretenía a veces a sus invitados con demostraciones de la capacidad de Johnny para memorizar listas de teléfonos. Un invitado escogía al azar una página y una columna de su agenda telefónica. El joven Johnny leía la columna unas cuantas veces, y posteriormente devolvía la agenda al huésped. A partir de ese momento era capaz de contestar correctamente a cualquier pregunta que se le formulara sobre los datos de la agenda (¿quién tiene tal número?) o bien recitar los nombres, direcciones o teléfonos en el orden correcto.

La casa de los Neumann en Hungría era el lugar adecuado para que un niño prodigio desarrollara sus capacidades. Su padre, Max Neumann, compró una biblioteca en una subasta inmobiliaria, despejó de muebles una habitación para alojarla, y encargó a un carpintero que tapizara las paredes con estanterías del suelo hasta el techo. Johnny pasó muchas horas leyendo libros de esa biblioteca. Entre las obras se encontraba una historia enciclopédica del mundo. Von Neumann leyó todos los tomos.

El dominio de von Neumann del idioma inglés era absoluto. Asimismo el del húngaro, alemán y francés. Su inglés tenía un acento centroeuropeo que siempre se ha descrito como encantador. No obstante, le costaba pronunciar la «th» y la «r», y decía «integer» con una «g» dura; era la marca de fábrica de von Neumann. Retuvo nociones más que adecuadas del griego y latín aprendidos en la infancia. Se comentaba que von Neumann podía hablar en cualquiera de los idiomas aprendidos más deprisa que una persona que lo tuviera como lengua materna.

«Por cierto, mi marido tiene muy poca idea de la distribución de la casa. Una vez, en Princeton, le pedí que me trajera un vaso de agua. Al rato volvió para preguntarme dónde se guardaban los vasos. Claro que sólo llevábamos en esa casa diecisiete años... Jamás ha cogido un martillo o un destornillador. Lo único que sabe arreglar son las cremalleras. Es capaz de hacerlo con los ojos cerrados».

*(Klara, mujer de von Neumann, hablando de su marido durante una entrevista para la revista **Good Housekeeping**).*

Durante la guerra fría, von Neumann propugnaba lanzar un ataque nuclear relámpago por sorpresa contra la URSS. La revista *Life* recogió sus palabras: «Si me propone usted bombardearles mañana, yo le contesto, ¿por qué no hoy? Si dice usted que hoy a las cinco de la tarde, yo le digo, ¿por qué no a la una?»

Von Neumann solía decir que la vida de un matemático acaba a los 30 años. A medida que se fue acercando a esa edad, aumentó el listón hasta los 35, luego hasta los 40, los 45 y luego a los cincuenta.

Incluso una memoria como la de von Neumann tenía sus limitaciones. Próximo ya el final de su vida, von Neumann se quejaba de que las matemáticas puras habían crecido hasta tal punto que no era posible para una sola persona mantenerse al día en más de una cuarta parte de la disciplina. En realidad se estaba retratando a sí mismo: él era la persona que conocía una cuarta parte de todas las matemáticas.

Anecdotario vario:

♦ Von Neumann mantuvo una pequeña guerra con el matemático Norbert Wiener. Durante una conferencia de Wiener, von Neumann se sentó en primera fila y se entretuvo leyendo el *New York Times* con gran estrépito.

♦ Estudiaba cierta vez von Neumann el problema de cómo se propagan las ondas de choque que se originan por una explosión. Un periodista le pidió que explicase su manera de proceder en el análisis. Miraron juntos la fotografía de la deflagración y mientras el periodista se mostraba impresionado por las esquirlas que salían disparadas hacia los lados, von Neumann manifestó: "Una mente que trabaje con imágenes no puede apreciar lo qué ocurre aquí. Hay que contemplarlo desde una perspectiva abstracta. Lo que yo veo es que desaparece el primer coeficiente diferencial y que, por tanto, aquello que se muestra es la huella del segundo coeficiente diferencial".

♦ En cierta ocasión se le planteó a von Neumann la siguiente adivinanza: "Dos trenes van en la misma dirección y sentido contrario. Se encuentran a 200 Km el uno del otro y ambos avanzan a una velocidad de 50 Km por hora. Una mosca, en el exterior, comienza en ese momento a volar de un tren a otro a una velocidad de 75 Km por hora. Los trenes chocan y la mosca muere aplastada. ¿Cuántos kilómetros voló la mosca antes de morir?" Existe una solución sencilla: se mide el tiempo que tardan los dos trenes en chocar (2 horas); sabiendo que la mosca vuela a 75 Km por hora, es fácil deducir que habrá volado 150 Km. Pues bien, cuando von Neumann se enfrentó al problema, reflexionó durante unos segundos y finalmente manifestó: 150 Km. "Muy bien", le dijeron, "¿cómo lo has resuelto?" "Muy fácil", contestó von Neumann, "sumé la serie".

♦ Durante la época en que von Neumann enseñó en Princeton, el ordenador de la universidad podía realizar apenas dos mil multiplicaciones por segundo. (Actualmente, un ordenador grande IBM Sistema 390 puede con 41 millones de operaciones por segundo). Pues bien, cuando hubo que probar el ordenador, alguien propuso que resolviera un problema de gran dificultad. Pero para saber si la máquina funcionaba adecuadamente, era necesario conocer antes la respuesta correcta. Por tanto, se improvisó una competición entre la máquina y von Neumann. Von Neumann fue el primero en llegar a la solución.

♦ He aquí otra anécdota referente a la "infalibilidad" de von Neumann. Cuando trabajaba para la corporación RAND, surgió un problema tan complicado que ningún ordenador existente podía tratarlo. Entonces los jefes de RAND solicitaron a von Neumann que les ayudase a construir un ordenador nuevo, más potente. Von Neumann les pidió primero que le explicaran el problema que pretendían resolver. Los investigadores tardaron dos horas en describirle la cuestión, anotándolo todo en una pizarra. Von Neumann se limitó a quedarse en su asiento, con la cabeza inclinada sobre las manos. Al final de la explicación, von Neumann garabateó algo en una agenda de notas que tenía delante. "Caballeros", anunció finalmente, "no necesitan un nuevo ordenador. Acabo de resolver su problema".

Gottfried Wilhelm Leibniz (1646-1716)

Leibniz concibió en su momento la esperanza de que incluso las disputas filosóficas tuvieran en el futuro una solución basada en el cálculo matemático. Una vez convertido el universo entero en palabras, signos y símbolos, sería fácil aportar soluciones precisas. Declaraba Leibniz que si alguien, por ejemplo, pusiera sus conclusiones sobre cualquier asunto en duda, simplemente le diría: "calculemos, señor mío", y echando mano de tinta y papel arreglarían enseguida el asunto.

Sólo 3 personas acompañaron los restos mortales de Leibniz.

5. Norbert Wiener (1894-1964)

Norbert Wiener, quien rescató el término *cibernética* dándole su actual significado, era el típico matemático despistado. En cierta ocasión su familia se mudó a un pueblo cercano. Su esposa, conociéndole, decidió mandarle al MIT (Massachussets Institute of Technology) como todos los días, mientras ella se encargaba de la mudanza. Tras haberle repetido cientos de veces (quizás más) que se mudaban tal día, el mismo día del traslado, la mujer le entregó una hoja de papel con la nueva dirección, porque estaba segura de que se iba a olvidar. Casualmente, Wiener usó ese papel para resolver por la otra cara una duda a un estudiante. Cuando volvió por la tarde a su casa, por supuesto, se olvidó de que se habían mudado. Su primera reacción al llegar a su antigua vivienda y verla vacía fue la de pensar que les habían robado; entonces se acordó del traslado. Como tampoco recordara a dónde se habían mudado y no tenía el papel, tornó a la calle bastante preocupado. En esto vio a una chica que se acercaba. Wiener se dirigió a ella y le dijo:

- Perdone, señorita, yo vivía antes aquí y no consigo recordar...

- No te preocupes, papá, mamá me ha enviado a buscarte.
(Hay que decir, como posible disculpa, que era de noche y no se veía bien.)

Cuenta Joseph Mazur en su libro **Euclid in the Rainforest,** *que cuando él era universitario circuló por la comunidad matemática una historia apócrifa sobre un desconocido genio matemático. Al parecer, este genio, un estudiante de la Universidad de Princeton allá a comienzos de los años 1950, llegó tarde a clase. El profesor había escrito en el encerado una lista con los diez problemas matemáticos más importantes todavía sin resolver. Este estudiante copió los problemas creyendo que se trataba de los deberes para hacer en casa. Al día siguiente, en clase, se disculpó algo avergonzado con el profesor diciéndole que había resuelto nueve de los diez problemas que puso en clase pero que no había podido con el otro. Lo que pretendía mostrar esta historia apócrifa eran dos cosas: la primera, el talento de los genios por descubrir; la otra, que uno logra mayores éxitos cuando no tiene la desventaja de conocer de antemano la dificultad del empeño.*

6. Lewis Fry Richardson (1881-1953)

El matemático meteorólogo **Lewis Fry Richardson**, que participó en la I Guerra Mundial como ambulanciero (era cuáquero y su religión le prohibía tomar las armas), se enfrascó durante la última parte de su vida en una investigación matemática sobre las causas de la guerra. Sus trabajos se publicaron póstumamente en dos volúmenes separados: *Armas e inseguridad* (Arms and Insecurity), un análisis de la carrera armamentística, y **Estadísticas de las contiendas mortales** (Statistics of Deadly Quarrels), que documenta cada categoría conocida de conflicto violento, desde el simple asesinato al bombardeo estratégico, cada una dispuesta de forma cronológica y también de acuerdo con una escala de magnitud basada en el logaritmo del número de víctimas mortales.

El perro de Newton

Isaac Newton y el matemático John Wallis eran amigos. Según el diario de Newton, éste fardó de su pequeño perro Diamond. "Mi perro sabe algo de matemáticas. Hoy ha probado dos teoremas antes de comer".

"Su perro debe ser un genio", replicó Wallis.

"Oh, yo no diría tanto", dijo Newton, "El primer teorema tenía un error y el segundo una excepción patológica".

---

7. Srinivasa Ramanujan (1887-1920)

"Cualquier número entero positivo era un amigo personal"

(J. E. Littlewood sobre su colega Ramanujan)

Ramanujan nació en la India en 1887. Si bien de la casta de los brahmines, sus padres eran pobres. Fue lento en aprender a hablar pero pronto destacó en la escuela por sus dotes de cálculo. Se graduó en 1904, pero en aquella época en la India no había lugar para profesionales de las matemáticas.

Una anécdota que define bien a Ramanujan es la siguiente: K.S. Srinivasan, un estudiante que le había conocido en Kumbakonam, la ciudad en que vivió de niño, le dijo un día:

-Ramanju, dicen que eres un genio.

A lo que él respondió:

-Nada de genio. Mira mi codo. Él te contará mi historia.

El codo estaba sucio, debido a que por entonces Ramanujan, extremadamente pobre, se valía de una pizarra manual para trabajar, y usaba el codo para borrar, método más rápido que usar un trapo. Y añadió:

-Mi codo me está haciendo un genio.

Durante su vida de adulto fue anotando ecuaciones y símbolos en cuadernos. Se cree que estos cuadernos contienen entre 3.000 y 4.000 teoremas, y que casi dos tercios de ellos son nuevos en matemáticas, siendo el resto descubrimientos independientes de los ya realizados por anteriores matemáticos.

Lo que más llama la atención de las ecuaciones de estos cuadernos es la belleza formal de su representación, una belleza que se conjuga con la armonía interna de las relaciones matemáticas que representan. Observen, por ejemplo la hermosa simetría de esta ecuación:

$$1 - 5\left(\frac{1}{2}\right)^3 + 9\left(\frac{1\cdot3}{2\cdot4}\right)^3 - 13\left(\frac{1\cdot3\cdot5}{2\cdot4\cdot6}\right)^3 + \cdots = \frac{2}{\pi}$$

El final de la serie, tan espectacularmente bella, es $2/\pi$, y qué decir de los coeficientes: 1, 5, 9 y 13, todos difiriendo entre sí por 4.

Otra bella ecuación de Ramanujan:

$$\cfrac{1}{1+\cfrac{e^{-2\pi}}{1+\cfrac{e^{-4\pi}}{1+\ldots}}} = \left[\sqrt{\left(\frac{5+\sqrt{5}}{2}\right)} - \frac{\sqrt{5}+1}{2}\right] \cdot e^{\frac{2}{5}\pi}$$

Y curiosamente, ¿qué descubrimos en esta ecuación? En la parte derecha vemos, oh sorpresa, el número de oro: $(\sqrt{5}+1)/2$. Este simple hallazgo basta para añadir a su intrínseca belleza cierta intriga místico-matemática.

Para finalizar, admiren la elegante fracción continua que presenta la siguiente ecuación de Ramanujan:

$$\frac{1}{e-1} = \cfrac{1}{1+\cfrac{2}{2+\cfrac{3}{3+\cfrac{4}{4+\ldots}}}}$$

Ramanujan daba todo el crédito de sus descubrimientos a la diosa hindú Namakkal.

La formula $2(\pi)^4 = 2,143$ (contiene los cuatro primeros números naturales) fue descubierta por Ramanujan en 1914.

La rapidez de Ramanujan

En cierta ocasión un amigo le propuso a Ramanujan hallar una solución al siguiente sistema de ecuaciones, que él era incapaz de resolver.

$$\sqrt{x} + y = 7$$
$$\sqrt{y} + x = 11$$

Ramanujan dio la respuesta inmediatamente. ¿Puede usted hacer lo mismo?

Solución: Yo sí, $x = 9$ y $= 4$

---

8. Leonhard Euler (1707-1783)

Considerado "el maestro de todos los matemáticos", Euler es el matemático más prolífico de la historia. Y ello a pesar de haber perdido un ojo antes de los 30 años y haberse quedado ciego a los 60 años (invidente, dictando a sus hijos o a su colaborador Nikolaus Fuss, aún publicó más de 300 trabajos). De los más de 80 volúmenes de su *Opera Omnia*, sólo 29 constituyen *Opera Mathematica*. El resto corresponde a estudios de mecánica, física, astronomía, náutica, arquitectura, etc.

Euler poseía una memoria prodigiosa. Se cuenta que era capaz de recitar en latín la *Eneida* completa. También poseía una increíble capacidad de cálculo mental; podía enumerar, sin utilizar lápiz ni papel, no sólo los primeros 100 números primos sino sus cuadrados, cubos y hasta las potencias sextas.

Euler está relacionado también con el curioso enigma de los puentes de Königsberg. Veamos este curioso caso:

Los siete puentes de Königsberg

La antigua ciudad de Königsberg, ahora conocida como Kaliningrado, es una urbe junto al río Preger con dos islas que se conectan con la ciudad a través de siete puentes. El río fluye alrededor de las dos islas. Todos los puentes menos uno, comunican las orillas con las islas, y el puente restante comunica las dos islas entre sí. Ver figura:

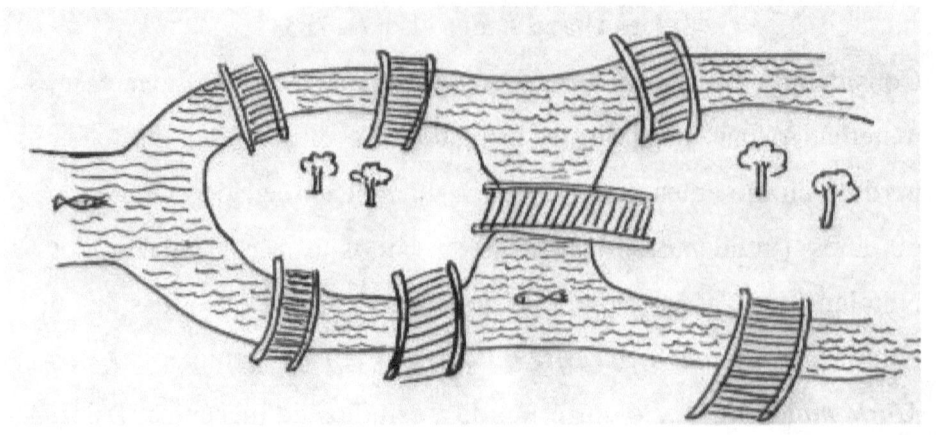

La tradición dominguera de Königsberg consistía en recorrer todos los puentes y tratar de hacer el periplo cruzando cada puente sólo una vez. Nadie lo lograba y muchos fueron los que estudiaron el problema. Pero tuvo que ser el maestro de todos los matemáticos, el gran Leonhard Euler, quien solucionara el enigma. En aquel tiempo Euler estaba al servicio de la emperatriz rusa Catalina la Grande, en San Petersburgo. Llegó a sus oídos el problema de los siete puentes y Euler, al resolverlo, inició una nueva rama de las matemáticas hoy conocida como topología. Euler demostró que cruzar los siete puentes de Königsberg sin repetir ninguno, era imposible. Para ello se requeriría que el número de puentes fuera par, no impar. Hoy, Königsberg se llama, como ya hemos dicho, Kaliningrado y de sus originales siete puentes sólo quedan tres.

En septiembre de 1783, después de calcular la órbita del recién descubierto planeta Urano, Euler se paró a jugar con su nieto y se bebió una taza de té. Con la pipa en la mano, sufrió un fatal ataque al corazón. Sus últimas palabras fueron: "Me muero".

Diderot y Euler

Esta anécdota, al parecer apócrifa, relata un supuesto encuentro entre Diderot y Euler en la corte rusa. Diderot había molestado a la zarina con sus arengas a favor del ateísmo, y ella persuadió a Euler para que la ayudase a librarse del filósofo francés. Diderot fue informado de que un culto matemático estaba en posesión de una demostración algebraica de la existencia de Dios e iba a exponerla delante de la corte. Diderot fue invitado a escucharla. Llegado el momento, Euler avanzó hasta Diderot y le anunció en tono de perfecta convicción:

«Señor: $(a + b)/n = x$, luego Dios existe; ¡responda!»[1]

Diderot, carente de nociones de álgebra, se mostró desconcertado en medio de la hilaridad de los presentes. Después de ese suceso, solicitó permiso para regresar inmediatamente a Francia, permiso que le fue concedido.

[1] *Monsieur: $(a + b)/n = x$, donc Dieu existe, repondez!*

9. Carl Friedrich Gauss (1777-1855)

Jacobi llamó a Gauss el "zorro de las matemáticas"
porque borraba sus huellas en la arena con su cola.

Se cuenta la siguiente anécdota del matemático Carl Friedrich Gauss. Cierta vez, en la escuela, el maestro, a manera de diversión, le preguntó cuánto sumaban todos los números comprendidos entre 1 y 100. Se dice que Gauss contestó en menos de un minuto. El niño Gauss, ya todo un prodigio, se dio cuenta de que los cien números podían dividirse en 50 pares, como sigue: 1+100, 2+99, 3+98... Lo que equivale a 50 números de valor 101, que multiplicándolos arrojaría la cifra de 5050, que es la solución que dio Gauss.

Conocida es también la ayuda que prestó Gauss a una asociación de viudas, que se había quedado casi sin fondos para cubrir sus pensiones. Las buenas señoras recurrieron a Gauss para que con sus conocimientos les ayudara a conseguir dinero en la Bolsa, labor que el matemático realizó exitosamente. Incluso el propio Gauss aumentó su ya de por sí considerable fortuna, ya que las inversiones que recomendó a las viudas las realizó él también por su cuenta.

Se dice que Gauss era mezquino, que cuando compartía trabajos con estudiantes, siempre decía que él ya lo había hecho antes. Lo cual no siempre era verdad.

10. Kurt Gödel (1906-1978)

> *Kurt Gödel fue sin duda el más grande lógico*
> *del siglo XX. Puede que hubiera sido también*
> *uno de nuestros grandes filósofos.*
> *(Rudy Rucker)*

Kurt Gödel nació en 1906 en Brün, Checoslovaquia, entonces parte del imperio Austro-húngaro. Su familia era alemana y su padre dirigía una industria textil en la ciudad. A los 6 años de edad, Kurt Gödel contrajo unas fiebres reumáticas que le produjeron un miedo obsesivo sobre su salud, miedo que perduró durante el resto de su vida. En 1923 se matriculó en la Universidad de Viena, donde se relacionó con un grupo de intelectuales que posteriormente fue conocido como Círculo de Viena; fue su primer contacto con el positivismo lógico.

En 1930, Kurt Gödel, con apenas 24 años, dio una disertación de 20 minutos durante unas conferencias sobre matemáticas en Königsberg, entonces Rusia, titulada "Sobre las proposiciones formalmente indecidibles de los Principia Matemática y sistemas afines" (*On Formally Undecidable Propositions of Principia Mathematica and Related Systems*). Nadie de la audiencia pareció hacer caso de las palabras de Gödel, excepto un matemático húngaro-americano llamado John von Neumann.

Gödel probó que la aritmética formal es incompleta si es consistente, que existían proposiciones verdaderas que no podían ser demostradas dentro del sistema (ver sección **6.3**, página 152).

Cuando Gödel se hizo norteamericano necesitó dos avalistas o personas que lo recomendaran. Estos fueron Albert Einstein y Oskar Morgenstern (cofundador, junto con John von Neumann, de la "teoría de juegos"). Pero ocurrió que cuando leyó la Constitución de Estados Unidos durante su preparación para adquirir la ciudadanía norteamericana, se convenció de que había encontrado en el texto una inconsistencia lógica que permitía la posibilidad de elegir un dictador y no un presidente. Gödel se sintió irritado, pues había llegado a América huyendo de tiranos como Hitler o Stalin. Durante su examen oral para adquirir la citada nacionalidad, Einstein tuvo que disuadirle con constantes interrupciones para evitar que compartiera su descubrimiento con los examinadores.

Kurt Gödel se dejó morir de hambre a los 71 años de edad, debido a la psicosis de que lo iban a envenenar.

Jean le Rond d'Alembert (1717-1783)

D'Alembert, más conocido por su participación en la elaboración de la primera Enciclopedia, fue un matemático dotado y adelantado. Fue el primero que propuso utilizar las matemáticas para resolver y analizar problemas sociales. De él surgió el concepto de "esperanza de vida", que él mismo estudió sobre la población de París. Gracias a estos estudios sabemos que la vida media de un ciudadano de la mencionada capital, en su época, mediados del siglo XVIII, era de 26 años.

11 Stanislaw Ulam (1909-1984)

Las matemáticas son, de alguna manera, el lenguaje del silencio.
(George Steiner)

Ulam era proverbialmente perezoso. En los años 30, en Cambridge, solía tomar un taxi a Harvard cada vez que pasaba la noche en Boston, para evitar las molestias de un viaje en metro (sacar billetes, pasar por torniquetes, indagar qué línea le debía tomar, etc.). Cierta vez que cruzaba en taxi el puente de la Longfellow, vio al presidente de la Universidad que iba a trabajar en autobús, agarrado a un pasador de techo en un vehículo abarrotado, y se avergonzó.

Un día que Gian Carlo Rota fue a visitarlo, lo encontró tendido en un sofá en su casa de Santa Fe con el periódico del día bajo su cuerpo. Para no hacer el esfuerzo de levantarse y tomar el diario, lo iba arrancando por trozos, los leía y los tiraba al suelo.

En California hay un lugar en la senda que conduce desde Los Alamos a las montañas que se llama "La pista de Ulam", porque era lo más lejos que éste llegaba en las excursiones antes de volverse atrás. La mayoría de las veces se conformaba con vigilar con binoculares a los excursionistas desde el porche de su casa bebiendo un gintonic y rodeado de amigos con quienes conversar.

Pero Ulam tornaba la pereza en reto. La usaba para ir al fondo de las cosas con un mínimo de explicación matemática. Después de arrojar alguna "perla" a quienes le escuchaban, pasaba a otro asunto, dejando el posible desarrollo de la idea o intuición a alguno de sus oyentes. En este sentido, confiesa que le hubiera gustado ser recordado por esas intuiciones que encontraron aplicación práctica, como el Método de Montecarlo, donde comparte el mérito con John von Neumann y Nick Metropolis, o la Bomba H, done el mérito lo comparte con Edward Teller. Sin embargo, su fama subsistirá, en opinión de muchos de sus colegas, gracias a sus dos libros de problemas de matemáticas, que seguirán siendo libros de cabecera de los jóvenes matemáticos, ansiosos de lograr la hazaña de resolver al menos uno de ellos.

Stalislaw Ulam solía decir que su vida se dividía en dos bruscas mitades. En la primera mitad, él era siempre la persona más joven del grupo. En la segunda mitad, el era siempre el más viejo.

Los matemáticos polacos y los cafés

*Cuando Stanislaw Ulam era estudiante en Polonia, los matemáticos solían reunirse en los cafés, donde mantenían discusiones sobre temas matemáticos. Como pizarras improvisadas utilizaban el mármol de las mesas. Uno de los más concurridos por entonces era el **Café Sckocka** (Café Escocés), sede de las reuniones diarias de Banach, quien en 1934 aportó un gran libro de notas en el que se inscribían los problemas que surgían y, cuando era posible, sus soluciones. Este libro permanecía en el café y un camarero lo traía cuando era requerido para hacer anotaciones, después de las cuales, muy ceremoniosamente, lo devolvía a su lugar de recogida. El libro sobrevivió a la Segunda Guerra Mundial. Durante los años de la ocupación rusa, algunos matemáticos de este país visitaron el café y anotaron en el libro varios problemas con promesas de premios a quien encontrara la solución. La última inscripción lleva fecha de 31 de mayo de 1941. Después, durante la ocupación alemana, iniciada en el verano de aquel mismo año, nadie se preocupó del libro, hasta que un hijo de Banach, neurocirujano, se lo llevó a Wraclaw (antes Breslau). En 1957 Ulam recibió una copia enviada por Steinhaus, la tradujo y la distribuyó entre matemáticos amigos. Al parecer, algunos matemáticos de Lvov continuaron la tradición del libro escocés tras la guerra.*

12. August Ferdinand Moebius (1790-1868)

El nombre de Moebius (o Möbius) está vinculado a dos cuestiones de índole topológica. Primero, en 1840, el problema de los cuatro colores (ver capítulo X, pag. 343). El otro problema, que data de 1858, se refiere a la famosa "superficie unilátera", más conocida como "cinta de Moebius".

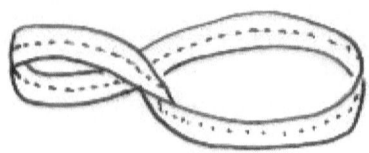

Para construir una cinta como la que representa el dibujo, tómese una cinta de papel, désele media vuelta hacia un lateral y péguense los dos extremos. Así de fácil.

13. Augustus de Morgan (1806-1871)

El matemático Augustus de Morgan nació en Madura, Consejo de Madrás, en la India, el 27 de junio de 1806 y murió en Londres el 18 de marzo de 1871. En 1823 entró en el Trinity College de Cambridge. Su madre quería que fuese clérigo, pero él no mostró vocación religiosa, prefiriendo las matemáticas. Durante los servicios eclesiásticos, en vez de atender a los sermones se dedicaba a inscribir ecuaciones en el reclinatorio, que permanecieron hasta después de su muerte. De Morgan complementaba sus ingresos ejerciendo de consultor en asuntos actuariales. El número de artículos que llegó a publicar fue bastante elevado. Se calcula que solamente los que escribió para la **Penny Cyclopaedia** fueron más de 700. Los artículos trataban, principalmente, sobre matemáticas, astronomía, historia de la ciencia y música. La mayor parte fueron escritos en el período de cinco años que estuvo sin puesto académico.

Augustus de Morgan odiaba el campo. No iba sino bajo acuciante obligación y procuraba pasar en él el menor tiempo posible. De Morgan era un entusiasta de la ciudad. Su sincera antipatía por el campo y la playa le hacía negarse a acompañar a su familia en las vacaciones y, al igual que le pasaba al malvado Carabel ideado por Wenceslao Fernández Flórez, su salud se resentía de la atmósfera pura del campo y le costaba reponerse de los efectos.

Arquímedes (287-212 a.n.e.)

*Arquímedes de Siracusa, en su libro **El contador de arena**, que dedicó a Gelon, rey de Siracusa, describía procedimientos para contar grandes números. Uno de los retos que asumió en el libro, y por el que éste es principalmente recordado, fue el calcular, de forma razonada, los granos de arena que se necesitarían para rellenar el universo. Asumió que en un capullo de adormidera cabrían como máximo 10.000 granos de arena. Estimó que su diámetro no era menor que 1/40 de la anchura de un dedo, y asumiendo que la esfera de las estrellas fijas (que para*

Arquímedes confinaban el universo) era menor que 10^7 veces la esfera que dibuja la órbita del sol... el número de granos de arena que se necesitarían para llenar el universo sería, en notación actual, algo menos de 10^{51}.

Como curiosidad, y comparación, pues Arquímedes no ha sido el único contador de arena, los matemáticos contemporáneos Edward Kasner y James Newman estimaron el número de granos de arena de Coney Island en 10^{20}.

14. Alonzo Church (1903-1995)

Este matemático de la época dorada de Princeton, experto en lógica aplicada, nunca hacía comentarios fuera de lugar, pues entendía que no pertenecían al bagaje de la lógica formal. Por ejemplo, jamás diría: "está lloviendo". Dicha frase, tomada aisladamente, no tenía sentido para él. El que en ese momento lloviera o no, no tenía importancia, lo que importaba era la consistencia. Él hubiera dicho: "debo posponer mi partida hacia la calle Nassau (lugar donde residía) debido a que llueve, circunstancia que puedo verificar mirando por la ventana".

Sus lecciones comenzaban con diez minutos de un ritual que él consideraba necesario: limpiar la pizarra hasta que ésta estuviera inmaculada. Y ello a pesar de que sus predecesores en la clase, que conocían su manía, se hubieran tomado la molestia de borrársela. Le daba lo mismo. La ceremonia jamás se eliminaba. Una ceremonia que muchas veces requería agua, jabón y cepillo y a la que seguía otros diez minutos de completo silencio hasta que la pizarra se secaba.

> *La validez de las buenas matemáticas es prácticamente infinita.*
> *Una vez que un problema ha sido resuelto, está resuelto. Sucesivas*
> *generaciones pueden continuar aprendiendo de esa solución.*
> *(Ian Stewart)*

15. William Feller (1906-1970)

Al igual que Alonzo Church, William Feller vivió, como matemático, la época dorada de Princeton. Feller se sentía ultrajado cuando alguien interrumpía su clase para indicarle un error en la exposición. Se ponía rojo de ira, elevaba la voz hasta el grito. En una ocasión incluso expulsó de la clase al objetor. Esa actitud dio lugar a la expresión "prueba por intimidación" para referirse a sus demostraciones y enseñanzas. Feller parecía tener algo de impostor. Durante sus clases, el alumno parecía participar de un secreto privado, impresión que se desvanecía como por arte de magia cuando William Feller abandonaba la clase.

Era vecino de Velikowsky, el autor de ***Mundos en Colisión***, considerado uno de los mayores herejes de la ciencia en aquella época. Se conocieron cierta vez que Feller estaba podando arbustos en su jardín. Velikowsky salió de su casa gritando:

"¡Deténgase! ¡Está matando a su padre!" Después de aquello se hicieron amigos.

Cierta vez sugirió que en los exámenes donde se pedía contestar a una pregunta eligiendo la verdadera de entre varias opciones, debería pedirse a los estudiantes que eligieran la respuesta equivocada en vez de que adivinasen la correcta.

16. Salomon Lefschetz (1884-1972)

Este matemático ruso-americano fue educado como ingeniero, pero al sufrir un accidente en el que perdió ambas manos, se dedicó a las matemáticas. Fue pionero en muchas áreas de lo que hoy se conoce como topología algebraica, incluyendo su teorema del punto fijo. También realizó importantes descubrimientos en geometría algebraica.

A Lefschetz le gustaba repetir, como ejemplo de pedantería matemática, la historia de una de las visitas de E. H. Moore a Princeton, aquella en la que Moore inició su lección diciendo: "Sea a un punto y sea b un punto". Como Lefschetz le interrumpiera para decirle: ¿Por qué no dice sencillamente "sean a y b dos puntos"?, Moore le contestó: "Porque a podría ser igual a b". Lefschetz se levantó y abandonó la clase.

Lefschetz era un matemático intuitivo. Se decía que nunca había dado una prueba completamente correcta, pero que tampoco nunca había realizado una conjetura errónea. Sus clases llegaban casi a la incoherencia. Tenía un brazo artificial, con el que cogía la tiza y llenaba la pizarra con trazos enormes e inseguros, como un niño que aprendiera a escribir.

17. Stephen Smale (n. 1930)

Este matemático contemporáneo, original y abridor de nuevas vías en la ciencia, cuando comenzó la guerra de Vietnam, y junto con Jerry Rubin, un líder contracultural, se manifestó en contra de la misma y participó en los intentos de impedir que trenes con tropas cruzaran California. En 1966, cuando el Comité de Actividades Antiamericanas intentaba citarlo para interrogarle, se largó a Moscú para participar en un Congreso Internacional de Matemáticos. Allí recibió la Medalla Field, el mayor honor de esta profesión, comparable al premio Nobel en ciencias.

En Moscú se reunieron cinco mil agitados y agitadores matemáticos. La tensión política era intensa. Circulaban las peticiones de todo tipo. Cuando el congreso se aproximaba a su fin, Smale respondió a una invitación de un reportero norvietnamita para dar una conferencia de prensa en los escalones de la Universidad de Moscú. Smale comenzó condenando la intervención norteamericana en Vietnam y entonces, cuando su anfitrión comenzaba a sonreír, condenó también la invasión soviética de Hungría y la falta de libertades en la Unión Soviética. Terminada la improvisada rueda de prensa, Smale fue conducido a las dependencias policiales rusas para ser interrogado... y deportado. Cuando regresó a California, la Fundación Nacional para la Ciencia le canceló la beca.

No todo son rosas en la senda de las matemáticas...

• *El pitagórico Hipasio fue arrojado al mar por sus compañeros por haber revelado ciertos secretos de la secta.*

• *A Hipatia, hija de Teón, la descuartizaron fanáticos cristianos en las calles de Alejandría.*

• *Alhazen (965-1039), matemático nacido en Iraq y hoy recordado por sus contribuciones al campo de la óptica, para escapar de las iras del califa del Cairo Al-Hakim, tuvo que fingirse demente, lo que le valió, en vez de ser ejecutado, un arresto domiciliario que duró hasta la muerte del califa.*

• *Newton sufría frecuentes trastornos nerviosos. Cuando le sucedían estos colapsos mentales, se recluía y no quería ver a nadie. Durante estos períodos se volvía irascible.*

• *Alan Turing se suicidó después de sufrir enormes humillaciones.*

• *Kurt Gödel se convirtió en un viejo chiflado y patético. Al final de sus días se volvió paranoico y se dejó morir de hambre.*

• *G. H. Hardy intentó suicidarse dos veces.*

• *Ada Lovelace, hija de Lord Byron y pionera en sentar las bases de la programación, fue una adicta al juego, en concreto a las apuestas de caballos, lo que le llevó a tener que pedir préstamos continuos. Murió joven, víctima de un cáncer.*

• *Cantor, el padre de la teoría de conjuntos, se volvió loco y terminó su vida en un manicomio.*

• *Evariste Galois, debido a su temerario arrojo, murió de un tiro de pistola durante un duelo a los 21 años.*

• *Los matemáticos Nash y Sidon terminaron con esquizofrenia aguda.*

• *Ludwig Boltzmann, que dedicó la mayor parte de su vida al estudio de la mecánica estadística, se suicidó en 1906. Paul Ehrenfest, un discípulo de Boltzmann, siguiendo los estudios de su maestro, murió de la misma forma en 1933.*

• *Theodore Kaczynski, más conocido por Unabomber, fue un doctor en matemáticas que terminó convertido en asesino.*

• *Taniyama-Shimura, uno de los matemáticos más brillantes del Japón de la posguerra, se suicidó a la edad de 31 años.*

• *Andre Bloch (1893-1948) fue un brillante matemático francés que dio nombre a una constante, la constante de Bloch, de uso en la geometría hiperbólica. Pues bien Bloch en 1917 asesinó a varios miembros de su familia con una espada. Como consecuencia de este acto, fue encarcelado de por vida en una prisión para dementes. Al parecer todo fue debido a que mientras él tenía que volver a las trincheras de la Segunda Guerra Mundial, su hermano, también matemático, fue destinado a la Politécnica. En un rapto de desesperación mató a su hermano, a su tío y a su tía. Desde la institución donde fue recluido realizó muchos trabajos de matemáticas junto con célebres matemáticos como Polya, Hadamard y Mandelbrot. Al parecer era un buen corresponsal, muy educado y solían invitarlo a cenar a menudo, a lo que invariablemente contestaba: "Circunstancias fuera de mi control me impiden aceptar su amable invitación".*

*• Durante el año académico 1995-1996, el matemático Walter Petryshyn (1929-) mató a su mujer dándole treinta golpes con un martillo en la cabeza. Al parecer no pudo superar los muchos errores que contenía su recién publicado libro **Generalized Topological Degrees and Semilinear Equations** (Grados de topología generalizada y ecuaciones semilineales).*

Francis Galton,

El hombre que calculaba

Francis Galton (1822-1911) fue, además de inglés, estadístico, psicólogo, inventor, antropólogo, y eugeneticista. Autor prolífico, publicó más de 300 trabajos. Su libro más famoso fue **El Genio hereditario**, donde defendía la tesis de que el genio y el talento, a menudo se heredan.

Galton fue un niño prodigio. A los 4 años era capaz de leer cualquier libro en inglés, distinguía los sustantivos, adjetivos y verbos en los textos latinos, podía hacer de memoria cualquier suma, así como multiplicar por 2, 3, 4, 5, 6, 7, 8, 10 y por 11. También sabía un poco de francés.

Galton estudió las materias más dispersas, de entre las que destacamos, por su singularidad: la utilización de las huellas digitales para la identificación de personas, cálculos correlacionales, las transfusiones sanguíneas, la criminalidad, el arte de la exploración en países subdesarrollados, el gregarismo en el ganado y en el hombre. Galton fue el primero en acuñar términos como "anticiclón" y "eugenesia" (genética del comportamiento). Como inventor, se le debe la confección de un sombrero ventilable, es decir, un sombrero cuya tapa superior podía alzarse por medio de una pera de goma. El portador apretaba la pera y por medio de un conducto de goma, la parte superior se levantaba y la cabeza se refrescaba debido a la entrada de aire.

Sin embargo, la mayor extravagancia de Galton fue su manía cuantificadora. Galton estudiaba y cuantificaba todo lo que se le pusiera en medio. A modo de curioso ejemplo, uno de los muchos libros que publicó se titulaba: **Investigaciones estadísticas sobre la eficacia de las oraciones**. Para medir la eficacia de las plegarias, Galton calculó la edad media de muerte de las personas por profesiones. (Ver seeción **8.2.1**, pag 231)

Como observara que la gente de iglesia no vivía más tiempo que las personas de otras profesiones, concluyó que las plegarias eran inútiles. También demostró que las rogativas a favor de la vida de reyes, reinas y otros líderes, eran completamente ineficaces porque los soberanos morían antes que otros privilegiados de la fortuna. Finalmente atacó la noción de que las oraciones ayudasen a prolongar la vida, haciendo notar que si eso fuera así, las compañías de seguros ajustarían sus pólizas en virtud de la "piedad" rezadora del cliente.

Galton contaba todo lo que veía, fueran las curvas del cuerpo de una mujer o el número de brochazos que había costado su retrato. Por ejemplo, en 1897 publicó en la revista **Nature**, un trabajo sobre la longitud que debía tener una soga para que durante el ahorcamiento rompiera el cuello de un criminal sin decapitarlo.

También estudió la duración de las penas de prisión, mostrando ciertos patrones subconscientes en las sentencias de los jueces. De 10.000 sentencias que estudió, descubrió preferencias por condenas de 2, 3, 9, 12, 15, 18 y 24 meses, no hallando sentencias de 17 meses y pocas de 11 meses ó 13 meses. También mostró que las penas impuestas no guardaban correlación con la gravedad del crimen.

Otro resultado de su afán cuantificador fue el diseño de un mapa de belleza de Gran Bretaña. Ese mapa se basaba en el número de mujeres guapas y feas que veía por las calles de distintas ciudades, y que apuntaba cuidadosamente en un cuaderno. Además de este índice de belleza, Galton trabajó en un índice de aburrimiento aplicado a los actos públicos, baremo basado en los movimientos de impaciencia o nerviosidad que observaba, y anotaba, durante los actos sociales a los que acudía. Advirtió que las cabezas de los aburridos en un público se movían de delante hacia atrás con una frecuencia que permitía medir el nivel de aburrimiento. Los asistentes que permanecían atentos, por el contrario, se sentaban erguidos y mantenían distancias constantes entre sus cabezas.

En el colmo de su pasión por las mediciones, Galton llegó a colocar sensores de presión bajo las sillas de su comedor con el fin de recoger los movimientos corporales de sus invitados. Así sacaba conclusiones curiosas, como que aquellos que sentían simpatía mutua, inclinaban sus sillas en la dirección del otro. También le daba por interpelar a la gente en la calle para medir el porcentaje de optimistas y pesimistas. Cuando le hicieron un retrato, llevó la cuenta del número de pinceladas que necesitó el artista. Todos estos estudios terminaban siendo publicados en revistas de prestigio, como **Nature**, donde pudieron leerse trabajos tan singulares como los que mostraban que en las carreras de caballos, cuando los jinetes se aproximaban a la meta, el color de las caras de los espectadores se tornaba rosa oscuro. Otro artículo llevaba por título: "Cortar una tarta redonda con principios científicos". También desarrolló fórmulas complicadas para determinar cuánto té había que beber por las mañanas y por la tarde y cuánto agua usar en su preparación.

Francis Galton también se interesó por la búsqueda de inteligencia extraterrestre. Ideó un código que debería utilizarse para comunicarnos con los marcianos. Sugirió un sistema ternario (punto, línea oblicua, línea recta) que representarían números. Primero se transmitirían ejemplos de sumas y multiplicaciones. Luego cálculos astronómicos que hicieran relación al sistema solar. Una vez que los extraterrestres hubieran entendido el concepto de radio a través de las órbitas planetarias, ellos nos contestarían con el valor del número **pi**. (Ver sección **5.1**, pag. 127)

A pesar de su inteligencia, Galton carecía de habilidad natural para conectar emocionalmente con la gente. Lo que hoy se conoce como empatía. Por ejemplo, cuando daba una conferencia, Galton no era capaz de detectar si al público le gustaba lo que decía o les aburría. No sabía leer las caras de la audiencia. Por ello, ideó un complejo sistema de señales con su mujer. Por medio de ellas, su esposa, camuflada entre la audiencia, le indicaba que bajase o subiese la voz, o que hablase más despacio o más rápido.

Me pregunto si en el momento de su muerte llevaría la cuenta de sus estertores o mediría el ritmo de sus latidos, si en esa postrer hora trataría de sacar correlaciones entre sus fuerzas menguantes y el nivel de susurros de los allegados que le rodeaban. No hubiera sido de extrañar. Uno hasta es capaz de verlo en el más allá, escondido tras una nube, contando las almas que dejan la Tierra y haciendo estadísticas por países y relacionando el número de óbitos con la estación del año o con la religión del país de origen. Otras veces, no obstante, me inclino a pensar que Galton, curado de esa insaciable pasión por la medición, descansa en la innumerancia. Que así sea.

10.2 Mujeres matemáticas

Aunque no sean conocidas, han existido mujeres matemáticas. Una de ellas fue Sophie Germain (1776-1831), quien tuvo contactos con Gauss en Gotinga y con Legendre en París. Cuando comenzó la correspondencia con Gauss, utilizó un seudónimo masculino con la intención de que Gauss la tomara en serio. Firmaba las cartas con el nombre de Luois Le Blanc. Entre sus méritos figura la prueba de que "para todos los números primos n menores que 100, si existiese una solución para el teorema de Fermat (ver sección 6.1), alguno de los números x, y ó z tendría que ser múltiplo de n". Este enunciado se conoce hoy como *Teorema de Sophie Germain* y lo publicó en su libro ***Teoría de los números***.

Hipatia, la primera mujer matemática

*Alejandría fue el centro del saber científico en el período helenístico. Fue allí, hacia el año 300 de nuestra era, donde se formó el primer centro de investigaciones sobre saberes que hoy denominaríamos "científicos": el **Museion**. Este Museo poseía una biblioteca con cerca de 400.000 volúmenes, jardines botánicos y zoológicos, aulas, refectorio y un observatorio astronómico. Allí trabajaba el matemático y astrónomo Teón, que tenía una hija, Hipatia, también matemática y filósofa. Sábese que Hipatia escribió libros de matemáticas que incluían comentarios sobre Las crónicas* de Apolonio y la obra de Diofanto. Daba clases de matemáticas, de astronomía y sobre la filosofía de Platón y Aristóteles. Se dice, también, que construyó con sus propias manos un hidrómetro y un astrolabio.

En aquella época el Cristianismo fue declarado religión oficial del Estado por el emperador Teodosio, lo que originó intensos conflictos ideológicos en Alejandría, hasta ese momento una ciudad de concordia y tolerancia. A las clases del Museo, por ejemplo, asistían neoplatónicos, judíos, cristianos y paganos, sin que surgiesen disputas de ningún tipo. Pero al erigirse el Cristianismo en religión oficial, estos consideraron perniciosas y peligrosas las ideas filosóficas que no coincidiesen con sus creencias, creando tensiones en la sociedad y, por extensión, en el Museo. Como resultado de esta intransigencia se produjeron motines. En uno de estos motines, Hipatia fue brutalmente asesinada en la calle por cristianos contrarios a la libre enseñanza de la filosofía. Estos piadosos cristianos, en su fervor, arrancaron la carne de los huesos de Hipatia utilizando afiladas conchas de ostra. El instigador de este asesinato, como se supo más tarde, fue el arzobispo, luego canonizado, San Cirilo.

♥ Maria Gaetana Agnesi (1718-1799)

Matemática italiana que trabajó en problemas de cálculo diferencial. Su libro *Istituzioni analitiche*, contiene comentarios sobre curvas, a una de las cuales hoy se la conoce como la "bruja de Agnesi".

♥ Ada Byron (1815-1851)

Los Loops o bucles, hoy herramienta fundamental de los programadores, fueron inventados hace más de 100 años, en concreto por una mujer: Ada, la hija de Lord Byron. En 1833 Ada conoció a Charles Babbage, quien diseñaba una máquina de calcular denominada Máquina Analítica (Analytical Engine). Ada, una matemática natural desde los 8 años, fue una de los pocos que entendieron la visión de Babbage. Pronto iniciaron una estrecha colaboración que hicieron de esta extraordinaria mujer la primera programadora del mundo. Al designar los programas para esta Máquina Analítica, vio la necesidad de crear bucles y subrutinas. Si bien escribió estas descripciones para la máquina que estaban construyendo, no las publicó con su nombre, pues en esa época, conocida como Victoriana, las mujeres no debían escribir trabajos científicos. Concedió, dados estos problemas y con el consentimiento de su esposo, publicarlo con las iniciales A.A.L. La vida de Ada fue trágica. Se volvió ludópata, alcohólica y adicta a la cocaína, y murió de cáncer a los 36 años. Todo muy estilo Byron.

♥ Emmy Noether (1883-1935)

Amalie (Emmy) Noether era hija de un célebre matemático alemán, Max Noether. Emmy siguió la vocación de su padre y, pese a las muchas dificultades que encontró en su camino, se doctoró en 1907. Luego pasó a Gotinga y colaboró con David Hilbert estudiando problemas matemáticos de la Teoría de la Relatividad. La importancia de sus trabajos llevó a Hilbert a proponerla como profesora, pero el cuerpo de profesores se opuso argumentando que era una mujer. La respuesta de Hilbert ante tamaña excusa fue: "Por lo que yo sé, y observo, esto es una universidad y no un cuarto de baño".

La vida extraordinaria de Sonya Kovalevskaia

A los quince años Sonya Kovalevskaia empezó a estudiar Matemática, ciencia que la cautivó desde el primer momento de tal manera que a los dieciocho había hecho grandes progresos y a los veinte decidió marchar a Alemania para dedicarse de lleno a su estudio. En aquella época, la situación de la mujer era completamente distinta de la da hoy, sobre todo en Rusia. La conmoción de 1914, al transformar las condiciones de vida, transformó también el papel de la mujer, que pasó a ser colaboradora y, en muchas ocasiones, la rival profesional del hombre.

Sonya contrajo un matrimonio blanco, conviniendo con su esposo que serían como hermanos hasta que ella terminara sus estudios, y salió de Rusia para Alemania siendo oficial y legalmente la señora Kowalevskaia, pudiendo así viajar sola sin escandalizar a nadie.

Siguió los cursos de Física de Kirchoff y de Helmholtz y conoció a Bunsen en circunstancias que vale la pena de recordar. El famoso químico había dicho: "Ninguna mujer profanará con su presencia mi laboratorio". Sonya Kowalevskaia, que era un diablillo, lo supo y fue a visitar a Bunsen dejándose el sombrero en casa. Esto del sombrero tiene su explicación. Sonya era bellísima y, sobre todo, tenía unos ojos fascinadores que ocultaba con un sombrero de alas anchas porque, al decir de un contemporáneo, "a la elocuencia de sus ojos nadie podía resistir cuando quería obtener algo". Sonya cautivó a Bunsen y profanó el santuario de su laboratorio.

A fines del 1869 Sonya estudiaba funciones elípticas en Heidelberg con Leo Königsberger, que había sido discípulo de Weierstrass en Berlín, y tantos elogios hacía Königsberger de su maestro que Sonya decidió ir a estudiar con Weierstrass.

Cuando se enteró Bunsen, previno al matemático. "Es una mujer que me ha hecho renegar de mis propias palabras. Que no se quite el sombrero, porque sin él es muy peligrosa". Hoy el químico hubiera dicho que Sonya tenía ojos de mujer fatal. Weierstrass se rió. No es que Weierstrass fuese un misógino, ni mucho menos. Cuando se cruzaba en la calle con una mujer bonita volvía la cabeza para contemplarla.

El carácter serio de Sonya y sus conocimientos matemáticos encantaron a Weierstrass, que escribió a Königsberger pidiéndole informes. Fueron excelentes: Sonya tenía condiciones intelectuales para hacer de ella una gran matemática.

Como la Universidad de Berlín no admitía entonces inscripciones femeninas, Weierstrass pidió al Consejo Universitario que exceptuara de tal prohibición a la joven rusa. No lo consiguió, y ella entonces propuso al gran matemático que le diera lecciones particulares, a lo que Weierstrass accedió.

Cuando Sonya fue a Berlín tenía veinte años, edad peligrosa para una mujer, y Weierstrass contaba ya cincuenta y cinco, edad peligrosa para un hombre porque suele retoñar la juventud perdida. A la primera lección, Sonya acudió con sombrero. A la segunda, sin sombrero. Durante cuatro años Weierstrass dio a Sonya lecciones privadas, sólo interrumpidas por pequeños intervalos de vacaciones, y en el otoño de 1874 ella volvió a Rusia dejando escrita una memoria, que se publicó después en el Journal de Crelle, 1875: Zur Theorie der partiellen Differentialgleichungen, en donde expone, aplica y desarrolla algunos resultados inéditos de Weierstrass, y la Universidad le concedió el diploma in absentia.

Weierstrass, con el prestigio que le daba su nombre, pidió a todas las universidades del mundo una cátedra para su discípula, pero no fue atendido, con gran disgusto del genial matemático, que no se recataba para censurar la incomprensión de la burocracia académica. Pero mientras Weierstrass lanzaba en todas las direcciones de la rosa de los vientos el nombre de Sonya, ésta se entregaba de lleno a la vida mundana en San Petersburgo, cuya atención había atraído por su diploma alemán.

Periodistas, literatos, poetas y hombres de mundo halagaron su vanidad femenina y Sonya se olvidó de las matemáticas.

De la nueva vida frívola de Sonya se enteró Weierstrass por Chebycheff, catedrático de la Universidad de San Petersburgo que por aquellos días fue a visitar a su colega alemán, quien escribió a Sonya preguntándole cómo era posible que hubiera abandonado las matemáticas. Sonya no contestó hasta octubre de 1878, pare pedir a su maestro una consulta técnica, que dio origen a una ininterrumpida correspondencia matemática e íntima, hasta 1880, en que, sin esperar respuesta a una carta suya, Sonya marchó a Berlín, donde, por sugestión de Weierstrass, estudió el problema de la propagación de la luz en un medio cristalino, y a los tres meses regresó a Moscú, tan transformada en su manera de ser, que no la conocieron sus admiradores de antes. Ni su marido tampoco, con el cual no congeniaba.

El año 1883 Sonya Kowalevskaia fue a París para trabar contacto personal con los matemáticos franceses y allí recibió la noticia de que su marido se había suicidado en Moscú a causa de dificultades económicas. Sonya se encerró en sus habitaciones, presa de un ataque de nervios, y estuvo cuatro días sin comer. Al quinto sufrió un desvanecimiento y, repuesta al día siguiente, pidió lápiz y papel, lo llenó de fórmulas y se marchó a Odesa a leérselo a los matemáticos reunidos allí en congreso, en el que tuvo un éxito delirante.

El matemático Mittag-Leffler pidió para ella una cátedra en la Universidad de Estocolmo. El matemático sueco fue más afortunado que el alemán, y Sonya Kowalevskaia conservó su puesto hasta el 10 de febrero de 1891 en que murió, recién cumplidos los cuarenta años, aquella mujer excepcional tanto por sus dotes intelectuales como por su belleza.

Así como los pintores o músicos sienten embarazo al referirse a la belleza de su trabajo, los matemáticos disfrutan comentando la belleza de su materia. Los artistas profesionales prefieren incidir en los aspectos técnicos de sus trabajos más que en los estéticos. Los matemáticos, por su parte, gustan de juzgar los aspectos bellos de un trabajo matemático.

(Gian Carlo Rota)

SUMMA MATEMÁTICA

Entre los matemáticos circula el siguiente dicho: "las matemáticas son demasiado importantes para dejarlas en manos de los matemáticos". Quizás siguiendo tan singular consejo, esta materia tan seria ha caído en manos de los humoristas, quienes a su costa han celebrado toda clase de chistes y lances divertidos. Y es que todo debe tomarse cum grano salis. A continuación les presento una colección de chistes recopilados de hojas volanderas que pululan por los institutos de enseñanza media y universidades.

♠ *- Tú que eres matemático, ¿crees en Dios?*

- Sí, salvo isomorfismos.

♠ *En mitad de una conferencia de matemáticas, un oyente alza la mano y manifiesta:*

- ¡Tengo un contraejemplo para ese teorema!

A lo que el conferenciante responde:

- No importa, tengo dos pruebas.

♠ *- ¿Por qué se suicidó el libro de "mates"?*

- Porque tenía demasiados problemas.

♠ *Dos vectores se encuentran y uno le dice al otro:*

  - ¿Tienes un momento?

♠ *- ¿Quién inventó las fracciones?*
  - Carlos quinto.

♠ *- ¿Qué sucede cuando **n** tiende a infinito?*
  - Que infinito se seca.

♠ *- ¿Cómo puedes saber si tu novia es buena con las matemáticas?*

  - Examínala, sustráele la ropa, súmala a tu dormitorio, divide sus piernas y dale una buena raíz.

♠ *Un ingeniero, un matemático y un físico van a cazar ciervos. Otean un buen ejemplar y el físico dispara primero, fallando a la derecha. Luego dispara el ingeniero, fallando a la izquierda. Entonces le preguntan al matemático si va a disparar o no.*
- No, ¿para qué? Prefiero interpolar.

♠ *Le preguntan a un matemático:*
- ¿Qué harías si vieras una casa ardiendo y justo enfrente una manguera sin conectar a una boca de riego?
- La conectaría, obviamente.

- ¿Y si la casa no estuviese ardiendo, pero la manguera estuviese conectada?

- Quemaría la casa, desconectaría la manguera y luego usaría el método anterior.

♠ Un ingeniero, un matemático y un físico se quedan en un hotel a pasar la noche. El ingeniero nota que su cafetera está echando humo, así que se levanta de la cama, la desconecta, la pone bajo la ducha y, cuando considera que la chapa exterior del aparato está templada, vuelve a la cama.

Un poco más tarde el físico también huele a humo. Se levanta y advierte que una colilla mal apagada ha caído en una papelera y algunos papeles comienzan a arder. Entonces se pone a reflexionar: "Hmm. Si el fuego se extendiera, las altas temperaturas podrían dañar a alguien. Debería apagar este fuego. ¿Cómo puedo hacerlo? Vamos a ver... Podría hacer descender la temperatura de la papelera por debajo del punto de ignición del papel, o quizás aislar el oxígeno del combustible... vaya, podría conseguir todo esto echando agua". Así que agarra la papelera, se dirige a la ducha, y la llena de agua. Apagado el fuego, se acuesta y se duerme.

Al rato el matemático se da cuenta de que su cama está ardiendo porque unas cenizas de su pipa han prendido en el cobertor. Pero como desde la ventana ha estado observando lo que han hecho sus compañeros, sabe que eso de apagar un *fuego es un problema resuelto anteriormente, así que no hace caso y se duerme.*

Matemáticas modernas

Muestra de evaluación de un ejercicio de ESO
(Orientación para los profesores que deben cambiar el *chip*)

```
      6
    + 7
    -----
     18
```

No podemos dudar que el alumno ha escrito correctamente el seis. Incluso podemos apreciar, por su grafía, una seguridad e intención de hacerlo bien. Exactamente lo mismo puede apreciarse en el siete.

Que tiene claro que se trata de una suma no hay duda. Escribe correctamente el símbolo de suma y separa los números del resultado con la raya pertinente.

En cuanto al resultado, vemos:

El uno es correcto.

En cuanto al segundo número... Efectivamente no es ocho. Bien, si lo cortamos por la mitad, observamos que se ha excedido, pues habría escrito el tres reflejado como en un espejo. Es por ello que puede apreciarse que su intención era buena.

Evaluación:

Del resultado del conjunto de estas evaluaciones se deduce que:

. Su **actitud** es buena (lo ha intentado)

. Los **procedimientos** son correctos (ha ordenado los elementos correctamente)

. En **hechos** y **conceptos** sólo se ha equivocado parcialmente en uno de los seis elementos que forman el ejercicio. Esto es casi excelente.

Por tanto, podemos darle honestamente un NOTABLE y decir que PROGRESA ADECUADAMENTE.

10.3 Anecdotario vario

♠ El origen del primer cuadrado mágico

En el año 2.200 a.n.e., emergió del río Lo una gran tortuga, símbolo de la eternidad. Su lomo presentaba manchas de diferentes colores, que conformaban un dibujo bastante asombroso:

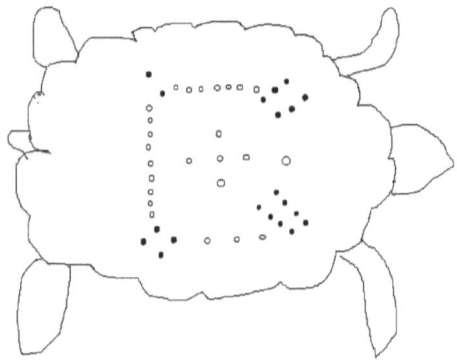

Dibujo sobre el caparazón de la tortuga en el río Lo.

Las manchas eran 9 y, sustituyendo cada una por los números que parecían representar, se obtenía un simple rompecabezas aritmético en el que los números del 1 a 9 estaban ordenados de tal modo que, sumando sus filas, columnas o diagonales, se obtenía la misma cifra: 15. En forma de cuadrado mágico tradicional, tendría esta distribución:

$$8 \quad 1 \quad 6$$

$$3 \quad 5 \quad 7$$

$$4 \quad 9 \quad 2$$

El Gran Yu (en el momento en que la tortuga emergió se estaban secando las aguas del diluvio) tomó a esta tortuga y estudió su extraño caparazón. Su dibujo le inspiró un tratado que tituló *El Gran Plan*, un tratado que fuera un modelo para el gobierno de un reino, y en el que se hablaba de física, astrología, adivinación, moral, política y religión. Esta historia aparece en uno de los cuatro libros canónicos de la China ancestral, el *Shu King (Clásico de la Historia)*.

♠ A Don Pío Baroja le manifestó cierta vez un profesor burgalés:

-Ya ve usted qué talento tendrá Vázquez de Mella, que ha encontrado la decimoséptima prueba matemática de la existencia de Dios.

Y Don Pío le contestó:

-¡Bah, el padre jesuita Atanasio Kircher encontró seis mil quinientas sesenta y una pruebas, ni una más ni una menos; en cambio, Laplace, que no era seguramente torpe en matemáticas, no pudo encontrar ninguna.

UNA MULTIPLICACIÓN SORPRENDENTE *(o cómo llegar a*
10^{33} ó a 1.000 quintillones, ó a 1 millón de millardos de millardos
de millardos)

$$8.589.934.592$$
$$x\ 116.415.321.826.934.814.453.125$$
$$=1.000.000.000.000.000.000.000.000.000.000.000$$

♠ En la religión budista, el mayor número de todos recibe el nombre de ***asankhyeya***. Equivale, en nuestra numeración, a 10^{140}.

♠ En un Instituto de Enseñanza Media de Calatayud, allá a comienzos de los años 70, el profesor de matemáticas, después de varios meses de enseñar geometría, fracciones, el teorema de Pitágoras, etc., puso un examen a la clase. Las hojas del examen contenían sólo una suma, una resta, una multiplicación y una división. Los alumnos, después de ver el contenido del examen, no pudieron reprimir risitas y comentarios de regocijo. El profesor no dijo nada. En un cuarto de hora todos los alumnos habían entregado los exámenes y salieron, todavía divertidos por el chollo de examen, a un adelantado recreo. Al cabo de dos días, corregidos los exámenes, el profesor comenzó a informar en voz alta de las notas: "Fulanito: suspendido, Menganito: suspendido…" Suspendieron más del 90 % de los alumnos. Cuando, sumidos en la sorpresa, algunos alumnos pidieron ver su examen, comprobaron con estupefacción que sus ejercicios contenían fallos ya fuera en la suma, la resta, la multiplicación o la división, cuando no en dos, tres o las cuatro operaciones. Y es que a veces, el exceso de confianza pasa factura. La lección que pretendía impartir el profesor a los alumnos era que cuando se avanza en una materia, conviene repasar las bases, afianzarlas, para que el edificio que se erija sobre ellas sea resistente y duradero.

♠ Suponiendo que 12 personas pretendieran almorzar y cenar juntas alrededor de una mesa, cambiando cada vez la disposición de los comensales, necesitarían 39.916.800 comidas para agotar todas las posibilidades, o sea 19.958.400 días (más de 546 siglos).

Suicidio por matemáticas

De Balbino López, comerciante: .."Me mato, señores, porque dos y dos son

Cuatro".

*(Max Aub, **Suicidios ejemplares**)*

♠ El matemático británico de 62 años John Conway, profesor e investigador en la Universidad de Princeton, aparte de haber descubierto una nueva familia de números, los números irreales, trabaja últimamente con espacios de 196.883 dimensiones.

♠ La única letra en inglés que no aparece en los números del 0 al 99, pero en todos los números del 100 al 999.999, es la d.

♠ Desafío: Ábaco vs. Calculadora

El 12 de noviembre de 1945, acabada la Segunda Guerra Mundial, tuvo lugar en Japón un torneo singular. Se trataba de enfrentar a un experto en calculadora eléctrica y a un experto en ábaco. Defendiendo la velocidad del ábaco, el japonés Kiyoshi Matsuzaki, campeón de *soroban* de la Oficina de la Administración de Correos. Defendiendo la velocidad de la calculadora, el americano Thomas Nathan Woods, soldado de segunda clase de la 240 Sección Financiera del Cuartel General de las Fuerzas Armadas de Estados Unidos en Japón, considerado "el operador de calculadora eléctrica más rápido del ejército americano en Japón". Los hombres del general MacArthur deseaban demostrar a los japoneses la superioridad de los métodos de cálculo traídos de occidente.

La confrontación se desarrolló en cinco asaltos que comportaban operaciones cada vez más complicadas. Estos fueron los resultados:

Resultados del encuentro:

1ª prueba: Suma de números de 3 a 6 cifras: Vence Matzuzaki

2ª prueba: Resta de números de 3 a 6 cifras: Vence Matzuzaki

3ª prueba: Multiplicaciones de números de 5 a 12 cifras: Vence Woods

4ª prueba: Divisiones de números de 5 a 12 cifras: Vence Matzuzaki

5ª prueba: Diversas operaciones con números de 6 a 12 cifras: Vence Matzuzaki

Cuatro pruebas a favor del ábaco y sólo una a favor de la calculadora. ¿Sorprendente?

Propiedad aerodinámica de la suma

Aseguraba Raymond Queneau que todos los intentos, desde los tiempos antiguos a nuestros días, para demostrar que 2 + 2 = 4, habían errado por no tener en cuenta la velocidad del viento.

Para este literato y matemático francés la suma de números enteros sólo es posible cuando las condiciones climatológicas son lo suficientemente tranquilas para que, después de poner el primer 2, éste permanezca en su posición el tiempo necesario para poner a su lado la pequeñita cruz, el segundo 2, a continuación la pequeña pared sobre la que uno se sienta para reflexionar y, finalmente, el resultado. Llegados a este punto, aunque comenzase a soplar el viento, habríamos probado que dos y dos son cuatro.

Pero si antes de terminar el proceso se levantara viento, nuestro primer número caería al suelo. Si arreciase aún más el viento, podría caer también el segundo número. Bajo estas condiciones no se puede dar con la solución correcta.

Asumamos, proponía Queneau, que el viento adquiriese la fuerza de un huracán. En ese caso el primer número sería barrido, y lo mismo ocurriría con la pequeña cruz y con los restantes miembros de la igualdad, no quedando nada. Pero supongamos que después de que el viento se hubiera llevado el primer dos y la pequeña cruz, éste se parase de golpe. Entonces quedaría el siguiente absurdo: 2 = 4.

El viento, no obstante, no sólo puede quitar sino añadir. El número 1, siendo excepcionalmente ligero y desplazable incluso por el más suave de los pensamientos matemáticos, es incapaz de ofrecer resistencia a una simple brisa, pudiendo, sin que se aperciba el calculista, ser arrastrado a una suma a la que no pertenece en puridad. Esto parece que le ocurrió al matemático ruso Dostoievski cuando manifestó su predilección por la ecuación 2 + 2 = 5.

También hay de recalcar que el cero, sensible a cualquier brizna de viento, rueda con facilidad. De ahí que, cuando se lo sitúa a la izquierda del número en la expresión, por ejemplo, 02 = 2, no añada valor, porque se desvanece antes de que la operación llegue a buen fin. Sólo posee significado cuando se lo sitúa a la derecha, situación en la que el número que lo protege lo sujeta e impide que ruede fuera de la expresión. Mientras el viento no sobrepase la velocidad de unos pocos metros por segundo, sería factible que se diera la expresión 20 = 2.

Enfrentados a la posibilidad de distorsiones atmosféricas, recomienda Queneau imponer sobre la operación de la suma el factor aerodinámico correspondiente. Similarmente, aconsejaba escribir la fórmula de derecha a izquierda, comenzando lo más cerca posible del margen derecho. Si durante el curso de la operación el viento ocasionara que algún número o símbolo se cayera o resbalase, siempre podrían ser atrapados antes de que

> *alcanzasen el margen izquierdo. De esta forma, incluso en medio de una tormenta tropical, podrían obtenerse resultados como:*
>
>

♠ Al joven prodigio matemático del siglo XVIII Jedediah Buxton, le llevaron un día al teatro, a Londres, a ver su primera representación, el ***Ricardo III*** de Shakespeare. Al acabar la función, al ser preguntado sobre qué le había parecido la obra, lo único que pudo responder fue que el número de pasos durante los bailes fueron 5.202 y el número de palabras emitidas por los actores fue de 12.445. Nada se le pudo sacar de qué opinaba sobre lo que decían esas palabras, ni sobre la obra. Su cabeza de calculista sólo veía números. Además se comprobó que eran correctos.

Hay quien ve algo inhumano en estos casos como el de Jedediah Buxton. No por la habilidad de contar, sino por la incapacidad de emocionarse. Se ha comparado su actitud con la del académico que se niega a juzgar un problema porque aduce que no hay suficiente investigación sobre la que apoyarse. O el político que, obsesionado con las cifras de las encuestas, se olvida del valor de los instintos. O el científico que logra probar algo tras laboriosos investigaciones, cuando bastaba la simple aplicación del sentido común (que la pérdida de un padre puede ocasionar cicatrices en un niño para toda su vida, o que los alcohólicos poseen un índice mayor de depresiones. O, como revelaba un estudio de la Universidad de Michigan, a saber, que los niños que comen comida basura y no hacen ejercicio tienen tendencia al sobrepeso).

Organismos humanos ultraespecializados:
Los calculadores prodigio

Han existido, y existen, individuos con una capacidad extraordinaria de cálculo. Veamos algunos de estos calculadores prodigio:

◉ *Henri Mondeux fue pastor nacido en 1826 en Neuvy-Ie-Roi (Indre-et-Loire). Este hombre que no sabía leer ni escribir era capaz de efectuar de memoria complicadas operaciones aritméticas. En 1838, un jefe administrativo de Tours lo llevó a su casa y quiso darle unas clases. Pero su inteligencia se reveló muy mediocre para todo tipo de estudios e incluso para las matemáticas. Presentado a la Academia de Ciencias de París, el 16 de noviembre de 1840, resolvió de manera casi instantánea, y de memoria, los problemas siguientes:*

1. Encontrar un número tal que su cubo, aumentado de 84, dé una suma igual al producto de ese número por 37.

2. Encontrar dos cuadrados cuya diferencia sea igual a 133.

◉ *Zacharias Dase, nacido en Hamburgo en 1824. Este calculista mental fue estudiado por Carl Friedrich Gauss. Dase multiplicó 79532853 × 93758479 en 54 segundos. Era capaz de multiplicar números de 20 dígitos en 6 minutos, dos números de 40 dígitos en 40 minutos y dos números de cien dígitos cada uno en 8 horas y 45 minutos. Dase, en 1844 calculó los 200 primeros decimales de Pi en su cabeza. También calculó mentalmente una tabla de logaritmos de 7 dígitos. La proeza que más fama le dio fue el hallar todos los divisores primos para los números comprendidos entre 7.000.000 y 10.000.000. Otra de sus cualidades era que podía dejar el cálculo pendiente mientras dormía y a la mañana siguiente reanudaba el cálculo desde donde lo había dejado.*

◙ ***Jacques Inaudi**, nacido en 1867 en Onorato, Piamonte. Desde la edad de siete u ocho años calculaba mentalmente con una facilidad extraordinaria. Fue examinado, en 1880, desde el punto de vista psicológico, por Charcot; Luego en 1892, desde el punto de vista matemático, por Darboux, quien le presentó a la Academia de Ciencias ese mismo año. Allí le hicieron, entre otras, las siguientes preguntas:*

• ¿Qué día fue el 4 de marzo de 1822?

• Restar 1.248.126.138.234.128.010 de 4.121.547.238.445.523.831

• ¿Cuál es el número cuyos cubos y cuadrado suman 3.600?

Todos estos problemas fueron resueltos sin que el intervalo entre la pregunta y la respuesta sobrepasara treinta o treinta y cinco segundos. Inaudi procedía, en general, por tanteos, probando números; extraía más fácilmente una raíz sexta o séptima que una raíz cuadrada o cúbica. Sumaba y sustraía de izquierda a derecha.

Mme. de Lingré, en los salones de la Restauración, hacía, según Mme. de Genlis, las más complicadas operaciones aritméticas de memoria, en medio del ruido de las conversaciones.

◉ *Willem Klein, en 1981, extrajo la raíz 13° de un número de 100 cifras en un minuto.*

◉ *En una prueba desarrollada hace poco tiempo en el Museo de Ciencias de Londres, el atleta matemático Alexis Claude Lemaire, francés de 27 años, calculó la raíz decimotercera de un número de 200 dígitos con sólo el uso de la memoria en apenas 70,2 segundos, quebrando su récord anterior de 72,4 segundos.*

◉ *Otros calculistas de renombre: El esclavo negro Tom Fuller, del estado de Virginia, que murió a finales del siglo XVIII a la edad de ochenta años, sin haber aprendido nunca a leer ni a escribir; el pastor tirolés Pierre Annich; el inglés Judeiah (o Zerald) Buxton; Bidder, que llegara a presidente de la Institution of Civil Engineers, y en parte transmitió sus dones para el cálculo a su hijo George; el pastor siciliano Vito Mangiamello, que poseía, además, una gran facilidad para aprender idiomas; los rusos Ivan Petrov y Mikhail Cerebriakov; el hombre-tronco Grandemange, nacido sin brazos y sin piernas; Vinckler, que fue objeto de una experiencia notable ante la Universidad de Oxford..., y un largo y enigmático etcétera.*

◉ *El físico Paul Dirac, al cumplir ochenta años, fue invitado a resumir su obra en un congreso internacional celebrado en honor suyo en Nueva Orleans. El significativo título de su conferencia, "Pretty mathematics" ("Matemáticas bellas"), expresa su método de trabajo: "Me he dedicado toda mi vida a buscar relaciones matemáticas bellas y cuando he encontrado alguna, he seguido la pista".*

Recensión curiosa de un libro de matemáticas

por

Gian Carlo Rota

The Symmetric Group

B.E. Sagan, Wadsworth: Monterey, CA, 1991.

"A responsable, readable, rational, reasonable, romantic, rounded, respectable, remarkable repertoire of results on a range that has rarely been so rightly reorganized".

(Responsable, releíble, racional, razonable, romántico, redondo, respetable, resaltable repertorio de resultados en un rango raramente y rectamente reorganizado).

El matemático y el Partido

Durante los primeros tiempos de la revolución bolchevique hubo en Moscú un matemático de nombre Razin. Estudioso enamorado de su disciplina, destacaba sobre todo por su afición a las teorías novedosas. Un día se presentó en su apartamento un miembro del aparato comunista y le invitó a que se uniera al Partido. Un hombre de su reputación y conocimientos, le dijo, daría prestigio al mismo. Razin no pudo negarse y viose obligado a asistir a las reuniones de su agrupación. Aburrido con las discusiones de sus camaradas, Razin se entretenía emborronando cuadernos con números. Esta actitud desdeñosa no pasó desapercibida para algunos compañeros, que dieron parte de ello. Un día, después de una de estas reuniones, un amigo se acercó a Razin, le entregó 50 rublos y le dijo: "No vuelvas a casa, te están esperando. Con este dinero toma el primer tren que salga de Moscú y vete lejos. Allí donde te lleve, inicia otra nueva vida con otro nombre".

Razin obedeció y con la misma ropa que llevaba, se dirigió a la estación y abordó el primer tren que partía. Tardó dos días en llegar a una pequeña población del norte del país, cuyas calles estaban cubiertas con un metro de nieve. Mientras paseaba medio congelado por sus blancas calles, Razin vio una pala junto a un cobertizo y, para quitarse el frío, la tomó y empezó a palear nieve hasta despejar el camino desde la cabaña a la calle. Como viera que quitar nieve se le daba bien y además le permitía combatir el frío, Razin siguió paleando. Después de despejar toda la calle, las gentes del lugar salieron a saludarlo, le ofrecieron té caliente y le manifestaron que era el mejor quitanieves que jamás habían visto. Le acogieron y le proporcionaron una pequeña habitación para que se alojara.

Durante los días siguientes Razin, que ya no se llamaba así, sino Fiodor Alexeyevich, siguió paleando nieve de las calles. Lo hacía tan bien que pronto le asignaron un grupo de ayudantes. Fiodor Alexeyevich, antes Razin, y su grupo palearon todo el invierno. Al final de la jornada, el ex matemático se retiraba a una miserable habitación donde tomaba té y comía un poco de pan. Pero su fama paleadora creció y fue nombrado mejor quitanieves de la comarca.

Un buen día, encontrándose en su cuchitril recibió la visita de un hombre joven y alto, vestido con trinchera de cuero y de modales finos. El hombre le explicó que venía en representación del Partido, que su fama de buen paleador podría ser útil para la causa del comunismo y le pedía que se afiliase.

Razin, ahora Fiodor Alexeyevich, se excusó diciendo que él era un pobre analfabeto e iletrado y que poco podría aportar al Partido. El hombre le dijo que no se preocupara de eso, que había otros como él pero que el Partido ya había pensado en ello. Mañana debería asistir a unas clases que habían preparado para gentes como él, donde les enseñarían los rudimentos escolares. Fiodor Alexeyevich, antes Razin, no pudo rehusar y a la mañana siguiente se presentó en la dirección indicada, que resultó ser un *barracón de techo bajo. En la entrada dejó sus botas y la pala junto con otras palas y veinticuatro pares de botas. Junto a Razin, ahora Fiodor Alexeyevich, 24 alumnos tan mal vestidos como él se alineaba en bancos corridos prestos ya a escuchar las lecciones de la profesora, una rubia rechoncha. Todos manejaban torpemente un lapicero con el que habían escrito el número "1" dictado por la maestra. La profesora saludó afablemente a Fiodor Alexeyevich, quien veíase obligado a inclinar la cabeza debido al techo tan bajo, y le invitó a tomar asiento. A continuación la profesora, que se llamaba Natalia, se volvió hacia el encerado, tomó un trozo de tiza y comenzó la clase de matemáticas:*

-Uno más uno —escribió la profesora-, son dos. Y esto es así los lunes y los martes, y todos los demás días de la semana. A ver, repetir conmigo.

Todos los alumnos repitieron la cantinela de la profesora y luego se les pidió que lo escribieran en el cuaderno. Fiodor Alexeyevich, antes Razin, tomó el lapicero y se dispuso a escribir el dictado en su cuaderno. Pero, de repente, no pudo aguantar más.

Fiodor Alexeyevich, antes Razin, se levantó, se pegó con la cabeza en el techo, se acercó a la pizarra y, utilizando su antigua voz de profesor se dirigió a todos los presentes ante la atónita mirada de la profesora:

- Eso, querida profesora Natalia, si se me permite decirlo, es matemática decimonónica. La matemática actual tiene otro punto de vista. Para esta nueva matemática uno más uno no

siempre es igual a dos. Déjeme la tiza un momento y se lo demostraré.

Y con rapidez profesoral, Fiodor Alexeyevich comenzó a trazar números en la pizarra. Mientras escribía ecuación tras ecuación, en la sala se hizo un silencio sepulcral. Razin, ahora Fiodor Alexeyevich, estaba por fin haciendo su trabajo, si bien con las dificultades que proporcionaba un techo tan bajo, que le obligaba a agacharse y no le permitía ver bien todos los números; a veces la tiza se le escapaba y la pizarra chirriaba al contacto con sus uñas. Y de repente, el resultado de los números no coincidía con las expectativas de Fiodor Alexeyevich. Sorpresivamente apareció 1 +1 = 2.

-Un minuto –dijo Razin- Algo está mal aquí. Esperen un momento, por favor, mientras busco donde está el error.

Fiodor Alexeyevich, ahora recuperado como el profesor Razin, miró por todo el encerado tratando de buscar donde estaba el error. Como la postura que tenía que adoptar debido al techo tan bajo no le permitía ver bien toda la ristra de números, comenzó a ponerse nervioso. Entonces, toda la clase a excepción de la profesora, los veinticuatro compañeros que compartían con él las enseñanzas primarias, comenzaron a susurrarle al unísono:

-¡La constante de Plank!, ¡La constante de Plank!

*(Versión libre de un relato del escritor serbio Milorad Pavic, dentro de su libro **Landscape Painted with Tea**)*

XI – DIVERTIMENTO FINAL

Y henos aquí, queridos diletantes, al final del libro. Éste es el último capítulo. Confío en que el lector haya disfrutado de las matemáticas, quizás por primera vez en su vida. Si no fuera así, si el contenido de lo expuesto le ha parecido farragoso y poco entretenido, este capítulo tratará de enmendar o paliar esa sensación: lo dedicaremos sólo a acertijos y divertimentos. Por lo menos que el recuerdo final sea agradable. Eso espero.

Como introducción nada mejor que traer a colación la primera muestra conocida de matemática recreativa:

¿Cuánto vivió Diofanto?

*En la **Antología palatina**, libro atribuido a Metrodoro, aparecido a finales del siglo V o comienzos del VI, se presentan 48 epigramas con problemas que hoy consideraríamos "matemática recreativa". En uno de ellos se revela en forma de acertijo la edad de Diofanto. Según este epigrama, Diofanto pasó en la niñez un sexto de su vida, un doceavo en la adolescencia; después de transcurrir otro séptimo de su existencia, se desposó. Tuvo un hijo a los cinco años de casado. El hijo vivió la mitad de la vida del padre. Diofanto, afligido por la pérdida, buscó consuelo en la ciencia de los números* *y cuatro años después de la muerte de su hijo, falleció. El cálculo de todo lo anterior nos dice que Diofanto vivió 84 años.*

11.1 Selección de acertijos

- Te voy a poner otro acertijo -dijo Humpty Dumpty-, y éste tiene una respuesta clara.
¿Te sabes el del Club de Corazones?
- No -contestó Alicia-, nunca lo he oído.
- Bien -respondió Humpty Dumpty-, ¡lo has acertado!
(Raymond Smullyan, Alicia en el País de las Adivinanzas)

Los acertijos matemáticos se han prodigado en el mundo editorial. Existen sobre el particular miles de libros, y casi todos buenos. Yo he indagado y buscado, y he seleccionado -cambiando alguna cosa aquí y allá, adaptando épocas o lugares- los que he considerado más interesantes o entretenidos. Algunos los he ido incluyendo a lo largo de los diversos capítulos, por mor de amenizarlos, o por considerar que venía al caso; el resto, sin desmerecer de los ya exhibidos, os los presento a continuación:

♣ Eduardito está celebrando su cumpleaños. Tiene 30 invitados, entre compañeros de clase y vecinos del barrio. Sus padres han comprado cien pasteles para repartir entre todos. Para no tener que trocear pasteles, Eduardito decide dar cuatro pasteles a cada uno de sus amigos preferidos y tres a cada uno de los demás invitados. ¿Cuántos son sus amigos favoritos?

♣ En la antigua Persia, un hombre fue condenado a prisión. Para que su castigo fuera más penoso no le dijeron cuánto tiempo tendría que permanecer en la cárcel. El carcelero, un hombre de buen corazón, le preguntó un día:

-¿Cuántos años tienes?

-Veinticinco -respondió el preso.

-Yo tengo cincuenta y cuatro -dijo el carcelero.

-Además -añadió el preso-, hoy es mi cumpleaños.

-¡Qué coincidencia! -exclamó el carcelero- Hoy también cumplo yo los años.

Como sabía el carcelero que el preso sufría por no conocer el tiempo que le quedaba de condena, se apiadó de él y le dijo:

-Por si te sirve de consuelo, te diré que saldrás de aquí el día en que yo tenga exactamente el doble de edad que tú.

¿Cuántos años le quedaban al reo de permanecer en prisión?

Solución: 4 años. Cuando el carcelero alcanzara los 58, el prisionero tendría 29, justo la mitad. El cálculo puede hacerse tomando la diferencia de sus edades actuales: 58 - 25 = 29. Al prisionero le quedan 4 años para alcanzar los 29.

Criptograma inglés

Se trata de sustituir las letras por números para que la "resta" (ojo al dato) tenga sentido.

$$N \ E \ V \ E \ R$$
$$\underline{D \ R \ I \ V \ E} \quad (-)$$
$$R \ I \ D \ E$$

(Solución al final del capítulo)

♣ Las obras completas de un autor han sido reunidas en 5 tomos de 400 páginas cada uno. Estos libros, cuidadosamente colocados en orden, se hallan en la estantería superior de la biblioteca. Un día, la asistenta, que está limpiando el polvo, se da cuenta de que un lepisma (pequeño insecto alargado cubierto de escamas plateadas, conocido como «pececillo de plata», y furibundo comedor de papel) ha excavado un túnel desde la página 1 hasta la 2.000. Al alertar al propietario, éste exclama: "¡Así que ha estropeado las 2.000 páginas!" Pero la asistenta le corrige: "¡Oh, no, señor, no tantas!" ¿Sabrías decir cuántas páginas a estropeado el insecto conocido como "pececillo de plata"?

Solución:

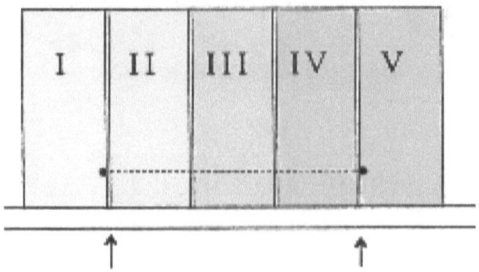

El lepisma ha agujereado desde la página 1 hasta la 2.000, tal como se aprecia en la figura, luego en realidad sólo ha perforado, y por lo tanto estropeado, tres volúmenes, o lo que es lo mismo, 1.200 páginas. ¿Y si la obra estuviera escrita en árabe? Entonces sí que habría estropeado las 2.000 páginas, pues el comienzo del periplo y su fin coincidirían con la izquierda del tomo I hasta la derecha del tomo V.

♣ ¿Cuál es la mitad del número 2^{100}?

Sencillo: 2^{99}

♣ Ibrahim y las cerezas

El palacio de Al Motamí era custodiado por las noches por tres feroces guardianes que situábanse en diferentes puntos del mismo. En una ocasión, y debido al hambre que tenían los habitantes de la ciudad, un ladrón llamado Ibrahim entró y robó un gran saco de cerezas. Al tratar de salir del palacio, Ibrahim, el ladrón hambriento, fue interceptado por el primer guardián. Éste lo detuvo y, en lugar de arrestarlo, le quitó la mitad de lo que tenía y cuatro cerezas más. Al continuar su huida se topó con el segundo guardián, que tampoco lo apresó, pero sí le quitó la mitad de las cerezas que le quedaban y cuatro más. Por último se encontró con el tercer guardián, que se comportó como los anteriores; el ladrón le entregó la mitad de las cerezas que le habían quedado y cuatro más. Si finalmente se quedó sólo con una cereza, ¿cuántas había robado el hambriento Ibrahim?

Solución: Ibrahim había robado 64 cerezas. El cálculo es como sigue: si al final da la mitad más 4 y sobra 1, la mitad de esta cantidad es 5. De esta forma conseguimos saber cuántas cerezas tenía después de pasar por el segundo guardián: 10 cerezas. Por esa misma lógica, antes tenía $(10 + 4) \times 2 = 28$. Y al principio $(28 + 4) \times 2 = 64$.

Curiosidad matemática:

¿Cuál es la fracción que si a su numerador y denominador le añades su denominador, la fracción se duplica?

Solución: 1/3. Si le añadimos 3 tanto al numerador como al denominador obtenemos 4/6 = 2/3.

♣Tres amigos, Ortega, Menéndez y Pidal, van por el campo. De repente se encuentran una bolsa conteniendo monedas. Miran su contenido y Ortega dice: las monedas de la bolsa junto con las que yo tengo en el bolsillo suman el doble de las monedas que tenéis vosotros dos. Pues las monedas que yo tengo, manifiesta Menéndez, junto con las que hay en la bolsa, hacen el triple de las que tenéis entre ambos. Habló por último Pidal: pues si a las monedas de la bolsa les restáis las que tenéis vosotros dos, sabréis cuántas monedas tengo yo. ¿Cuántas monedas llevan cada uno y cuántas hay en la bolsa?

Solución: Ortega lleva 2 monedas, Menéndez lleva 3 y Pidal 1. En la bolsa hay 6 monedas.

♣ Un tren sin paradas sale de Moscú con destino a Leningrado a 100 km. por hora. Otro tren sale de Leningrado hacia Moscú a 90 kilómetros por hora. ¿Qué distancia separará a ambos trenes una hora antes de que se crucen?

Solución: 190 kilómetros. 100 + 90, que son las velocidades que en una hora recorren cada uno de los dos trenes.

♣ La suma de tres cifras iguales, que no son tres veintes, da como resultado 60. ¿Qué cifras son?

Solución: 55 + 5.

♣ Un hombre telefonea a su hija y le dice que compre ciertos productos que necesita para un viaje. Le informa que encontrará dinero en un sobre que está sobre la mesa de su despacho. La hija va al despacho y toma un sobre que tiene escrita la cantidad 98. Dentro hay un montón de billetes de 1 euro. La chica acude a un hiper y compra cosas por valor de 90 euros, pero cuando le toca pagar descubre que no sólo no le sobran 8 euros sino que el dinero no le llega. ¿Por cuánto ha hecho corto y por qué?

Solución: la chica ha hecho corto por 4 euros y lo que ha ocurrido es que ha leído la cantidad al revés. En el sobre ponía 86 euros, que leídos con el sobre invertido parecía 98.

♣ Imagine que compra 100 kilos de patatas y que le dicen que el 99 % de ellas es agua. Usted deja las patatas a la intemperie y al cabo de unos días alguien le informa de que ahora las patatas son sólo un 98 % agua. ¿Cuánto pesan en ese momento las patatas?

Solución: 100 kilos de patatas contienen 99 kilos de agua y sólo 1 kilo de esencia de patata. Ahora las patatas pesan x kilos y es 98 % agua y un 2 % patata. Eso significa que un 2 % de x es 1 kilo, o en forma algebraica: $0,02X = 1$. Despejando obtenemos que $x = 50$ kilos. Las patatas pesan ahora 50 kilos.

Adivinanza propuesta por Abraham Lincoln
Si el rabo de un perro se llamase pata, ¿cuántas patas tendría un perro?

Solución: Cuatro. El hecho de llamar pata al rabo no implica que lo sea.

♣ Cada vez que Ricardito sale a la calle vuelve con un pajarillo desvalido. Siempre tiene en casa pajarillos que cuidar, pero no quiere decir cuántos. A veces le preguntan:

-"Ricardito, ¿cuántos pajarillos tienes en casa?"

-Y él contesta: "No muchos. Tres cuartos de su número más tres cuartos de pajarillo".

Los que le preguntan se lo toman a broma, y se ríen, pero en realidad Ricardito les está proponiendo un problema matemático, y no muy difícil de resolver. ¿Cuántos pajarillos tiene Ricardito en casa?

Solución: tres pajarillos. ¾ de su número son 9/4; si a estos le sumamos ¾ de pajarillo, obtenemos 12/4, que son 3.

♣ Tres amigos, Piti, Liti y Miti, deciden celebrar juntos una comilona. Piti aporta 5 platos; Liti, 3 platos. Miti, que es un jeta y un vago redomado, sólo aporta el apetito, pero promete pagar su parte correspondiente. Suponiendo que todos los platos tienen el mismo valor, Miti paga, al final, y de acuerdo con los otros, 80 euros.

¿Cómo repartirías esta cantidad entre Piti y Liti?

Solución: En un análisis apresurado daríamos 50 euros a Piti y 30 euros a Liti, pero no es una buena solución. Si Miti satisface su deuda pagando 80 euros, significa que la comida de los 3 amigos cuesta: 80 x 3 = 240 euros, lo que significa que cada plato vale: 240 euros: 8 = 30 euros. Luego el cálculo habría que hacerlo de la siguiente manera: Piti aportó 5 platos, lo que supondría una aportación de 150 euros, Liti aportó 3 platos, el equivalente a 90 euros, pero como en ambos casos sólo les correspondería aportar 80 euros, a Piti le corresponden 70 euros de lo dado por Miti y a Liti los 10 euros restantes. Así, todos habrán aportado 80 euros. Un poco diferente de lo que recomendaba el análisis apresurado, ¿no es así?

♣ Una granjera de la Ribagorza llega al mercado con cierto número de huevos. Vende a un campesino la mitad de los huevos y medio huevo. A una segunda señora le vende la mitad de los huevos que le quedan más medio huevo. A un mirón le vende la mitad del resto y medio huevo. Ya no lo queda nada y no ha roto ni un solo huevo. ¿Cuántos huevos tenía cuando llegó al mercado?

Solución: 7 huevos. Veamos sucesivamente los pasos, para mayor sencillez:
3 1/2 + 1/2 = 4 (le quedan 3)
1 1/2 + 1/2 = 2 (le queda = 1)
1/2 + 1/2 = 1 (no le queda ninguno)

♣ Existe un peculiar número de 5 cifras (llamémosle X) que con un 1 detrás es 3 veces más grande que con un 1 delante. ¿De qué número hablamos?

Criptograma en español

Se trata de sustituir las letras por números para que la suma tenga sentido.

$$
\begin{array}{c}
S\ E\ I\ S \\
\underline{S\ E\ I\ S}\ (+) \\
D\ O\ C\ E
\end{array}
$$

(Solución al final del capítulo)

♣ La edad de un chico incrementada por 3 nos da un número que tiene una raíz cuadrada entera. Si a su edad le quitamos 3 años, la edad del chico se convierte en esa raíz cuadrada entera. ¿Qué edad tiene el muchacho?

♣ En **Desembarco del Príncipe**, Porcia era una guardiana que protegía la entrada a los aposentos del monarca Tririon. Era mandato del monarca que quien quisiera verle solucionase antes un acertijo que le proporcionaría Porcia, quien tenía tres cofres (uno de oro, otro de plata y otro de plomo). Dentro de uno de ellos Porcia guardaba la llave del aposento real. El visitante que quería ser recibido por el rey debía acertar en qué cofre se hallaba la llave. A un enviado de las tierras del norte, que deseaba ver urgentemente al rey Tririon, se le hizo pasar por la prueba. Se puso la llave de los aposentos en uno de los cofres. Cada cofre llevaba una inscipción:

Cofre de oro	Cofre de plata	Cofre de plomo
La llave no está en el cofre de plata	La llave no está en este cofre	La llave está en este cofre

Porcia le explicó al enviado del norte que por lo menos uno de los tres enunciados era verdadero y que por lo menos otro era falso. ¿Puedes indicarle al enviado del norte dónde está la llave?

Solución: En el cofre de oro. Si eligiésemos otro de los cofres, no se cumplirían las condiciones que estipula Porcia.

♣ Tomemos un número de tres dígitos tal que si le restamos 7, el resultado es divisible por 7; si le restamos 8, el resultado es divisible por 8; y si se le resta 9, el resultado es divisible por nueve. ¿A qué número nos referimos?

♣ Criptograma musical:

Se trata de sustituir cada letra de las ecuaciones musicales por un número. Ojo, no cada nota, si no, sería muy fácil. Aun así no es difícil.

DO + RE = MI

FA + SI = LA

RE + SI + LA = SOL

♣ ¿Cómo dispondrías los dígitos del 1 al 9 en dos líneas para que sus sumas fueran idénticas, sabiendo que no pueden ser paralelas puesto que la suma de los nueve dígitos (45) no es divisible entre 2?

Acertijo / Juego

Entrégale a un amigo un folio de papel de un grosor de 1/10 mm. y dile que si logra dar al papel 20 dobleces le regalas lo que él quiera. Al principio, sin mayores cavilaciones, aceptará el reto, porque supone que no es difícil, dado el poco grosor del papel de partida. ¿Lo logrará?

Respuesta: no.

Veamos en orden los diferentes plegados y cómo las capas de papel se multiplican exponencialmente, haciendo lo mismo con el grosor:

Plegado nr.	Capas de papel	Grosor
1	2	1/5 mm.
2	4	2/5 mm.
3	8	4/5 mm.
4	16	8/5 mm. = 1,6 mm.
5	32	3,2 mm.
6	64	6,4 mm.

Posiblemente para entonces el apostador habrá desistido del intento. Pero lo que no sabe, y es lo sorprendente de este juego, es que de haber doblado 20 veces el papel, hubiera obtenido 1.048.576 capas de papel, lo que en grosor equivale a 104,85 metros (más de una tercera parte de la altura de la torre Eiffel).

♣ Un paseante solitario meditaba sobre su poca fortuna y deseaba una forma fácil de hacerse rico, aunque fuera pactando con el mismo diablo. En esto se le aparece el diablo y le dice:

-Veo que deseas ser rico. Te voy a proponer una forma fácil de conseguir todo el dinero que quieras. ¿Ves ese puente que hay allí? Bien, cada vez que lo cruces yo te duplicaré el dinero que lleves encima. Esto es, por cada cruce, el dinero que tengas se multiplicará por dos.

¿Así de fácil?

-Bueno −contestó el diablo-, sólo hay un pequeño detalle. Puesto que soy generoso contigo, quiero que después de haber duplicado tu dinero, no antes, y como forma de pago simbólico, me entregues 24 euros.

El paseante solitario aceptó. Cruzó el puente, miró su bolsillo, contó el dinero y... ¡oh milagro!, su dinero se había duplicado.

El paseante arrojó 24 euros al diablo y atravesó de nuevo el puente. Su dinero volvió a duplicarse. Entregó otros 24 euros al diablo y cruzó una tercera vez. De nuevo su dinero se duplicó, pero

¡oh!, éste sólo ascendía a 24 euros. El diablo se acercó riendo, le arrebató los 24 euros y se desvaneció.

¿Cuánto dinero tenía el incauto paseante antes de iniciar su trato con el diablo?

Solución: 21 euros. Echad la cuenta.

Criptograma inglés

Se trata de sustituir las letras por números para que la suma tenga sentido.

$$
\begin{array}{r}
\text{E D W A R D} \\
\text{W E N T} \quad (+) \\
\hline
\text{T O} \\
\text{L O N D O N}
\end{array}
$$

(Solución al final del capítulo)

♣ Cuando se suman el año de nacimiento de un padre, el año de nacimiento de su hijo, la edad del padre y la edad del hijo, ¿qué se obtiene?

Solución: se obtiene el doble del año en curso. Pruébenlo.

♣ El Problema de Amberes: "Cuando iba camino de Amberes me encontré a un hombre con siete mujeres. Cada mujer llevaba siete sacos y en cada saco siete gatos, cada gato tuvo siete gatitos. Gatitos, gatos, sacos y mujeres, ¿cuántos iban hacia Amberes?"

Solución: 7 + 49 + 343 + 2401 = 2800.

♣ ¿Cuál es la mitad de los dos tercios de los tres cuartos de los cuatro quintos de los cinco sextos de los seis séptimos de los siete octavos de los ocho novenos de los nueve décimos de mil?

Solución: 100.

♣ En un lugar de la meseta castellana, existían tres latifundistas llamados Rodríguez, Fernández y González. Rodríguez tenía tres hijos, Fernández cuatro y González cinco. La propiedad de Rodríguez tenía forma triangular, la de Fernández un cuadrado con al que le falta una esquina y el de González es un cuadrado entero. La tradición prescribe que en la herencia cada uno de los hijos debe obtener una parte equivalente de terreno. Rodríguez contrató a un geómetra y le encargó que distribuyera su propiedad entre sus tres hijos. El geómetra estudió el caso y le dio la siguiente solución, que satisfizo a todos:

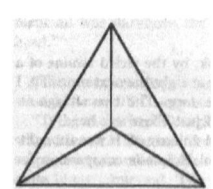

Fernández, avisado, contrató al mismo geómetra, que partió su propiedad entre sus cuatro hijos. Esta es la solución del geómetra:

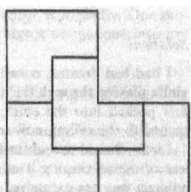

Finalmente quedaba González, quien también encargó al geómetra que dividiera el siguiente terreno entre sus cinco hijos

Al verlo, el geómetra le dijo si estaba loco para tirar el dinero a lo tonto. Le conminó a que lo intentara por su cuenta, pues no quería robarle. ¿Cómo debería dividirse esa propiedad entre los cinco hijos?

Solución: al final.

♣ **Un problema de aparcamiento**

Imagina que preguntas al encargado de un aparcamiento con capacidad para 1000 vehículos cuántos coches tiene en ese momento, y que su enigmática respuesta fuera: "Si los agrupo de dos en dos me sobra uno; si los agrupo de tres en tres, también me sobra uno; igualmente, al agruparlos de cuatro en cuatro, de cinco en cinco, o de seis en seis, sigue sobrándome uno, pero si los agrupo de siete en siete, no me sobra ninguno". ¿Cuántos vehículos hay aparcados?

Solución: 721 vehículos. Sale multiplicando todos aquellos números para los que da un resto de uno y sumándole una unidad: 2 x 3 x 4 x 5 x 6 = 720, más 1 = 721.

♣ La señora García va a un mercadillo y compra 4 baratijas. Cuando su marido le pregunta cuánto le han costado, la señora dice que recuerda que una le costó un euro. Entonces saca los tiques de compra y multiplica los precios unitarios y le dice a su marido: 6,75 euros. Su marido, que ha seguido su proceder, le recrimina que haya multiplicado los precios en vez de sumarlos, a lo que la señora responde que en su caso da igual multiplicarlos que sumarlos. ¿Cuánto cuestan las baratijas compradas por la señora García?

Solución: Las únicas 4 cifras que dan lo mismo sumadas que multiplicadas, y siendo una de ellas de valor 1 euro, son 1, 1,50, 2 y 2,25 euros. Si no se hubiere declarado que el precio de una de las baratijas fue de 1 euro, existiría otra solución al problema: 1,20/ 1,25/ 1,80 y 2,50.

♣ El rey de Persia tiene un reloj y la reina otro. Los dos anuncian la hora mediante campanadas. Pero el reloj del rey da la hora más deprisa que el de la reina. De hecho, el reloj del rey da tres campanadas en el mismo espacio de tiempo que el reloj de la reina da dos. Un día, a una determinada hora, los dos relojes comenzaron a sonar al mismo tiempo. Cuando el reloj del rey hubo terminado de dar la hora, el reloj de la reina dio dos campanadas más. ¿A qué hora ocurrió eso?

Solución: A las cinco. La primera campanada de ambos relojes coincidió. Cuando el reloj del rey dio la tercera, el de la reina dio la segunda. Cuando el reloj del rey dio la quinta, el de la reina dio la tercera. En ese momento el reloj del rey detiene su campaneo y al de la reina aún le quedan dos campanadas más.

♣ Cierta vez un padre le dijo a su hijo:

    -Eduardito, ¿Sabes sumar?

     Pues claro, papá, qué cosas dices.

    -¿Estás seguro?

     Claro que estoy seguro.

    -Bien, entonces voy a hacerte una prueba. ¿Estás listo?

    -Sí.

    -Una diligencia que iba de Zaragoza a Calatayud comenzó el viaje con seis pasajeros. ¿Crees que podrás recordar eso?

     Por supuesto, está chupao.

-Muy bien -continuó su padre-. El coche hizo una parada y se bajaron dos pasajeros y subieron cuatro. ¿De acuerdo?

-Sí.

-Luego la diligencia hizo otra parada y bajaron tres pasajeros. ¿Me sigues?

-Sí.

-El coche continuó viaje e hizo otra parada, bajándose dos pasajeros y subiéndose tres.

-Luego el coche volvió a parar y bajaron tres pasajeros y subió uno. ¿Quieres que vaya más despacio?

-No, papá. Sigue.

-El coche realizó otra parada donde bajó un pasajero y subieron dos. ¿Lo has cogido?

-Sí.

-Por último la diligencia se detuvo en Calatayud y bajaron todos los pasajeros. ¿Cuantas veces paró el coche?

Solución: 6. Pero lo divertido del acertijo es que el niño no se espera esa pregunta y no la sabe, ocupado en llevar la cuenta de los pasajeros.

♣El gran diamante del Maharajá ha sido robado con su urna, una estructura de casi cien kilos. Los delincuentes han transportado el botín en una camioneta. Tres famosos ladrones de joyas, John, Jack y Larry, han sido detenidos por Scotland Yard. Después de los interrogatorios se establecieron los siguientes hechos:

1) Ninguna otra persona distinta de John, Jack y Larry estaban implicados en el robo.

2) Larry no se embarca nunca en un asunto sin la colaboración de John, aunque John puede traer más cómplices.

3) Jack no sabe conducir.

¿Es John inocente o culpable?

Solución: John es culpable. Jack no podía haberlo hecho solo, pues no sabe conducir, luego bien John o Larry han tenido que intervenir. De no ser John, tenía que haber sido Larry, pero ya hemos dicho que Larry no se embarca en ningún robo sin John, luego John, al menos, ha tenido que intervenir.

♣ El problema de los cien mil hijos de San Luis

Los cien mil hijos de San Luis llegan a la orilla de un río. En la orilla se encuentran con dos niñas jugando y una pequeña barca. Esa barca tiene capacidad para transportar dos niñas o una persona adulta. ¿De qué artimaña se valdrán los soldados para poder pasar todos a la otra orilla del río?

Solución: Pasan las 2 niñas, regresa una niña, sube a la barca un soldado y va a la otra orilla, regresa la segunda niña, pasan de nuevo las dos niñas y una vuelve, para que de nuevo pueda cruzar un soldado… y así hasta que pasen los cien mil hijos de San Luis.

♣ Los maridos celosos

Tartaglia, en el siglo XVI, sugirió una versión más compleja del problema anterior. He aquí cómo lo expone Bachet de Mezirlac en el año 1612: "Tres maridos celosos se hallan con sus mujeres junto a un río que han de atravesar contando sólo con un bote tan frágil que sólo caben en él dos personas. ¿Cómo van a pasar las seis personas de dos en dos de modo que en ningún caso quede una mujer en compañía de uno o de dos hombres no siendo uno de ellos su marido?"

Solución: Pasan dos mujeres al otro lado. Regresa una. Recoge a la otra mujer y la lleva a la otra orilla. Regresa una mujer. Ésta se queda con su esposo y los otros dos hombres pasan a la otra orilla, donde se encuentran sus respectivas mujeres. Regresa una pareja. Pasan a la otra orilla los dos hombres. Regresa la tercera mujer. Ahora tenemos las tres mujeres en la orilla inicial y los tres hombres en la otra. Pasan dos mujeres. Regresa el hombre que tiene a su pareja en la orilla inicial. Finalmente, la última pareja cruza el río.

♣ En cierto congreso de los diputados de cierta nación mediterránea se sabía que cada diputado era o bien corrupto o bien idiota. Se nos proporcionan los siguientes datos:

1) Hay cien políticos

2) Al menos uno de los políticos es idiota

3) Dado cualquier par de políticos, al menos uno de los dos es corrupto.

¿Puedes adivinar partiendo de estos datos simples cuántos políticos eran corruptos y cuántos idiotas?

Solución: Uno es idiota y 99 corruptos. Si tomas a dos políticos al azar, o bien los dos son corruptos o bien uno de ellos no lo es. Si encontramos ya al primer idiota, entonces no puede darse de nuevo otro idiota, puesto que eso nos podía dar al azar dos políticos idiotas, lo que, según las asunciones, no puede ser, puesto que siempre uno de los dos elegidos ha de ser al menos corrupto. Cualquier parecido con la realidad, puede que no sea mera coincidencia.

♣ Un gran califa era muy aficionado a las adivinanzas y problemas lógicos. Acuciado por esta pasión, a todos los invitados que recibía en su palacio los obligaba a pernoctar. Y a todos les sometía a una prueba lógica, una adivinanza que suponía para ellos una ordalía. Para pasar la noche les daba siempre a elegir entre dos habitaciones. En una encontrarían a una bella y joven dama con la que compartir un banquete de viandas fastuosas, en la otra les esperaría un malencarado carcelero con una mesa dispuesta con trebejos de tortura. Para que sus invitados no se pasaran uno a otro la solución, el problema era siempre distinto. Al embajador de Lepe le enfrentó, por ejemplo, con el dichoso dilema. En la puerta de cada habitación estaban colgados estos dos letreros:

Habitación I	Habitación II
En esta habitación hay una dama y en la	En una de estas habitaciones
hay una	
otra un torturador	dama y en una
de estas	
	habitaciones
hay un torturador	

El califa le dijo al de Lepe que sólo uno de los letreros decía la verdad. El de Lepe reflexionó, eligió... y acertó.

Un acertijo planteado por Lewis Carroll: ¿Qué es mejor, un reloj que atrasa un minuto cada día o un reloj que no funciona en absoluto?

Solución: El reloj que no funciona en absoluto, porque al menos señala la hora exacta dos veces al día.

♣ Los presos avispados (o el guardián pardillo)

En una cárcel hay 32 presos repartidos en ocho celdas dentro de una planta cuadrada. En cada una de las celdas de los ángulos hay un preso y en cada una de las celdas que no forman ángulo hay siete reclusos, tal como indica la figura:

1	7	1
7		7
1	7	1

El carcelero cuenta cada noche los presos que hay en cada hilera, asegurándose de que sumen nueve. Una vez hecho el recuento se retira a su oficina. Cierto día se fugan 4 reclusos. Cuando el carcelero hace el recuento nocturno no se percata de nada pues los presos han adoptado una nueva disposición en la que la suma de las hileras sigue siendo nueve.

A ¿Qué hicieron los presos para burlar al carcelero? ¿Cómo se situaron en las celdas?

Tres días más tarde se fugan otros 4 presos. Esta vez tampoco el carcelero se dio cuenta, pues como cada noche él sumó nueve reclusos en cada hilera.

B ¿Cómo se volvieron a burlar los internos del carcelero?

Una semana después, el carcelero realizó su habitual recuento. Todo normal: nueve presos en cada hilera. Cuadradas las cuentas, satisfecho, retornó a su oficina. A la mañana siguiente se descubrió que solo quedaban 20 presos.

C ¿Qué hicieron los reclusos para burlar por tercera vez al ingenuo carcelero?

Y por último:

D ¿Hubiera sido posible una cuarta fuga?

Soluciones: A) La nueva disposición de los presos es como se muestra en el siguiente cuadro:

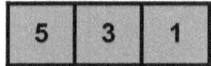

3		7
1	7	1

B) Para burlar al carcelero por segunda vez, los presos se distribuyeron de la siguiente manera:

5	1	3
1		5
3	5	1

C) La disposición de los presos el día del descubrimiento de su fuga es como muestra el siguiente cuadro:

5	1	3
1		1
3	1	5

D) No, ya no cabrían más fugas disimuladas mediante nuevos alineamientos de presos, el número de reclusos restantes no lo hubiera permitido.

La frase "anteayer tenía veintidós años, pero el año próximo tendré veinticinco" sólo tiene sentido si se pronuncia un 1 de enero y el cumpleaños del que lo emite cae el 31 de diciembre.

♣ El problema de la célula reproductora

Cuando se reproduce, una célula se divide en dos exactamente cada minuto. Dos células en un tubo de ensayo pueden llenarlo por completo en 2 horas. ¿Cuánto tiempo le llevará a una sola célula llenar otro tubo de ensayo de la misma capacidad?

Solución: Dos horas y un minuto. Transcurrido sólo un minuto, la célula ya se han dividido en dos, y sabemos que 2 células llenan el tubo en dos horas.

♣ En la antigua Persia unos célebres salteadores sin escrúpulos iban a reunirse en la casa de un comerciante para constituir una alianza. Un policía del Sah se enteró del hecho y decidió pillarles *in fraganti*. Mientras estaba espiando cerca de la puerta de la mansión del comerciante, vio entrar a varias personas. Los primeros llegaron, y el fiero guardián de la puerta les dijo: "Ocho"; a lo que ellos contestaron: "Cuatro", y el guardián les abrió la puerta. Al cabo de un rato llegaron otros maleantes, y el guardián de la puerta les dijo: "Catorce", a lo que los salteadores respondieron: "Siete". El guardián les dejó pasar. Llegaron otros, y el guardián les dijo: "Dieciocho", y le contestaron: «Nueve» y también éstos entraron sin ninguna dificultad. El detective se dijo que la contraseña era muy fácil. Confiando en ello se acercó a la puerta y el guardián le dijo: "Diez", a lo que él contestó: "Cinco". El guardián sacó entonces su alfanje y le cercenó el cuello. ¿Qué había ocurrido?

♣¿Cuál es el *único* número compuesto por tantas letras como indica su cifra?

Solución: El 5 (c i n c o)

♣ Calcular, sin dudarlo, el producto del siguiente superbinomio:

$$(x - a)(x - b)(x - c) \dots (x - y)(x - z) = ?$$

Donde las variables que lo componen representan todo el abecedario.

Solución: 0, porque uno de los factores, y puesto que hemos dicho que el sustraendo recorre todas las letras del abecedario, ha de ser (x - x), que es igual a cero y por tanto hace del binomio un valor cero.

♣ El enigma de Arquímedes

Con las letras que forman el nombre del famoso matemático Arquímedes se puede establecer la siguiente adición:

$$\begin{array}{r} A\,R\,Q \\ +\ U\,I\,M \\ \hline E\,D\,E\,S \end{array}$$

Si cada letra representa una cifra diferente, descubre su valor numérico.

Solución: Al final del capítulo

♣ Asalto al tren de Glass-clock

Una famosa banda de ladrones prepara el asalto a un tren que traslada un cargamento de nuevos euros. Minuciosamente estudian el plan de actuación y fijan el día D para llevarlo a cabo. A Herminio Longines, alias "el preciso", la jefa de la banda le ha encargado que detenga el tren, aplicando los frenos de emergencia, exactamente a los 15 minutos de la salida. Pero Herminio a pesar de su "precisión" no contaba con los imprevistos. Y sucedió que la pila de su cronómetro se estropeó cuando estaba a punto de salir de casa. No tenía pilas de repuesto, las tiendas estaban cerradas... todo era adverso. Ninguno de estos contratiempos amilanaron a Herminio ya que, además de preciso solía tener ideas ingeniosas. Se acordó que en el baúl de los trastos tenía dos relojes de arena, capaces de medir 7 y 11 minutos respectivamente. Herminio, alias "el preciso", sonrió. El plan no fracasaría por su culpa. A los 15 minutos de la salida el tren se detuvo. *¿Cómo consiguió medir los 15 minutos con estos dos relojes?*

Solución: Longines, "el preciso" pone en funcionamiento, a la vez, ambos relojes. De este modo controla los primeros siete minutos. Cuando la arena del reloj pequeño haya pasado totalmente (7 minutos), en el grande quedará por pasar la arena correspondiente a 4 minutos. En ese instante, Longines invertirá el reloj pequeño hasta que pase toda la arena relativa a los 4 minutos del reloj grande. Habrán transcurrido los siguientes 4 minutos. Finalmente, invertirá de nuevo el reloj pequeño y medirá los últimos 4 minutos.

♣ ¿Qué dos números enteros dan 7 si se multiplican entre sí?

Solución: 7 x 1

♣ Problema con trébole

¿Puedes encontrar las cifras que se indican con el trébol en la siguiente multiplicación?

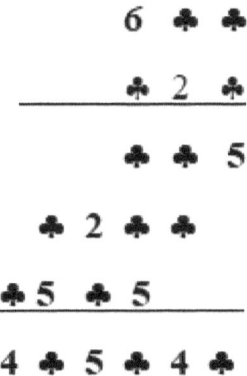

Solución: al final de la sección

♣ El problema del lobo, la cabra y la col

En el siglo IX, Alcuino de York, amigo y preceptor de Carlomagno, ideó el famoso problema del lobo, la cabra y la col, que ha sido hallado escrito en unos versos latinos del siglo X. He aquí el problema: Un pastor tiene que transportar dos animales, un lobo y una cabra, junto con un repollo, a la otra orilla de un río. Si en el bote sólo caben el remero y un animal, o el remero y la col, ¿qué traslados tendrá que realizar el hombre para llevarlos al otro lado del río, sabiendo que no puede dejar solos la col con la cabra o la cabra con el lobo, so pena de que uno se coma al otro?

Solución: Pasan el pastor con la cabra. Regresa y toma la col. Pasa la col, la deja en la otra orilla pero se coge la cabra y regresa. En la orilla de partida deja a la cabra y pasa al lobo. Deja al lobo con la col y vuelve a por la cabra.

Solución al criptograma de la resta:

5 3 7 3 6
<u>4 6 8 9 3</u>
  6 8 4 3

Soluciones al criptograma español:

4 8 1 4
4 8 1 4
----
9 6 2 8

ó

3 6 4 3
3 6 4 3
----
7 2 8 6

Solución al criptograma musical:

$$34 + 56 = 90$$
$$72 + 10 = 82$$
$$56 + 10 + 82 = 148$$

Solución al criptograma de la suma:

```
7 9 6 1 4 9
  6 7 2 3
       3 0
8 0 2 9 0 2
```

Solución a la parcelación del último campo. En realidad es muy sencillo, pero como seguimos carriles fijos de pensamiento, pensamos que la solución debería ser tan ingeniosa o complicada como en los dos anteriores casos. Sin embargo, todo es mucho más sencillo:

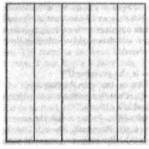

Solución al problema de Arquímedes:

```
  6 8 9
+ 3 2 5
1 0 1 4
```

Solución al problema con trébole:

```
    6 4 5
    7 2 1
    6 4 5
  1 2 9 0
  4 5 1 5
```

465045

Entretenimiento matemático para ociosos impenitentes

Insertar signos matemáticos allí donde les plazca entre los dígitos 1,2,3,4,5,6,7,8,9 para hacer que estos sumen 100. Eso sí, los dígitos deben permanecer en el mismo orden indicado. De los cientos de soluciones, la más fácil quizás sea:

$$1 + 2 + 3 + 4 + 5 + 6 + 7 + (8 \times 9) = 100$$

Limitándonos a los signos más y menos, he aquí unos cuantos ejemplos:

$$1 + 2 + 34 - 5 + 67 - 8 + 9 = 100$$
$$12 + 3 - 4 + 5 + 67 + 8 + 9 = 100$$
$$123 - 4 - 5 - 6 - 7 + 8 - 9 = 100$$
$$123 + 4 - 5 + 67 - 89 = 100$$
$$123 + 45 - 67 - 8 - 9 = 100$$
$$123 - 45 - 67 + 89 = 100$$

Este ejercicio también puede realizarse con la serie descendente de los mismos números, a saber:

$$98 - 76 + 54 + 3 + 21 = 100$$
$$9 - 8 + 76 + 54 - 32 + 1 = 100$$
$$98 - 7 + 6 - 5 + 4 + 3 + 2 - 1 = 100$$
$$9 + 8 + 76 + 5 + 4 - 3 + 2 - 1 = 100$$
$$98 + 7 - 6 + 5 - 4 - 3 + 2 + 1 = 100$$

A partir de aquí, y visto lo sencillo que resulta, dejo al lector que busque más ejemplos por su cuenta.

11.2 – Despedida... con sonrisa

Breve, y divertida, historia de las matemáticas del S. XX

Alguien ha tenido la paciencia, y la gracia, de dividir los períodos de la enseñanza de las matemáticas durante la segunda mitad del siglo XX (tan próxima pero tan lejana), tomando como referencia la forma que revestiría un problema en un examen de secundaria. Estas son sus etapas.

1960-1969

Un campesino vende una bolsa de patatas por 1.000 pesetas. El costo es 4/5 del precio de venta. ¿Cuál ha sido su beneficio?

1970-1979

♦Primer lustro:

Un campesino vende una bolsa de patatas por 1.000 pesetas. El costo es 4/5 del precio de venta, es decir, 800 pesetas. ¿Cuál ha sido su beneficio?

♦Segundo lustro:

(lo que se dio en denominar "nuevas matemáticas")

Un campesino intercambia un conjunto P de patatas por un conjunto D de dinero. La cardinalidad del conjunto D es 1.000, y cada elemento de D vale una unidad de peseta. Dibuja 1.000 puntos gordos representando los elementos de D. El conjunto C de los costes de producción está formado por 200 puntos gordos menos que los del conjunto D. Representa C como un subconjunto de D y da la respuesta correcta a la pregunta: ¿Cuál es la cardinalidad del conjunto de beneficios?

(Haz todos los dibujos en rojo.)

1980-1989

Un campesino vende una bolsa de patatas por 1.000 pesetas. Sus costos de producción son 800 pesetas y su beneficio son 200 pesetas. Subraya la palabra "patatas" y discute el problema con tus compañeros.

1990 hasta el 2000

Un zerdo capitalista injustamente consige 200 pseta po una volsa de pattas Krepps. Analyza ete tecsto en fusca d'errrore contenido, grasmatika i puntuazion, y aluejo ekspresa tu punto de fista sobreste metod d'aserse rico.

La experiencia ha demostrado a la mayoría de los matemáticos que mucho de lo que parece sólido y satisfactorio a una generación de matemáticos posee una razonable probabilidad de ser disuelto en telas de araña bajo el detenido escrutinio de la siguiente.

(Eric Templeton Bell)

11.3 – Y cierre... con fábula

La Máquina de la Verdad Universal

(Adaptación de una fábula extraída del libro de Rudy Rucker, *Infinity and the Mind*)

En el año 2050 la comunidad científica logró obtener un completo sistema de axiomas para las matemáticas. El sistema se denominó VM, por Verdad Matemática. Se estableció teóricamente que toda afirmación matemática verdadera podría probarse con VM y que una afirmación matemática falsa sería rechazada por VM. Así, los axiomas de VM, junto con las reglas de deducción lógica que establecieron Whitehead-Russel-Hilbert, comprenderían el conjunto de las matemáticas.

Sin embargo, la existencia de VM no comenzó a afectar a los matemáticos hasta el siglo XXII. Durante el siglo XXI continuaron como antes, usando su intuición e ingenuidad para encontrar formas de combinar los diversos axiomas de VM y de ellos deducir nuevas pruebas lógicas de interesantes teoremas. Pero en el año 2100, los ordenadores alcanzaron la suficiente complejidad para poder sustituir el esfuerzo humano en este campo. En diez años un simple sistema dotado de procesadores en paralelo dejó a los matemáticos tan obsoletos como las reglas de cálculo. El nuevo sistema se denominó Máquina de la Verdad Matemática o MVM.

La MVM fue programada con los axiomas básicos del sistema completo de VM. Su funcionamiento era como sigue: la VM comprobaba exhaustivamente todas las consecuencias lógicas de dichos axiomas siguiendo un orden, primero todos los teoremas cuyas pruebas consistiesen en un solo paso; luego todos los teoremas con pruebas de dos pasos; luego de tres; y, al rato, aquellos con tres millones de pasos; y así sucesivamente.

Mientras la MVM comprobaba teorema tras teorema, los resultados eran añadidos a un fichero central de forma sistemática. Si usted deseaba conocer algo sobre cualquier problema matemático ("¿Es verdadera la Conjetura de Goldbach?" "¿Cuál es la solución de la hipótesis de Riemann?" "¿Cuál es la ruta más corta que conecta las siguientes cien ciudades?"), Sólo tendría que introducir la pregunta en la MVM y la MVM buscaría la solución en su fichero. Si la respuesta se hallase en el fichero central, su obtención tardaba décimas de segundo. Si no, habría que esperar un poco, pero tarde o temprano la MVM obtendría el teorema que daría cumplida respuesta a la pregunta. Sería inútil consultar con un matemático, pues la MVM habría llegado, en lo que a deducciones lógicas se refiere, más allá de la comprensión humana.

Este estado de cosas complacía a todo el mundo menos a los matemáticos. Unos pocos de éstos se rebelaron creando unas novedosas "matemáticas irreales" basadas en asunciones deliberadamente falsas e inconsistentes. Pero la MVM les superó simplemente dedicando un par de horas a solucionar los más interesantes de estos falsos teoremas. Con semejante aportación de datos y casuística lógica, la MVM se volvió cada vez más rápida y completa. Usted podía introducir cualquier retahíla de axiomas y la máquina era capaz de extraer las consecuencias más interesantes al instante.

Los físicos fueron los siguientes en seguir los pasos de los matemáticos. A finales del siglo XXI, un graduado israelí consiguió la tan ansiada unidad entre la

Relatividad General y la Mecánica Cuántica. Una sencilla lista de axiomas, veinticinco para ser exactos, vinieron a resumir todas las leyes de la naturaleza. Esta teoría, denominada VF (Verdad Física), fue programada en un ordenador unido a la MVM. El nuevo sistema, denominado MVF (Máquina de la Verdad Física), comenzó a examinar sistemáticamente todas las consecuencias de la VF. Pronto se consiguió una Teoría Final al descubrirse los últimos constituyentes de la materia; también fue calculada la edad exacta del universo y se descubrieron varios métodos seguros de fisión nuclear.

La MVM y la MVF alcanzaron una masa crítica de conocimientos. Durante los años siguientes, se consiguieron teorías finales en los campos de la biología, psicología y sociología. Un sistema mundial de ordenadores combinó todas estas teorías completas para dar origen al sistema cuasi divino MVC o Máquina de la Verdad Científica.

Cualquier cuestión científica era contestada mejor que nadie por la MVC. O bien la MVC ya poseía la respuesta en sus archivos, o tardaba muy poco en hallarla. Ningún científico podía saber tanto como la MVC, por lo que la labor de investigación humana se hizo innecesaria. La búsqueda mecánica de cualquier teoría final reemplazó la necesidad de la intuición o la creatividad científica.

El último paso en esta evolución se produjo de repente. En el año 2160, un extravagante científico argentino creó, con la ayuda de la MVC, una teoría completa de la Estética. Las leyes inmutables que hacían crear una gran novela, un buen cuadro o una sinfonía fueron incorporadas dentro de un sistema de axiomas denominado VE (Verdad Estética). Máquinas clandestinas de VE (MVE) comenzaron enseguida a producir trabajos filosóficos y literarios que expresaban de forma inigualable nuestra condición de hombres en el cosmos.

A pesar de las protestas de los artistas, el gobierno acopló la MVE con la MVC para conseguir la MVU o Máquina de la Verdad Universal. No había ya necesidad de hacer nada de nada. Cualquier cosa que una persona quisiera saber, realizar o expresar, sería, más pronto o más tarde, realizada mucho mejor por la MVU. Actos terroristas contra la MVU tampoco eran posibles, ya que la MVU poseía una completa teoría universal del comportamiento humano y podía, de esta forma, predecir y prevenir cualquier ataque de estos grupos. Una terminal de la MVU fue colocada en cada hogar, y el mundo se deslizó hacia una plácida senectud, llena de sano aburrimiento e higiénico tedio.

Uno de los encantos de las matemáticas es que las buenas matemáticas nunca mueren. Pueden desaparecer momentáneamente de vista, pero no son destruidas por posteriores descubrimientos.

(David Wells)

Zaragoza a 30 de mayo de 2005,
Revisado y ampliado en agosto de 2017

Bibliografía

Los siguientes libros has sido de gran utilidad para la confección de la presente obra:

Agrippa, Cornelio, *La magia de Arbatel*, Siete y media editores, Barcelona 1980

Ayala, R. R., *Mitología china*, Edicomunicación, Barcelona 1999

Berry, Adrian, *La máquina superinteligente*, Alianza editorial, Madrid 1986

Boole, George, *El análisis matemático de la lógica*, Editorial Cátedra, Madrid 1979

Borgmann, Dimitri A., *Beyong Language. Advetures in Word and Thought*, Charles Scribner's Son, New York 1967

Boyle, David, *The Sum of our Discontent. Why Numbers Makes us Irracional*, Texere, New York, 2001

Bruce, Colin, Conned Again, Watson!, Perseus Publishing, Cambridge, Massachusetts, 2001

Bunch, Bryan, *Mathematical Fallacies and Paradoxes*, Dover Publications, New York 1997

Cardona, Francesc Ll., *Mitología del ajedrez*, Edicomunicación, Barcelona 2000

Carroll, Lewis, *El juego de la lógica*, Alianza editorial, Madrid 1980

Cirlot, Juan Eduardo, *Diccionario de símbolos*, Círculo de Lectores, Barcelona 1998

Clawson, Calvin C., *Mathematical Mysteries. The Bueauty and Magic of Numbers,* Perseus Books, Cambridge, Massachusetts, 1999

Corbalán, Fernando, *El número áureo*, RBA editores, Barcelona 2010

Davies, Paul, *About Time. Einnstein's Unfinishhed Revolution*, Touchstone, New York 1996.

Dennet, Daniel C., *Darwin's Dangerous Idea. Evolution and the Meaning of Life,* Penguin Books, London 1996

Dewdney, A. K., *200 % of Nothing. An Eye-Opening Tour through the Twist and Turns of Math Abuse and Innumeracy*, John Wileys and Sons, New York 1993

Doxiadis, Apostolos, *El tío Petros y la conjetura de Goldbach*, Ediciones B, Barcelona 2000

Du Sautoy, Marcus, *Simetría. Un viaje por los patrones de la naturaleza*, Acantilado, Barcelona, 2009

Dunham, William, *Euler. El maestro de todos los matemáticos*, Nivola libros y ediciones, Madrid 2000

Eastaway, Rob and Wyndham, Jeremy, *Why Do Buses Come in Threes. The Hidden Mathematics of Everyday Life*, John Wiley & Sons, London 1998

Fadiman, Clifton:
> *The Mathematical Magpie*, Simon & Schuster, New York, 1962
> *Fantasia Mathematica*, Simon & Schuster, New York, 1958

Flores Arroyuelo, Francisco J., *Diccionario de supersticiones y creencias populares*, Alianza editorial, Madrid 2000

Gamov, George, *One, Two, Three... Infinity*, Dover Publications, New York 1988

Galiana, Helena, *El nuevo libro de la numerología*, Círculo de Lectores, Barcelona 2003

García Calvo, Agustín, *Contra la realidad. Estudios de lenguas y de cosas*, Lucina, Zamora 2002

Gardner, Martin:
> *Orden y sorpresa*, Alianza editorial, Madrid, 1987

    Crónicas marcianas y otros ensayos sobre fantasía y ciencia, Paidós,Barcelona 1992
    El ahorcamiento inesperado y otros entretenimientos matemáticos, Alianza editorial, Madrid, 1991.

Ghyka, Matila C., *Filosofía y mística del número*, Apóstrofe, Barcelona 1998

Glashow, Sheldom L., *Interacciones. Una visión del mundo desde el "encanto" de los átomos*, Tusquets, Barcelona, 1994.

Gleick, James, *Chaos. The Amazing Science of the Unpredictable*, Vintage, London 1998

Gratzer, Walter (editor), *Eurekas y euforias*, Crítica, Barcelona 2012

Hardy, G. H., *Apología de un matemático*, Nivola libros y ediciones, Madrid 1999

Hoffman, Paul, *The Man who Loved only Numbers*, Hyperion, New York 1998

Hofstadter, Douglas R.:
    Gödel, Escher, Bach, un Eterno y Grácil Bucle, Tusquets, Barcelona, 1987.
    Metamagical Themas, Basic Books, New York 1985

Ibáñez, Raúl, *La cuarta dimensión*, RBA, Barcelona 2010.

Joutte, André, *El secreto de los números*, Robinbook, Barcelona 2000

Kaku, Michio:
    Hyperspace, Oxford University Press, Oxford, 1995
    Visiones, Editorial Debate, Madrid, 1998

Kordemsky, Boris A., *The Moscow Puzzles,* Dover Publications, New York 1992

Krantz, Steven G., *Mathematical Apocrypha: Stories and Anecdotes of Mathematicians and the Mathematical*, The Mathematical Association of America, 2002

Kurzweil, Ray, *The Age of Spiritual Machines*, Penguin, New York 2000

Leibniz, G. W., *Antología*, Círculo de lectores, Barcelona 1997

López Campillo, Antonio, *Clones, moscas y sabios*, Planeta, Barcelona 1998

Martín Casalderrey, Francisco;
    Las matemáticas en el renacimiento italiano, Nivola libros y ediciones, Madrid 2000
    La burla de los sentidos. El arte visto con ojos matemáticos,
    RBA editores, Barcelona 2010.

Mataix, Mariano, *Ludopatía matemática*, Alianza editorial, Madrid 1991

Pappas, Theoni, *Fractals, Googols and Other Mathematical Tales*, Tetra, San Carlos, CA, 1997

Paulos, John Allen:
    Pienso, luego río, Cátedra, Madrid 1994
    El hombre anumérico, Tusquets, Barcelona, 1998
    A Mathematician Reads the Newspaper, Doubleday, New York 1992

Pavic, Milorad, *Landscape Painted with Tea*, Vintage International, New York 1987

Penrose, Roger:
    The Emperor's New Mind, Vintage, Londres 1990
    The Large, The Small and the Human Mind, Cambridge University Press, Cambridge 1997

Pickover, Clifford A., *Strange Brains and Genius. The Secret Lives of Eccentric Scientist and Madmen*, Quill, New York 1999

Rey Pastor, Julio y Bambini, José, *Historia de la matemática*, vol. 1 y 2, Editorial Gedisa, Barcelona 2000

Rota, Gian Carlo, *Indiscrete Thoughts*, Birkhäuser, Boston, 1998

Russell, Bertrand, *Human Knowlegde*, Routledge, Londres 1992

Sacks, Oliver, *The Man who Mistook his Wife for a Hat*, Picador, London 1986

Segarra, Lluís, *Enigmática*, Círculo de Lectores, Barcelona 2001

Seife, Charles, *Zero. The Biography of a Dangerous Idea*, Penguin, New York 2000.

Serra, Márius, *Verbalia. Juegos de palabras y esfuerzos del ingenio literario*, Edit. Península, Barcelona 2001

Smullyan, Raymond:
    ¿Cómo se llama este libro?, Editorial Cátedra, Madrid 1997.
    Alicia en el país de las adivinanzas, Editorial Cátedra, Madrid 1998
    5.000 años a. C. y otras fantasías filosóficas, Cátedra, Madrid 1993
    Satán, Cantor y el infinito, RBA editores, Barcelona 2010.

Stewart, Ian, *From Here to Infinity. A Guide to Today's Mathematics*, Oxford University Press, London 1996

Tahan, Malba, *The Man who Counted*, Canongate Press, Edimburgh, 1995

Torrecillas Jover, Blas, *Fermat. El mago de los números*, Nivola libros y ediciones S. L., Madrid 1999

Thuiller, Pierre, *De Arquímedes a Einstein, tomo I y II*, Alianza editorial, Madrid 1990

Varios autores:
    Sobre la imaginación científica, Tusquets, 1990
    The Next Fifty Tears. Science in the First Half of the Twenty-first Century, John Brockman, editor, Vintage Books, New York 2002.
    Penguin Dictionary of Mathematics, The, Edited by David Nelson, Penguin Books, London 1998.

Wells, David, *The Penguin Dictionary of Curious and Interesting Numbers*, Penguin, London 1997

Lamberto García del Cid/
Zaragoza/30.05.2005
(Revisado y ampliado, 16.08.2017)

www.ingramcontent.com/pod-product-compliance
Lightning Source LLC
Chambersburg PA
CBHW030013190526
45157CB00016B/2512